博碩文化

SolidWorks

專業工程師訓練手冊 [9]

模型轉檔與修復策略

吳邦彥、趙榮輝、白育霖、邱莠茹、武大郎 著

步驟式圖文解說方式
念減少自行摸索操作損失
以模型轉檔觀念與修復Know How字典工具書

15年以上教學經驗
專業引導快速上手

實務導向增加業界觀點
提出解決方法

模型實作下載
SolidWorks論壇
互動分享

作　　　者：吳邦彥、趙榮輝、白育霖、邱莠茹、武大郎
總　編　輯：陳錦輝
責　任　編　輯：Cathy

發　行　人：詹亢戎
董　事　長：蔡金崑
顧　　　問：鍾英明
總　經　理：古成泉

出　　　版：博碩文化股份有限公司
地　　　址：(221) 新北市汐止區新台五路一段 112 號
　　　　　　10 樓 A 棟
　　　　　　電話 (02) 2696-2869　傳真 (02) 2696-2867

發　　　行：博碩文化股份有限公司
郵撥帳號：17484299
戶　　　名：博碩文化股份有限公司
博碩網站：http://www.drmaster.com.tw
服務信箱：DrService@drmaster.com.tw
服務專線：(02) 2696-2869 分機 216、238
　　　　　　(週一至週五 09:30 ～ 12:00；13:30 ～ 17:00）

版　　　次：2017 年 3 月初版一刷

建議零售價：新台幣 680 元
I S B N：978-986-434-192-4
律師顧問：鳴權法律事務所 陳曉鳴

本書如有破損或裝訂錯誤，請寄回本公司更換

國家圖書館出版品預行編目資料

SolidWorks 專業工程師訓練手冊 . 9：模型轉檔與
修復策略 / 吳邦彥等作 . -- 初版 . -- 新北市：
博碩文化，2017.03

面；　公分

ISBN 978-986-434-192-4(平裝附光碟片)

1.SolidWorks(電腦程式) 2. 電腦繪圖

312.49S678　　　　　　　　　　　106002090

Printed in Taiwan

博碩 粉絲團

歡迎團體訂購，另有優惠，請洽服務專線
(02) 2696-2869 分機 216、238

商標聲明

有限擔保責任聲明

著作權聲明

前言

本書超過 10 年教學驗證，突破傳統寫法為有系統的 SolidWorks 專門書籍。書中強調觀念，保證讓你迫不及待想繼續學習。

將不同格式資料轉換，維持模型正確性與可變性，克服轉檔過程：**破面、打不開、單位跑掉、亂碼...**等問題。模型正確交換是工程師重要技術，該技術要有正確觀念和運用策略。

SolidWorks 為全世界第一套內建轉檔介面，轉檔能力強大且便利，業界無不以 SolidWorks 作為轉檔工具，很多人使用 SolidWorks 就為了模型轉檔和看檔案之用。

自 SolidWorks 2003 以來，轉檔操作已整合於**開啟舊檔**和**另存新檔**當中，還有專門的選項介面，讓你進行輸入和輸出選項設定，該介面整合每個格式設定。

自 SolidWorks 2017 將輸入與輸出選項整合至系統選項，讓設定統一集中管理，這項改變已經讓 3D CAD 業界仿效。

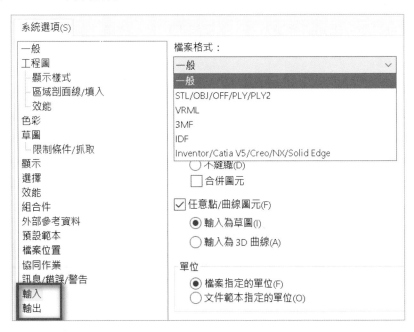

本書特色

通用書籍

模型轉檔為 CAD 通識，適合 CAD 使用者閱讀。編排不會有艱澀難懂專業名詞，以實務介紹轉檔議題，靈活運用轉檔操作和多角度思考。

使用其他繪圖系統：Pro/E、Inventor、AutoCAD…等，轉檔觀念是一樣的，只有操作介面些許不同。

坊間找不太到相關書籍，模型轉檔多靠口耳相傳，這是絕無僅有的專業書籍。

SOLIDWORKS 2017 架構

近來 SolidWorks 轉檔功能加強不少，指令選項增加許多，依目前最新 SolidWorks 2017 架構編排內容，使用不同 SolidWorks 版次讀者不用擔心，只有些微差異不影響實用性。

學→術

先認識觀念再操作。正規教育必定由觀念著手，觀念清楚思維就正確，遇到不對可馬上抽手換另條路，不鑽牛角尖更可驗證突破性想法。

轉檔處理與溝通是冷門技術，遇到問題通常無解，絕大部分自力救濟試試看，過程又會遇到其他問題並惡性循環，甚至一開始不知道要如何進行。

心中沒觀念發問只想知道解決方式，這樣學不起來。發問之前先有觀念，否則別人不知道你問什麼，你也不懂別人說什麼，就算解決當下問題，下回類似問題還是不會解。

當你有轉檔觀念，在論壇就知道別人說什麼，擁有閱讀能力，減少自行摸索操作損失。

本書設計

這是一本 SolidWorks 高階書，書中沒有教導建模與產品設計。要 6 個月以上或訓練時數超過 100 小時以上，比較看得懂。閱讀過程艱深議題先擱著，先找比較懂的議題，待 SolidWorks 經驗更成熟後再回來閱讀，多閱讀幾次感受不同。

轉檔字典

本書是人手一本字典工具書，也是轉檔觀念與轉檔作業手冊。觀念一開始不可能全部記起來，利用目錄索引翻閱主題，學習過程不必猜想或死背，等到有問題由書中找答案就好。

把 A 問題，用 B 答案連結起來

這本書全部讀完，還是會有盲點。書中教導破除盲點，把 AB 連結起來，例如：為何開 IGES 出現曲面，非實體模型？至少懂得怎麼發問。解決方式：於輸入選項，☑輸入為實體。

新版特色

2016 年舊版書終於賣完，心裡想自 2010 上市以來，6 年了先把這本改版再說，至於新書計畫就往後推。專業書本來就不好賣，筆者加強力道想辦法好賣，採取以下措施：

- 互動：書中部分內容放在 SolidWorks 論壇上，加強與讀者互動。
- 系列：《SolidWorks 專業工程師訓練手冊[9]-模型轉檔與修復策略》。
- 增加：主題內容、圖示翻新、模型修復、檔案縮小策略與更多範例。
- 架構：主題架構定義後，對未來改版只需在架構下增加內容。
- 整合：觀念整合同一處說明。先前觀念分散在不同書籍或章節，誤以為不同類別。
- 實務：以實務導向增加業界觀點，提出解決方法。
- 顧問：分享筆者於業界和課堂同學提問的 SolidWorks 導入與轉型手段。

系列叢書

採連貫出版 SolidWorks 工程師訓練手冊，這些是預計出版系列。若要學齊全，將所有收集起來，保證對 SolidWorks 達到出神入化、功力大增、天下無敵。

- 00 專業工程師訓練手冊[9]-模型轉檔與修復策略
- 01 專業工程師訓練手冊[1]-基礎零件-改版
- 02 專業工程師訓練手冊[2]-進階零件
- 03 專業工程師訓練手冊[3]-組合件
- 04 專業工程師訓練手冊[4]-工程圖
- 05 專業工程師訓練手冊[5]-熔接與鈑金
- 06 專業工程師訓練手冊[6]-模具與管路
- 07 專業工程師訓練手冊[7]-曲面工具與品質
- 08 專業工程師訓練手冊[8]-系統選項與文件屬性
- 10 專業工程師訓練手冊[10]-Motion Study 動作研究
- 11 專業工程師訓練手冊[11]-eDrawings 模型溝通與管理
- 12 專業工程師訓練手冊[12]-2d to 3d逆向工程與特徵辨...
- 13 專業工程師訓練手冊[13]-PhotoView360 模型擬真
- 14 輕鬆學習 DraftSight 2D CAD工業製圖[第二版]-改版
- 15 專業工程師訓練手冊[15]-高階技術與工具篇

編者序

自 2010 年出版（SolidWorks 模型轉檔策略，易習出版）以來重大改版。筆者心中早就想改版，因為這本蠻難賣的，書沒賣完無法改版。模型要如何轉檔是發燒話題，設計過程會有這階段，可是沒人教又要會，筆者希望模型轉檔列入學校製圖課程。

轉檔是工程師專業能力，坊間這方面文章很貧乏且片斷資訊，主要有 2 項原因：

1. 轉檔策略屬於江湖技術，經驗不輕易外流，維持個人或公司競爭力。
2. 模型轉檔 by Case，交叉變數實在太多，很多人認為沒有一定通則。

By case 和 Try error 都是密技，不輕易讓別人知道，甚至就靠這吃飯。這是不正常的常態，你我都接受這常態，畢竟這些是別人多年試出來的結果，不願意教是應該的。這些小道消息，Case by Case 到下一次未必受用，是否能解決問題還未知。對公司而言，不能透露用 SolidWorks，使用軟體也是公司 Know How。

於 2010 年寫這本書之前，無奈風氣未開，轉檔有問題是正常，想辦法 Try 會有**你好像很閒或沒事搞這幹嘛，模型有問題是對方的事**...等反效果。

潘朵拉盒子打開將引以為傲 Know How 變得沒價值，恨我比愛我還多。很多人靠 SolidWorks 讀檔、轉圖和作程式，別家還在埋頭搞客戶圖檔，我早就做下一家生意，書這麼一出會壓縮生存空間，把 Know How 曝在陽光下被你害死...等等。

寫這本書是看不下去業界的墮落，難到別人不知道用 SolidWorks 讀檔和轉程式嗎？只是雙方不告訴對方罷了，千萬別把轉檔當 Know How，這會阻礙轉型。當擁有更高深技術回頭看，先前怎把這當 Know How 更覺慚愧，希望這本書幫助業界減少溝通不良損失。

把模型溝通成為設計一部份，對設計考量絕對更上層樓。寫書過程才覺得，先前對轉檔專業一知半解，誤以為筆者很厲害。模型轉 STEP 比 IGES 還好，試過的都說讚，坦白說自己對 SETP 不了解，捫心自問是心虛的。

筆者為此研究模型轉檔，將心得記錄推廣給各位，資料收集與整理最麻煩，書寫內容樸實不能太難。閱讀論文會透過軟體來驗證其研究論點，若市面上有書說明這套軟體轉檔操作與特性，相信對研究生來說是一大幫助。

論壇收到不少鼓勵與建議讓書更加充實，經過整理、編集成冊、經驗傳承，望大家將所學心得放在論壇，讓後學良性循環。寫書過程無時無刻思考書籍完整性，逛街或運動突然有靈感，回家趕緊加上內容，所謂點滴寫下也不為過。以前擔心這本書賣不出去，現在不這麼想了，因為知道讀者要的是什麼。

書籍能順利完成,歸功於愛妻 惠琪全力支持,不干涉筆者無法陪伴,所謂各過各的生活只要時間到了,拿錢出來,最重要不要有小三就好,就算心靈外遇也不行。

2016 年 5 月 新政府上台

這段時間經歷了 2016 年 5 月新政府上台,全球不景氣、很多不確定因素,心裡也慌慌的,還好筆者是宅男,不至於太過關心無法改變的局勢,用心把書寫好就好。

2016 年 10 月 SolidWorks 2017 推出

SolidWorks 2017 介面與功能改變不少,這本書截稿為 2017 年 1 月,好消息將 2017 新增轉檔功能收錄在這本書中。筆者花更多時間介紹 2016 和 2017 不同處,也擔心同學對於軟體不了解而產生誤會,這是作者使命,只要跨年份寫書都會很麻煩。

2017 年 3 月 書籍上市

筆者很開心 SolidWorks 2017 模型轉檔功能更提升不少,迫不急待和同學介紹,即使書籍會晚一點上市,也在所不惜。

力求詳盡介紹但還是有未達之處,歡迎到 SolidWorks 專門論壇尋找答案或留下問題,以不同角度看到問題與解答,相信可補足書中內容。

感謝有你

實在要感謝 博碩出版社大力支持專業書籍,即使不如校園教科書這麼暢銷,也要讓讀者有機會接受學習延續,不拿銷售量的使命感與精神,可說是用心經營出版社。

作者群

協助本書完成的成員:德霖技術學院 機械系 吳邦彥、通識中心 趙榮輝。SolidWorks 課程助教 白育霖、邱荍茹、小小豬、JudyYAI 以及 SolidWorks 論壇會員們提供寶貴測試與意見,讀者有任何問題和訊息歡迎 mail 聯絡。

- 德霖技術學院 機械系 吳邦彥 bywu@dlit.edu.tw
- 德霖技術學院 通識教育中心 趙榮輝 cjh@dlit.edu.tw
- 幾何電腦 CAD/CAM 原廠訓練中心 www.geocadcam.com.tw
- SolidWorks 專門論壇 www.solidworks.org.tw

參考文獻

書中所介紹或引用之圖示或網站僅供讀者參考或識別之用，書中圖示與商標為所屬相關軟體公司所有，絕無侵權之犯意。

1. CPRO.TW 資傳網 PTC 與 AutoDesk 技術互通 跨平台支援省成本
2. 香港電子交易條例（第 553 章）www.tar.gov.hk/chi/doc/gn.pdf
3. CADesigner 1996 年 11 月 實體模型的建構策略 作者 黃銘智
4. CADesigner 1999 年 03 月 實體模型資料結構簡介 作者 楊志城
5. CAD 資料交換問題之探討。作者 鍾明純
6. 文建會國家文化資料庫詮釋資料格式.pdf
7. 曲面模型轉換三角網格模型之研究。作者 楊聿宏
8. river.glis.ntnu.edu.tw/autolibrary/lib_auto/format_fileType.pdf
9. SolidWorks 線上說明與模型檔案
10. SolidWorks 原廠訓練手冊模型
11. SolidWorks eDrawings 軟體
12. DraftSight 軟體
13. Onshape 軟體
14. AutoDesk 官方網站 www.autodesk.com.tw
15. AutoDesk Inventor 軟體試用版
16. ADOBE PhotoShop、ADOBE Illustrator 軟體試用版
17. PTC 官方網站 www.ptc.com 與線上說明
18. Rhino 官方網站與軟體試用版程式，www.rhino3d.com
19. MicroSoft office 美工圖案
20. GrabCAD 網站模型，grabcad.com
21. 3d 內容中心模型，www.3dconnectcentral.com

目錄

4 模型轉檔策略與整合規劃

5 轉檔前置作業

6 模型結構與表示

7 破面原因

8 模型輸入

9 輸入選項

10 零件輸出

11 組合件輸出

12 工程圖輸出

13 IGES 5.3 輸出選項

14 STEP 輸出選項

15 ACIS 輸出選項

16 Parasolid 輸出選項

17 VRML 輸出選項

18 IFC 輸出選項

19 STL、AMF、3MF 輸出選項

24 3D PDF 輸出選項

25 模型檢查手法

26 檢查圖元

27 幾何分析

28 輸入診斷

29 模型修復策略

30 模型檔案縮小策略

31 SolidWorks 輸入輸出附錄

課前說明

1-1 本書使用

以 SolidWorks 為平台講解模型轉檔觀念與策略、導入和整合作業，定位為高階參考書。讓工程師不僅是工程師，是懂 CAD 規劃與應用的管理人員，對公司來說已超過工程師價值。

筆者相信各位體認過模型轉檔重要性，有很多轉檔是不必要的，也不是模型必須轉檔才能作業，模型有問題卻束手無策，我們有辦法解決這現象。

1-1-1 建立模型轉檔觀念

觀念紮穩基礎，學習本書後知道未來該加強的方向，不會好像有學卻不夠的惆悵，反而是項挑戰。破除 by case 具備舉一反三思考能力，不讓同學遇到問題又不會處理。

1-1-2 模型轉檔普及化

模型轉檔不再是資深工程師或顧問才會的專業，也不再是業界 Know How，以及永遠學不太到的江湖技術。千萬別小看自己擁有轉檔能力，業界還有模型轉檔的專門工具以及專門轉檔公司。

1-1-3 不會完美教學

突破教學傳統，破除完美教育，軟體做不到也詳加說明。坦白教你怎麼查看 SolidWorks 功能，用最簡易的方法突破，例如：如何開啟未來版次的模型？解答：SolidWorks 不支援讀取未來版次，若要讀取有其他方法。

1-1-4 至少看三遍以上

本書非短時間理解，需要時間醞釀，坦白說必須耐心閱讀。第 1 遍大致閱讀知道這本書在說什麼→第 2 遍先看你懂的議題→第 3 遍有問題查閱。

1-2 閱讀階段性

先講觀念再實際應用，本書共 31 章 5 大階段，由目錄索引迅速領讀。每章節順序排列，書中內容也是照號碼順序閱讀也是口訣，引導你循序學習。

一定是先有觀念才有策略，第 3 章 模型轉檔觀念→第 4 章 模型轉檔策略。

1-2-1 第 1 階段，1-5 章 模型轉檔策略與整合規劃

放鬆心情閱讀觀念。

講解業界轉檔理由、模型轉檔觀念、模型轉檔策略、模型轉檔前置作業以及模型轉檔整合規劃，一定讓同學感動。

- 第01章 課前說明
- 第02章 為何要模型轉檔
- 第03章 模型轉檔觀念
- 第04章 模型轉檔策略
- 第05章 轉檔前置作業

1-2-2 第 2 階段，6-7 章 模型結構和破面探討

詳細解說模型結構和拓樸的認知，說明幾何錯誤和破面形成原因。

- 第06章 模型結構與表示
- 第07章 破面原因

1-2-3 第 3 階段，8～24 章 模型輸入/輸出作業

詳細介紹 SolidWorks 輸入和輸出格式，說明選項設定和參數調整。透過模型實際操作，以圖解表達設定前與設定後差異，達到更深入瞭解，減少自行摸索損失。

- 第08章 模型輸入
- 第09章 輸入選項
- 第10章 零件輸出
- 第11章 組合件輸出
- 第12章 工程圖輸出
- 第13章 IGES 5.3輸出選項
- 第14章 STEP輸出選項
- 第15章 ACIS輸出選項
- 第16章 Parasolid輸出選項

- 第17章 VRML輸出選項
- 第18章 IFC輸出選項
- 第19章 STL-AMF-3MF輸出選項
- 第20章 TIF.PSD.JPG.PNG輸出選項
- 第21章 DXF-DWG輸出選項設定
- 第22章 EDRW.EPRT.EASM輸出選項
- 第23章 PDF輸出選項
- 第24章 3D PDF輸出選項

1-2-4 第 4 階段，25-29 章模型檢查與修復

模型檢查與修復，詳細解說檢查模型和診斷與修復，很多人不知道有這麼好用的工具，會有相見恨晚的感覺，保證讓你功力大增。

- 第25章 模型檢查手法
- 第26章 檢查圖元
- 第27章 幾何分析
- 第28章 輸入診斷
- 第29章 模型修復策略

1-2-5 第 5 階段，29-31 章 補充文件

解說模型縮小策略、SolidWorks 使用轉檔理由、輸入和輸出附錄，未來改版還會增加其他內容。

- 第30章 模型檔案縮小策略
- 第31章 使用SolidWorks 轉檔理由
- 第32章 SolidWorks 輸入輸出附錄

1-3 閱讀本書身分

適合學術單位和在職人士專業參考書，留在公司隨時翻閱。作者將多年教學、研究心得，加上業界需求整理、歸納公開分享，期望對學術研究帶來效益，成為解決方案。

1-3-1 分享本書權利

本書所有文字、圖片內容歡迎轉載引用，說明出處即可，不要將時間花費在怕侵權而進行文章幅度修改。筆者希望能減少你的備文和軟體操作時間，進行更深入研究造福人群。

本書提供 SolidWorks 有特徵模型、轉檔模型、PowerPoint 投影片。，授課老師不必再費心準備教材，換句話說直接引用或修改成為你自己的。

1-3-2 研究生建議

若 SolidWorks 轉檔有嚴重需求，特別是分析或加工研究，建議用 2 套版次來進行，研究轉檔過程，雙版次是有問題的解決方案。

例如：目前最新版本 SolidWorks 2017 SP1，輸入 SAT 會發生嚴重錯誤而關閉程式，可是無法預知何時會修正，使用前一版 SolidWorks 開啟 SAT 以解決問題。

1-4 本書設計

本節說明書寫環境與**書寫圖示**，為力求簡便閱讀，常態文字以圖形代表並增加閱讀樂趣。

1-4-1 SolidWorks 2017 X64 介面

本書說明目前最新技術，讓你了解舊版本差異，例如：SolidWorks 2017 輸入和輸出選項整合在系統選項之中，左下方看出輸入與輸出選項，右上方切換檔案格式。

1-4-2 專業名詞中英文對照

專業名詞標上英文對照,不會因中文翻譯造成不同認知。有時英文會比中文好理解,例如:檔案格式(Format)、輸入（Import）、輸出（Export）。

1-4-3 →,下一步

→代替下一步,例如:工具→選項。

1-4-4 ☑ □ ◉ ○ 表達開啟或關閉

選項有很多開關,書中不會有開啟或關閉文字。

☑ 開啟、□ 關閉、◉ 開啟、○ 關閉

☑ 任意點/曲線圖元(F)
　◉ 輸入為草圖(I)
　○ 輸入為 3D 曲線(A)
□ 輸入多重本體為零件(M)

1-4-5 ↵,Enter 和確定

Enter 使用率極高,↵表示鍵盤 Enter 鍵,例如:點選伸長填料→↵。指令視窗中✔代表確定,強烈要求↵代表✔,提升工作效率。

1-4-6 ✖,刪除或 ESC 取消

取消視窗或刪除有 2 種方式:1.點選✖或 2.ESC 鍵,不管用何種方式,皆以✖代表。

1-4-7 icon 表達文字

避免大量且重複使用文字造成閱讀枯燥,例如:選項=⚙。

1-4-8 背景為白色

避免閱讀吃力也不增加印刷油墨浪費。

1-4-9 預設開啟

SolidWorks 針對使用者習慣與系統效率,將選項預設開啟或關閉。書中在標題後方加註（預設開啟）,例如:13-1 依循路徑（預設開啟）。

1-4-10 選擇性閱讀☆

說明比較深入，讓有興趣的同學自行閱讀，老師不必講解直接跳過。

1-4-11 副檔名為大寫

副檔名預設小寫*.prt，為了強調顯示統一改大寫*.PRT。

1-4-12 Pro/ENGINEER 簡稱 Pro/E 或 CREO

書中內容會有 Pro/ENGINEER 軟體名稱，以下簡稱 Pro/E 或 CREO。

1-4-13 視窗裁切顯示

若視窗很大無法表達重點，將視窗裁切以凸顯重點。

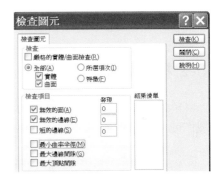

1-5 書中訓練檔案

模型檔案依每個章節資料夾擺放，讓你知道答案與操作參考。

1-5-1 檔案下載

為了環保沒有光碟片，檔案放在 Google 雲端硬碟。

步驟 1 到 SolidWorks 論壇（www.solidworks.org.tw）

步驟 2 點選 65-19《SolidWorks 專業工程師養成訓練手冊 9-模型轉檔與修復策略》

步驟 3 點選 1.書中檔案與投影片下載，點選檔案下載連結

步驟 4 下載後會得到 09.SolidWorks 專業程師訓練手冊[9]-模型轉檔與修復策略.ZIP

步驟 5 解壓縮即可得到所有檔案。

1-5-2 模型檔案用途

以章節自行開啟模型練習，模型檔案包含特徵結構，想深入研究該選項設定，不需重新製作或大量修改模型，對研究生來說，模型檔案可減少準備時間。

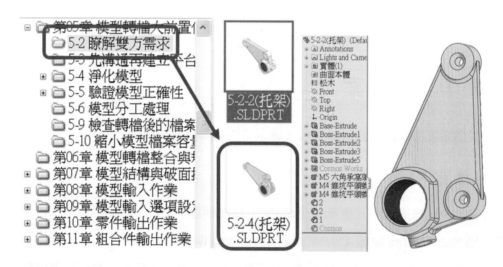

筆記頁

02

為何要模型轉檔

模型轉檔是需求，舉凡加工、協同設計、客戶溝通...等，過程中有很多要顧慮，更何況結果不能出錯。是否想過不要轉檔不是更好嗎？沒錯！不要轉檔最好，本章有詳盡解說。

全球走向專業分工，配合不同軟體協同作業，很難要求上下游採用相同軟體，即使有默契使用相同軟體，還有版次要顧慮（舊版不能開新版文件）。

模型轉檔需配合繪圖核心與模型資料理論，要了解什麼是 Parasolid 核心、IGES、STEP，避免**轉**這個檔也可以；**轉**那個也可以的迷惑。

坊間有很多模型轉檔工具以免費方式提供，別為了模型轉檔需求，冒風險使用所謂補帖，只為了讀取檔案來看看，很多人不知道有這些免費的解決方案。

2-1 模型轉檔興起

本節穿越時空以不同角度帶你了解圖面溝通的歷史背景，體會轉檔是服務和溝通必要行為。有了電腦後，轉檔名詞被提出討論至今，50 年來轉檔用了這麼久，為何這方面文獻貧乏，筆者納悶之餘，想想別人不寫我來寫，就鼓起勇氣寫下這本書。

2-1-1 工程機密

工程圖完成後，透過電子檔（DWG）溝通雖然方便，卻有機密外洩疑慮。被別人稍作修改成為另一套圖且很難預防。僅輸出紙張作為溝通以保護圖面資產，是不得已的下策。

萬事難防有心人的無奈，多年習慣圖紙溝通，以致電子檔是多餘的，提出電子檔溝通的未來走向必定被罵甚至被趕走。圖紙溝通最大優點是簡便，誰會改變多年習慣自找麻煩呢。

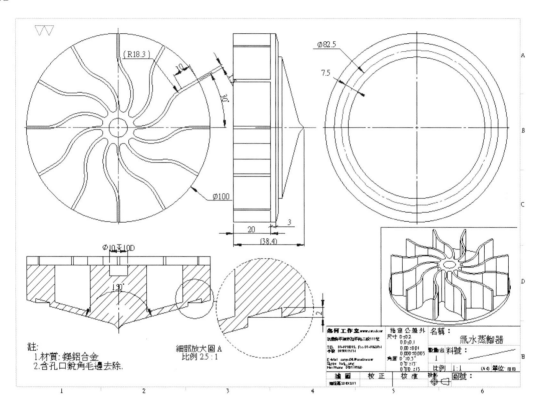

2-1-2 民氣未開

　　1980 年以來 2D CAD 成熟應用，加工者渴望工程師給 DWG 讓 CNC 讀取。以前很排斥電子檔，覺得要學電腦和 CAD 操作，最主要原因還是機密問題。

　　當時沒有人敢挺身而出說：提供電子檔是應該的，為了加工需要與便利。此話一出必定被 XX，因為提供電子檔沒事就算了，萬一出事誰能負責。

2-1-3 圖面重繪

基於機密政策，加工廠不會主動向客戶要電子檔，反正也要不到，免得碰一鼻子灰。縱使 CNC 能直接讀取 DWG，還是乖乖拿著客戶圖紙用 CAD 或 CAM 軟體重畫一遍，以利 CNC 讀取。以前不覺得這很浪費時間，因為這是工作一部分。

這還不打緊，客戶圖面沒有 1：1 繪製、漏標尺寸，對加工而言的重要尺寸必須打電話給工程師查詢，這也難怪工程師抱怨鳥事一堆，萬一工程師很難找到人，加工必須停擺。

重繪很浪費時間，也有畫錯風險，這種模式基本浪費 2 倍人力，工程師畫這張圖 3 天，加工商一定也花 3 天重畫，還不包括檢查圖面和標示錯誤的修改時間。

2-1-4 簡化工程圖繪製時間

2000 年以來 CAD 由 2D 線條演變至 3D 特徵模型，當時還沒人想到出工程圖是件麻煩事，因為習慣了。 產品不再大量生產吃很多年，而是少量多樣競爭模式。3D 優勢席捲之下，出工程圖開始覺得很花時間，甚至比建模和設計時間還長。

以前沒人將 3D 建模當設計階段，現在有了、以前沒人把 3D 建模與 2D 工程圖繪製時間做比較，現在有了。企業開始思考，將工程圖時間簡化或省略掉，這時間差非常可觀。

所有 3D CAD 不約而同推出 MBD（Model Base Definition），實現工程圖解決方案，在模型標註工程圖訊息，不必出工程圖。

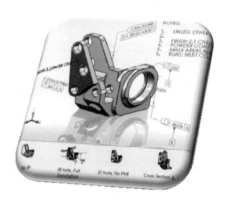

直接由模型上標註尺寸，定義公差與註解，不需建構工程圖，對方更不需識圖訓練，任何人都看得懂產品內容。

MBD 已經是產業標準，MIL-STD- 31000A、ASME Y14.41、ISO 16792、DIN ISO 16792 和 GB/T 24734。

2-1-5 加工廠推動 3D 電子檔的提供

只要給我 IGES 就有辦法加工。先進加工廠透過轉檔，將客戶 IGES 加工雕刻、開模或轉成可用 2D 作業。圖面溝通上，漸漸由傳真或圖紙，轉變成電子檔來溝通。

這也慣壞不少工程師，工程圖乾脆不出，轉 IGES 給加工廠就好，這現象造成加工廠必須自我提昇，擁有接 3D 圖檔能力。

上述以模型轉檔觀點是對的，以導入而言是錯的，工程圖用來驗證生產和設計正確性，應該是想辦法降低工程圖製作時間。

2-1-6 沒圖面，怎麼加工

早期加工廠會說：沒圖面，怎麼加工。現在不能這麼說了，因為客戶只有 IGES，對客戶來說出工程圖是麻煩的，乾脆找一家可以接 IGES 的工廠來報價，比較快與省事。

如此一來生意被同行搶走，不是這單子沒有，是客戶沒了，換句話說整串訂單被轉移，老闆都知道客戶一走很難再回來。客戶不會自找麻煩要圖檔的給這家，不要圖檔的給那家加工。再者，能接 3D 圖檔的加工商通常很有狼性，一定會說服客戶在相同加工費用下，整批全吃。

由加工者畫圖改圖，以前沒有這樣觀念和作法，對加工者，照圖施工不會有爭議。先前要有圖面，到只要 3D 就可以加工，之間轉變當然也有過程，靠的是軟體能力。

加工者沒有接 3D 能力就採取外包，請對方接 3D 檔案、轉檔或出工程圖，往往發生爭議，很多加工者乾脆自己來學畫 3D 或接 3D 檔案。

2-1-7 加工者轉型

近年來加工者為了避免客戶流失轉型學 3D，依序有幾種原因：1.生意變差、2.客戶要求、3.轉型曲面加工、4.第 2 代接班。

近年來不景氣，客戶習慣包給同一家做，不太可能有工程圖給 A 廠商，沒工程圖（僅有 3D）給 B 加工製作。以前客戶喜歡貨比 3 家，現在不一定了，找有能力和比較有效率的，因為過於分散很容易亂，現在不再是勞力密集時代。

客戶要求很簡單：1.只有 3D 檔、2.幫忙改圖，只要能滿足這 2 點，訂單就下來。同行打聽、客戶意見、成功案例，已經覺悟學 3D 是必要。筆者常說只要 SolidWorks，保證讓你轉型，不賺錢都難。

和各位說賣軟體故事，對方不太願意買 SolidWorks，我們找客戶說服他，因為很多人會聽客戶建議，轉個彎訂單就下來了。

2-1-8 給我加工，免費提供檔案給妳

加工者從被動到主動接 3D 模型。只要給我 IGES，客戶不需花時間出工程圖，給我草稿也行，我來幫你設計。很難想像加工者，擁有接 3D 圖甚至改圖（設計）能力。

加工者學生標榜給我加工，主動提供 2D 和 3D 圖檔給你，甚至來個逆向實務測繪與加工製造，和你討論要修改地方，保證比原來還要好。筆者和學生說：你開始不務正業，畫圖時間比加工還多。

後來加工轉型為設備開發，自己開發的設備零件，加工當然自己來，甚至做不來轉包未了接更多訂單或賺差價，原本岌岌可危的企業，轉型為蒸蒸日上讓人稱羨的加工商。這之間轉變不再只賺工錢，不僅維持客戶關係，還帶來豐厚利潤，一切拜 SolidWorks 所賜。

筆者明顯感受參訓身分，加工廠佔一半以上，早期學員以機械、設備公司居多。加工廠有接 3D 圖檔和修改能力，工程師也在找這類廠商，這之間的媒合就是 3D，時代已不一樣，往 3D 方向走就對了。

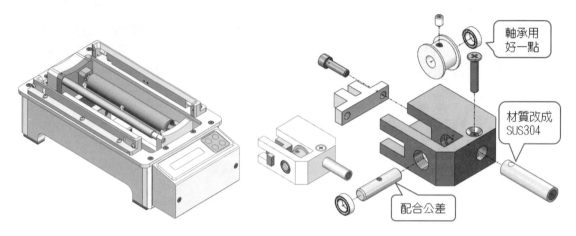

軸承用
好一點

材質改成
SUS304

配合公差

2-1-9 正視電子圖面需求

工程圖是技術文件，有明顯視圖和尺寸，標題欄證明詳細資訊與出處，這些代表法律效力。3D 模型乍看之下沒有圖框、明顯視圖和尺寸，難以證明詳細資訊與出處（其實可以）。

3D 檔有眾多難以抗拒的魅力與成效，給 3D 檔成為趨勢，也說服不少企業開始正視電子圖面需求，並提出規範來制定。

坊間討論的 3D 與 2D 檔案外流哪個比較嚴重，結論是 3D 比較嚴重，3D 可用資訊比2D 來得多，直接上 CNC 製作，即便沒有工程圖，也可以由 3D 投影自己畫一張。

以往排斥到接受，企業不再堅持給電子圖面就是機密外流，而是思考如何保護圖面機密，制定電子檔案交換規範，這之間轉變還真是就地合法，量身訂做的味道。

2-1-10 民氣已開

早期圖紙溝通→演變成 2D 電子檔→至今 3D 檔案。這一路艱辛走來 3D 需求變成依賴，萬事都要 3D。例如：國外客戶寄 IGES 而無其他資料，好一點的附 PDF 工程圖，就要你報價。

只要誰可以接 IGES，誰就有機會得到這筆訂單，加工商無不致力走向 3D。無論是加工、設計以致於溝通，3D 需求到了必備服務，沒有 3D 反而是種失去。上述的轉變以電子檔為標準，紙張溝通是不得已的下策，會有這差別想法就是心中有標準。

2-1-11 轉檔策略成就轉檔技術

看完以上模型轉檔興起，轉檔已成為工程師必備操作，讓圖檔正確無誤給對方接收，這之間要如何避免轉檔所帶來的問題，是深入議題。不同軟體之間溝通，透過觀念和策略來運作，否則轉檔造成糾紛和企業損失，還不如來個教育訓練，以避免早知道。

2-1-12 企業不介意用哪套 CAD?

轉檔技術相當成熟，操作簡單、相容性和穩定度提昇，企業不再介意用哪套 CAD 系統。以模型轉檔角度來看是對的，不過在 CAD 導入角度是錯的，CAD 模型是公司產品，也是重要資產，一定要以同一套軟體來讓模型轉檔，否則模型資料統一將會失去。

2-1-13 3D CAD 漸強

3D 發展與電腦硬體有著密切關聯，隨著硬體不斷提升和價格平民化，軟體不再受限於硬體，取而代之使用者對軟體功能嚴重依賴。軟體商重視使用者需求下，功能和易用發展也突飛猛進，市場佔有率不斷拉高，形成雙贏局面。

2-1-14 3D 模型依賴

3D 建模技術、溝通轉檔、模擬運動…等都做到了，企業會有不透過 3D 好像做不了事的感覺，就好像沒有電腦是一樣的。

2-2 商業技術考量

軟體開發商不斷宣稱擁有：1.引以為傲運算核心功能、2.獨特資料架構、3.專門儲存格式。基於這 3 點，無法互相讀取對方特徵，使用者必須由轉檔解決讀取問題。不過…轉檔就有很大討論空間，本節說明軟體商業考量原因。

2-2-1 不可逆

為何模型可轉成多種格式：IEGS、SETP、X_T…等，因為模型靠內部設定改變資料結構，如此特徵結構不存在。

2-2-2 格式化

原始檔＝有特徵的模型，具備：特徵紀錄、參數式和關聯性。模型轉檔就是格式化（Format）將特徵去除，由對方開啟逆向辨識回來，一來一往創造需求與商機。

格式化是筆者自創名詞，代表轉檔後特徵變化，無法得知特徵架構、歷史記錄以及模型關聯性，如同電腦硬碟被格式化，硬碟（模型）還在，資料（特徵）不見。

模型轉檔後的特徵會以：1.實體、2.曲面、3.曲線、4.網格…等形式存在，無法編輯草圖或編輯特徵。有些人故意把關聯性斷開以資訊保護，以轉檔方式最快且最簡單。

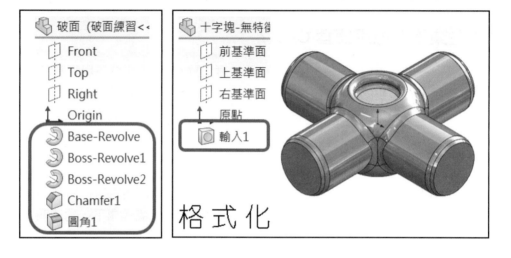

2-2-3 無法直接開啟

基於商業考量將模型編碼，其他軟體無法讀取內部結構，造成特徵無法互通。SolidWorks 無法直接開啟 Pro/E 檔案，即使直接開啟也無法取得 Pro/E 檔案特徵記錄。換句話說 SolidWorks 掃出特徵，Pro/E 開啟 SolidWorks 檔案後也無法轉換為自己的掃出，因為這 2 套軟體掃出特徵結構和定義不同。

2-2-4 轉檔就像翻譯

輸入或輸出經過 Translate（**翻譯、轉譯**），選項調整**避免**誤翻，或翻譯錯誤由模型後處理（修補）作業。就像在阿拉伯談生意，又不懂阿拉伯文，找懂中文的人翻譯，這翻譯就有誤差。誤差可大可小，說不定小小誤差造成誤會生意沒了，轉檔也是如此。

2-2-5 共同標準

英文是世界共同語言，如果不會當地語言，用英文還可以交談。CAD 也有共同標準格式：IGES、STEP，讓雙方互相讀取與辨識，問題也出在這。即便共同語言都會出錯，更何況轉檔怎麼可能不出錯，我們只是將錯誤率降低在可接受範圍。

2-2-6 特徵辨識

辨識對方的特徵結構，成為可以被修改的草圖和特徵。這不是新聞而是理所當然的事，例如：FeatureWorks 能轉換和辨識模型結構。

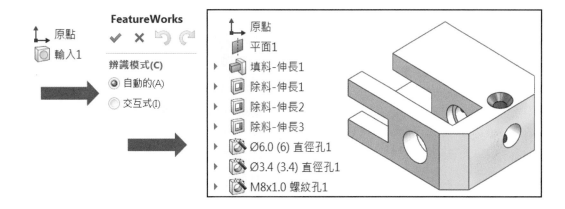

2-2-7 輸出後關聯性會遺失

零件、組合件和工程圖具備關聯性，這些需求會因轉檔而喪失。

A 零件特徵

零件由特徵紀錄，經轉檔後這些特徵被記錄成實體、曲面或曲線。

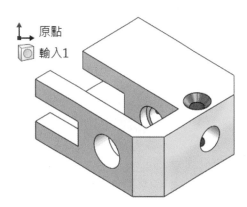

B 組合件的結合條件

組合件由結合條件維持，經轉檔後這些關係不存在，模型以固定或浮動形式呈現。

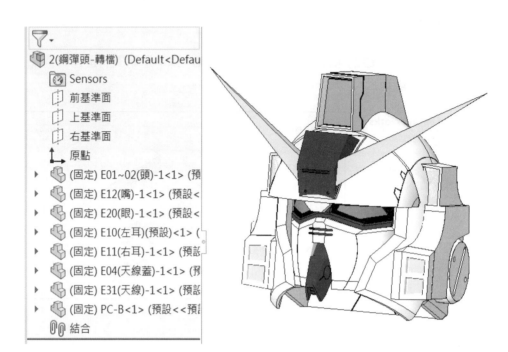

C 工程圖轉檔

工程圖轉 DWG 後，系統斷開與模型關聯，例如：模型改尺寸後，DWG 不會隨著變更。

1(支架零件).sldprt

1(支架零件).SLDDRW

1(支架零件).DWG

2-3 模型轉檔市場生態

上節所述 3 種轉檔方式 CAD 軟體都做得到，不過相容性是大家頭痛問題。很多軟體商獨立發展模型轉檔程式，解決模型之間讀取問題，以下說

明業界存在已久矛盾。

2-3-1 轉檔格式越來越多

基於商業考量，核心技術不公開，只有同公司產品或是市面常用軟體，才有可能開發讀取對方格式。CAD 市場越來越大，CAD 整合 CAM、CAE、CAID、ECAD、CG...等，以併購或授權方式，可轉換對方的原始檔格式是整合重要關鍵。

如圖得知 SolidWorks 可直接讀取的原始檔有：AutoCAD、CADKEY、CATIA、Illustrator、Inventor、Photoshop、Pro/E、Rhino、Solid Edge、UG...等。

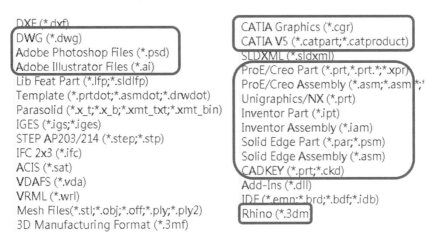

DXF (*.dxf)
DWG (*.dwg)
Adobe Photoshop Files (*.psd)
Adobe Illustrator Files (*.ai)
Lib Feat Part (*.lfp;*.sldlfp)
Template (*.prtdot;*.asmdot;*.drwdot)
Parasolid (*.x_t;*.x_b;*.xmt_txt;*.xmt_bin)
IGES (*.igs;*.iges)
STEP AP203/214 (*.step;*.stp)
IFC 2x3 (*.ifc)
ACIS (*.sat)
VDAFS (*.vda)
VRML (*.wrl)
Mesh Files(*.stl;*.obj;*.off;*.ply;*.ply2)
3D Manufacturing Format (*.3mf)

CATIA Graphics (*.cgr)
CATIA V5 (*.catpart;*.catproduct)
SLDXML (*.sldxml)
ProE/Creo Part (*.prt,*.prt.*;*.xpr)
ProE/Creo Assembly (*.asm;*.asm.*;)
Unigraphics/NX (*.prt)
Inventor Part (*.ipt)
Inventor Assembly (*.iam)
Solid Edge Part (*.par;*.psm)
Solid Edge Assembly (*.asm)
CADKEY (*.prt;*.ckd)
Add-Ins (*.dll)
IDF (*.emn;*.brd;*.bdf;*.idb)
Rhino (*.3dm)

2-3-2 無法開啟未來版次

軟體版本差異可向下相容開啟舊版，但無法開啟未來版本。例如：SolidWorks 2014 可以開啟之前所有版次，卻不能開啟 2014 未來版次。這是每年上演爛掉問題，目前 3D CAD 無法做到這一點，是基於**商業導向**與**技術發展**。

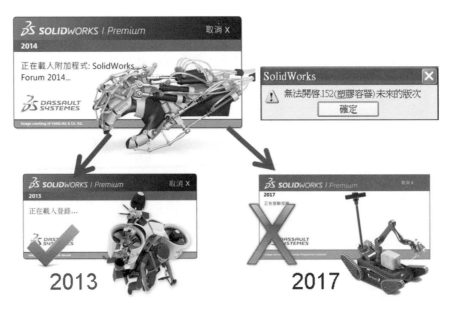

2013　　　2017

2-3-3 商業導向

提供低版本的回溯相容，會衍生更多問題，包含：銷售、相容性以及技術發展，要向下相容幾個版次，才不會影響銷售或客戶滿意度。

跨版次升級（跨 1 版或多版）要如何計算，2006 版要買 2008 版，這屬於跨 1 版（跨 2007），2004 版要買 2008 版，這屬於跨 3 版。

跨版複雜計算方式，造成軟體商很難做到客戶滿意，因為認知不同。很多人認為廠商只想藉由升級賺錢，這想法是不對的。廠商沒有適時推出多元功能或改善使用建議，只是要客戶掏錢買新版，用無法讀取未來版次最為手段，相信這廠商也活不久。

筆者常以這角度說明，無奈很多人用另個角度來看，甚至偏見，對比較親近的朋友會坦白說，偏見對自己格局沒有幫助。

軟體商定義的升級條款，不是我們認為跨版次中間不買就可以較低廉價格購買升級版，這點可能要失望了，必需重新購買。例如：Windows 2000 想升級成 Windows 7，這想法是不行的，必須重新購買 Windows 7。

因為軟體商認為把 Windows XP 和 VISTA 研發費用算入，才會有 Windows 7。話說回來軟體商也會訂終止日期，就不再賣舊版軟體，Windows XP 在 2008 年 6 月 30 日停止出貨。

試想若 SolidWorks 2009 升級成 2014 夠用就好，藉此省下軟體採購費用，這想法是行不通的。話說回來，Windows 10 上市以來，採取 Windows 7、Windows 8 免費升級方式，自 2016 年 7 月 29 日止，不過 Windows XP 以前用戶還是要重新購買，並不違背本節觀念。

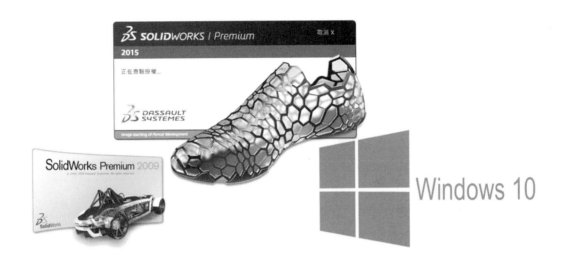

2-3-4 技術導向

　　低版本無法轉換高版本技術，讓舊版可讀取。新版才有的特徵，在舊版本如何表示？SolidWorks 2004 才有包覆指令、2005 才有的彎曲指令，要如何在 2000 表達，若硬要以相似特徵來呈現，對關聯軟體只會造成重大災難。

　　寫程式的都知道，降版次轉檔在程式列中非常麻煩，程式碼過大不好維護，還有相容性維護要考量，特別是有新指令在程式中定義時。

　　軟體一直搞向下相容穩定度與錯誤修正，那向上創新技術一定很緩慢，就與我們期待每年創新的興奮心情背道而馳，緊接著只是冷眼旁觀，新版 bug 不要太多就很**感恩**了。

　　說嚴重點，以相容技術讓舊版本讀取新版次的模型特徵，萬一出錯精度遺失，造成設計、加工、模具出錯，不是任何廠商可以賠得起的。

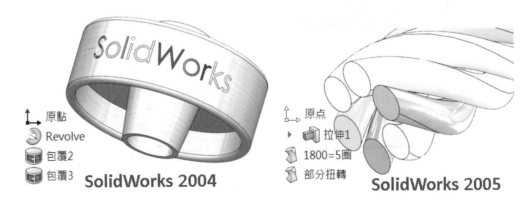

2-4 模型轉檔三種方案

早期模型轉檔是個行業，隨著利潤不是很高，沒有行情價，也難訂出報價基準，再加上民氣也未開。企業不願花錢轉檔，認為轉檔只不過像傳真或影印般容易。模型是機密，自己轉檔就好，不會輕易的把模型外流給別人轉檔。

軟體在轉檔介面和功能加強許多，委外轉檔需求降低，轉檔行業出現一段時間後也自然消失。轉檔有 3 種型態：1.外購程式、2.免費轉檔工具、3.軟體內建轉檔介面。

2-4-1 內建轉檔介面

所有軟體擁有轉檔能力，差別在於功能、支援度夠不夠。

2-4-2 免費轉檔工具

達梭推出 2 大免費工具，業界常用來轉檔：1.DraftSight、2.eDrawings，本章後面有詳細說明。

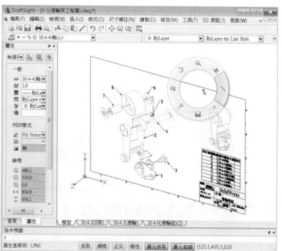

2-4-3 外購轉檔程式

價格是主要考量非不得已才購買。由於功能參差不齊、相容性、價格不夠透明,有沒有專責代理商與後續服務,再加上環境因素,PC 設備、搭配 CAD 種類與版次、是否為中文介面,如此交叉錯變,造成業界不敢放心選用。

網路流傳很多免費轉檔小工具可供下載,不過轉檔設定和轉檔能力不具體與不可考,再加上工程師要有空找,下載研究。由於沒有正式維護和不具體支援度造成不好用感受,相信你不敢為公司導入這種不具體軟體。

惡性循環下,轉檔軟體代理商來來去去,自然不受企業青睞。有轉檔需求的公司通常都有 CAD 軟體,都不太會想到額外購買轉檔程式。話說回來也不是外購轉檔程式都不好,市面上還是有專業轉檔軟體 Delcam Exchange(www.delcam.com.tw)。

 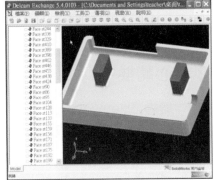

2-5 模型 3 大轉換

本章認清模型轉檔就分這 3 大類:1.原始、2.核心、3.數據交換,讓你不會被格式困惑。

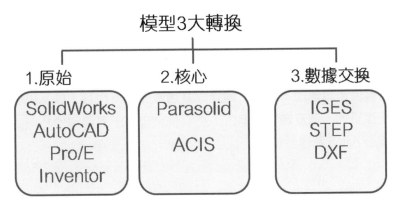

2-5-1 原始轉換

SolidWorks 另存 AutoCAD 的 DWG 原始檔，或 Pro/E 的*.PRT 零件檔，讓 AutoCAD 或 Pro/E 使用者開啟。並不是所有軟體可以直接這樣轉，這要看支援度。

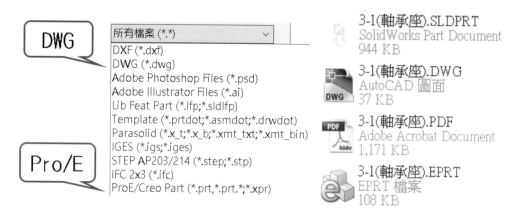

2-5-2 核心轉換

使用中繼檔（MetA File）、又稱中性檔（Neutral）核心互轉，讓模型相容性提高的不二法門。SolidWorks 另存成核心檔 X_T，讓相同核心軟體 Inventor、UG、CATIA...等開啟。

常見繪圖核心 Parasolid 和 ACIS 都有版本，倒不必記得目前支援最新版次，至少懂得查出繪圖核心版本。

由輸出選項得知 SolidWorks 2017 的 Parasolid＝28.0；ACIS＝22.0 版。

2-5-3 數據轉換

由標準化組織或協會所定義的**數據轉換格式**，又稱標準檔轉換。把模型資料定義成數據格式（編碼＋數據敘述），讓 CAD 系統讀取，常見的標準格式為：IGES、STEP、STL...等，每家核心發展與資料處理不相同，轉換成共通數據常不相容，以下說明模型與數據的關係，想更進一步研究，這方面書籍很少，不過維基百科中對每個格式都有詳細的說明與學習方向，下圖為 IGES 數據結構。

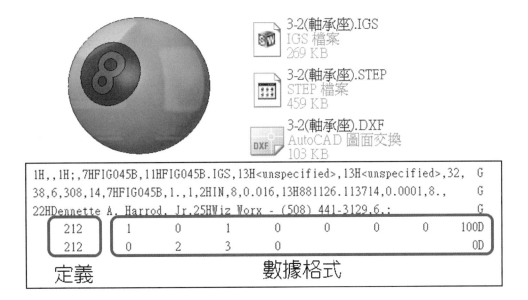

3-2(軸承座).IGS
IGS 檔案
269 KB

3-2(軸承座).STEP
STEP 檔案
459 KB

3-2(軸承座).DXF
AutoCAD 圖面交換
103 KB

```
1H,,1H;,7HFIG045B,11HFIG045B.IGS,13H<unspecified>,13H<unspecified>,32,  G
38,6,308,14,7HFIG045B,1.,1,2HIN,8,0.016,13H881126.113714,0.0001,8.,     G
22HDennette A. Harrod, Jr.25HWiz Worx - (508) 441-3129,6.;             G
    212       1       0       1       0       0       0       0    100D
    212       0       2       3       0                              0D
```

定義　　　　　　　　　　　數據格式

A 模型是數據格式

模型為可見，這些可見輪廓、外型、色彩、燈光由數據來定義，軟體將這些定義為可見的，例如：特徵和草圖被呈現出來，皆由使用者改變。

B 數據格式都有定義

由繪圖核心處理數據格式定義，花瓶可以**旋轉**，也可以**掃出**，這 2 者數據結構一定不同。

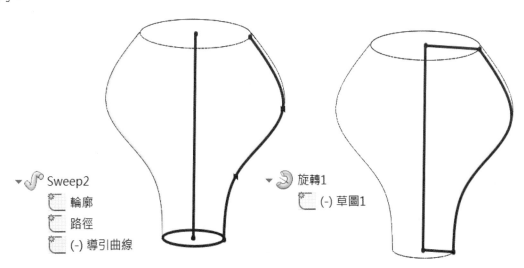

▼ Sweep2
　輪廓
　路徑
　(-) 導引曲線

▼ 旋轉1
　(-) 草圖1

C 標準格式版本

要看軟體支援第幾版。好比說 SolidWorks 2010 支援 IGES 為 5.3 版輸出，無法切換版本，有些軟體可以切換版本，例如：Rhino 可以切換 IGES 5.2 或 5.3 版。若有些軟體不支持 IGES 5.3，模型很容易不穩定，你就要轉其他格式因應。

SolidWorks 支援 STEP 為 AP203 和 AP214，不過這部分比較沒人討論。

D 可轉出版本＝可接收版本

共通點就是可轉出版本＝可接收版本。例如：SolidWorks 可以轉 STEP AP203 和 AP214，相對也可接收 STEP AP203/AP214。

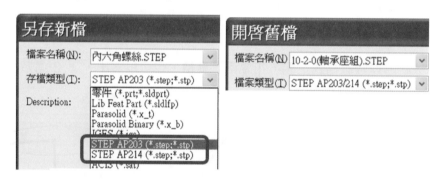

2-6 繪圖核心

繪圖核心是俗稱繪圖引擎，又如同車子引擎，於 1960 年美國與歐洲開始發展。

核心多半是由一家公司開發的平台，由其他公司取得授權開發繪圖系統，也有公司自行開發使用。

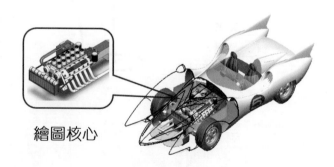

繪圖核心

SolidWorks 使用 Parasolid 繪圖核心，Inventor 也使用它，雖然採相同核心架構，自有獨特的模型資料處理方式。Pro/Engineer 自己發展 Granite 核心，後來發展為 Creo，接替前 一代產品 Pro/Engineer，其繪圖核心就是同名 Creo。

2-6-1 常見繪圖核心

從前筆者對繪圖核心不了解，忽視重要性，繪圖核心對模型轉檔相容性相當重要。常見繪圖核心 2 種：1.Parasolid 和 2.ACIS。接下來認識核心產出格式，就可明白為何有些人要你轉 X_T 或 SAT 了。

對方用 MasterCAM，該繪圖核心是 Parasolid，所以 SolidWorks 轉 X_T 給 MasterCAM 讀取是最好不過的。

2-6-2 繪圖核心商業化格式

軟體衍生商業格式，各自定義模型的幾何資訊，用**核心格式**與**商業格式**來作區分。

	AutoCAD	SolidWorks	PTC Creo
1.繪圖軟體	MasterCAM CIMATRON	UG、Catia SolidEdge、Inventor	
2.繪圖核心	ACIS	Parasolid	Creo
3.核心格式	DXF（2D）、SAT（3D）	X_T、X_B	PRT、ASM、DRW
4.商業化	DWG	SLDPRT、SLDASM、SLDDRW	同上

2-7 ACIS 核心概論

ACIS 是由 3 個人開發的運算技術 Allen Green、Charles Lang、Ian Braid，取每個人名前面字母命名 ACI 及公司 Spatial Technology 的合併，簡稱 ACIS。有趣的是，關於 S 有 2 種說法，一種是 Spatial；另一種是 System，目前無法確定是哪一個。

2000 年 7 月被 Dassault 達梭買下，讓 ACIS 核心性能以及穩定性大幅度提升。它運用在著名的 AutoCAD 和 CAM 加工軟體，以下說明 ACIS 產出的核心格式。

2-7-1 ACIS 3D

ACIS 3D 副檔名有兩個，分別是 SAT 為文字檔（Txt），SAB 為二進位檔（Binary），這兩個都是 3D 核心格式，運用在零件與組合件架構中。遇到對方用 ACIS 核心的軟體，要 3D 檔的話，轉 SAT 就對了。

曾經客戶只有 AutoCAD LT 想要看 3D，你不能轉 IGES、而是要給 SAT 讓對方開啟，因為 AutoCAD 繪圖核心 ACIS。

2-7-2 ACIS 2D

ACIS 2D 副檔名 DXF（Drawing Exchange Format），Autodesk利用 ACIS 核心開發用於其他CAD交換的數據格式。DXF 用在 ACIS 核心的軟體：AutoCAD、CADKEY、MicroStation。

2-7-3 ACIS 商業化格式

AutoCAD 運用 ACIS 核心，並制定商業格式為*.DWG，取 DRAWING 三個字母命名，要注意 DWG 不是標準格式，是 AutoCAD 商業化格式，且是市占率最高的軟體，長久以來大家就以 DWG 為標準。所有軟體商對 DWG 支援無不採取積極態度，想辦法提高相容性，所以在 DWG 相容性不必過於擔心。

2-8 Parasolid 核心概論

Parasolid 是由英國 EDS（Electronic DatA Systems）公司推出，為 CAD 業界接受度最高的核心。它擁有獨特的參數造型技術，使模型交換可靠、速度快、精確，Parasolid 核心為 Siemens 西門子所有。Parasolid 產出的核心格式為：X_T（文字格式）、X_B（二進位格式）。

2-8-1 X_T 文字檔

　　X_T 全名 XMT_TXT。XMT=Transmit（傳送）；TXT=text，純文字。

　　ASCII（American Standard Code for Information Interchange，美國標準資訊交換碼），解決不同程式編碼方式，讓資料可交換使用。

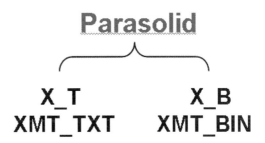

2-8-2 X_B 二進位檔

　　X_B 全名 XMT_BIN。BIN=Binary，二進位檔。

2-8-3 ASCII 和 BIN 差異

	優點	缺點
文字檔 TXT（ASCII 碼）	◦ 轉檔處理速度快 ◦ 相容性高	◦ 模型資料量大 ◦ 模型執行速度較慢 ◦ 精度容易誤差
二進位檔（BIN）	◦ 資料結構緊密，模型資料量小 ◦ 模型執行速度快 ◦ 小數點的精度可完整保留	◦ 轉檔處理速度慢 ◦ 相容性低

2-8-4 Parasolid 商業化格式

　　SolidWorks 運用 Parasolid 核心，除此之外 Parasolid 運用在 SolidEdge、Catia、Inventor…等軟體中。SolidWorks 制定的商業格式：*.SLDPRT、*.SLDASM、*.SLDDRW。

　　SLD 是 Solid 縮寫，PRT=PART；ASM=ASSEMBLY；DRW=DRAWING。與 SLD 相加 SLDPRT=零件、SLDASM=組合件、SLDDRW=工程圖。

　　學 SolidWorks 一定要知道副檔名。常遇到連 SolidWorks 都拼錯，副檔名也回答得零零落落，甚至一問三不知。也回答我只管用不管這些細節，這是不專業說法。

Solid=SLD

SLD+PRT=SLDPRT（零件）
SLD+ASM=SLDASM（組合件）
SLD+DRW=SLDDRW（工程圖）

2-8-5 Parasolid 內部編碼

以瀏覽器開啟，版本編號會顯示在 FRU 和 SCH 關鍵字後方。FRU＝Parasolid Version 28.0，SCH_2800201_20000_13006 就表示 Parasolid 28 版，也可以看到哪套軟體轉的 Parasolid。

若以記事本開啟會得到像亂碼排列，建議以瀏覽器開啟 X_T，會得到以排版形式呈現。

2-8-6 Parasolid 精度範圍

Parasolid 允許幾何大小為 10-8 公尺。模型轉檔就要了解這原理，過小的模型將無法輸出。例如：SolidWorks 轉 SAT，而 ACIS 允許幾何大小為 10-6 公尺，超過 ACIS 處理範圍，這時就無法輸出。

2-8-7 SolidWorks 文件編碼

以記事本或瀏覽器開啟 SolidWorks 檔案，會得到亂碼，SolidWorks 檔案不是以文字方式記錄。

2-9 CREO 核心概論

　　Creo Parametric，舊稱 Pro/ENGINEER，為參數科技（PTC）自行開發**建模和資料互通**的核心，可以讓 Pro/E 新舊版的資料完全相容互通，不需轉檔，這個動作在 3D CAD 來說算是相當不錯功能，不過特徵結構只能看不能編輯。

　　Creo 為 PTC 在 2010 年 6 月宣布整合旗下 CAD/CAM/CAE 產品，例如：Creo Parametric、Creo Simulate、Creo View MCAD。Creo Sketch...等。

　　2011 年 6 月起推出 Creo 1.0、2012 年 6 月推出 Creo 2.0、2014 年 10 月推出 Creo3.0、2016 年 12 月推出 Creo 4.0。

　　CREO 商業格式副檔名為*.PRT（零件）、*.ASM（組合件）、*.DRW（工程圖）。模型存檔後會衍生版本序號，底座.prt.1、底座.prt.2。

2-9-1 CREO 檔案內部編碼

　　於瀏覽器開啟 CREO（Pro/E）檔案，以文字呈現於檔案表頭上方軟體名稱與版次。

```
#Pro/ENGINEER  TM  Release 201988-98 by Parametric Technology Corporation
9843
@Toc 28 0
0 28 ->
@entry 29 10
1 29 [128]
2 29 BasicData 2b97 585 0 998#######################################
2 29 BasicText 311c 38e 0 998#######################################
2 29 GeomDepen 34aa 73 0 998#######################################
```

2-10 IGES 圖形轉換標準

IGES（Initial Graphics Exchange Specification）圖形轉換標準，副檔名*.IGES、*.IGS。於 1970 年代末期由美國國防部、美國國家標準局、波音、通用電子...等單位，為解決 CAD/CAM 系統間資料交換問題訂出規範。

1981 年成為美國國家標準，由於美國在 CAD/CAM 市場上技術崇高，IGES 自然成為普及率最高的格式。IGES 把幾何圖型定義並加以規範，讓每家軟體運算，由於軟體運算核心不同，部份定義若無法判讀，造成圖形遺失產生所謂破圖，所以 IGES 讓你打得開，但不保證圖形完整性。

IGES 用途非常廣，只要圖形：草圖圖元，電子線路、建築管路...等，都可由 IGES 定義。IGES 5.3 在 1996 年推出至今沒推出新版本，而 IGES 6.0 於 2001 年底僅推出草案，IGES 已經由 STEP 發展取代。

2-10-1 IGES 發展

由於 IGES 發展早，坊間文獻很自然成為第一個被報導和使用對象，這也形成一種怪異現象，其他格式被討論的就相對少很多。

IGES 版本	推出年代	發展資訊
IGES 1.0	1980	以 CAD 幾何圖形資料為主，包含了幾何、註解、結構...等
IGES 2.0	1983	延伸 IGES 1.0 所定義的實體
IGES 3.0	1986	延伸 IGES 2.0 所定義的實體 增加 MACROs 能力，引進 Compressed ASCII，以減少檔案大小
IGES 4.0	1988	增加實體模型 CSG 表示法的敘述
IGES 5.1	1991	增加 B-REP 邊界的表示能力
IGES 5.3	1996	增加 PDF 認證，3D 管路敘述，為 ANSI 認證的主要版本
IGES 6.0	1998	目前最新的版本

資料來源：《CAD 資料交換問題之探討》，鍾明純

2-10-2 IGES 檔資料結構

IGES 結構分為 ASC II 格式和二進位格式。由 5 段組成：1.開始段、2.全局段、3.元素索引段、4.參數資料段、5.結束段。

　　有些人會改 IGES 其中定義提高或破壞模型穩定度，由於我們不知修改前後的結果，往往要軟體讀取後才知道。曾有博士生寫出 IGES 預覽程式，直接調整資料結構並即時預覽。

　　IGES 檔資料結構對於開發 CAD／CAM 系統具有廣泛的應用價值，以下資料有修剪，詳細內容可參考維基百科。

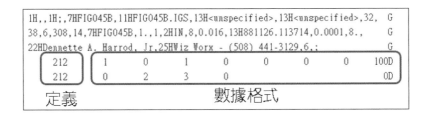

A 開始段（Start Section）

　　敘述哪套軟體轉出的 IGES，段別 S。

B 全局段（Global Section）

　　敘述圖檔位置、軟體名稱和版本資料記錄時間、作者以及單位…等，段別 G。這部分最常看，很多人當技巧。

C 元素索引段（Directory Entery Section）

　　IGES 檔案都由圖元類型而來，說明每個圖元所佔的位置和類型，段別 D。

D 參數資料段（Parameter DatA Section）

　　參數資料和上一段（元素索引）相呼應，段別 P。

E 結束段（Terminate Section）

　　統計以上資料結構，段別 T。

敘述	段別
SolidWorks IGES file using analytic representation for surfaces	S
314　1　0　0　0	G1
393,1,405,1,417,1,429,1,441,1,453,1,465,1	00000200D
S　1G　5D470P398	467P

2-10-3 IGES 支援列表

　　簡述 SolidWorks 支援 IGES 圖元類型和圖元名稱，詳細在線上說明的 **IGES 支援列表**，若要更專業的介紹 wiki.eclipse.org/IGES_file_Specification。

圖元編號	圖元名稱	圖元形態
0	Null entity(沒圖元)	
100	Circular arc(圓弧)	
102	Composite curve(合成曲線)	
104	ellipse(橢圓)	
104	Parabola(拋物線)	

2-11 STEP 產品資料交換標準

STEP（Standard for Exchange Product Model Data）產品資料交換標準，副檔名*.STEP、*.STP。STEP 為國際標準（ISO 10303-1, 1994），改進 IGES 相容性高卻不穩定缺點，讓曲面、實體及組合件得到更好完整定義。

STEP 顧名思義模型已成為產品的一種，不再只是 3D 外型或工程圖線條，模型提升為集所有資訊於一身的方向前進，包含使用方式、資料保存、資料分享、產品生命期管理（PLM）…等能力。

以實務角度來說，STEP 比較嚴謹、模型穩定度高，會得到較好的模型，比較極端的例子某些舊版本軟體開不起 STEP，反而開得起 IGES。相對 IGES 相容性高，不過模型穩定度低，雖然模型開得起來，不過複雜的模型容易有問題（破面）。

STEP 常見 2 個標準：STEP AP203 和 STEP AP214，差別在產業別：汽車、電子、建築。

協定 AP	產業別	協定 AP	產業別
201、202	工程製圖	214	汽車行業
203、204	機構零組件	215、216	造船
207	鈑金	238	CNC 加工
209	結構分析	242	3D 工程的基準

資料來源：www.datakit.com

2-11-1 STEP AP 203

STEP AP 203，AP（Application Protocols 應用協定），203 是條文。條文定義 3D
幾何資訊和零組件的資訊，產業別中支援機械工程標準。

2-11-2 STEP AP 214

於 2003 年推出的新格式，可保留較多的模型資料，比較適合曲面模型，檔案也較大，
支援航太及汽車工業。AP203 與 AP214 比較明顯差異是色彩資訊，轉檔後的模型色彩會被
移除，還原為模型基本色（灰色），而 AP214 可保留色彩資訊。

2-11-3 STEP AP 238

NC 加工應用協定，作為 CAM 與 CNC 之間的資料交換規範，它涵蓋 AP-214 標準。

2-11-4 STEP AP242

於 2014 年推出新格式，包含網頁訊息和 PLM 互通性整合。將 AP203 和 AP214 合併
改善加強的通用格式，在航太和汽車產業帶動下，帶動 STEP AP242 發展。

STEP AP242 為 3D 發展下新格式，隨著 AP242 延伸版本的定義，3D 內容會更佳完整
與通用並成為新機制，特別在 PMI（產品製造訊息）。

2-11-5 STEP 一致性等級

一致性等級（Consistence Class，CC），SolidWorks 支援 STEP AP203 的六個一致
性等級，分別為：CC1、CC2、CC4、CC5、CC6，產業不支援 CC 3，以下每個等級簡單
說明。

A CC1 模型組態控制設計資訊

模型所相關的產品資料管理資訊，原始系統、作者、零件供應商、合約...等。

B CC2 線架構模型及/曲面模型

類似 IGES 但不支援獨立曲面。若曲面未組成實體，則縫織失敗，不支援組合件曲面輸入。

C CC3 拓樸線架構模型

產業不支援此等級。

D CC4 拓樸的多樣性曲面

如果模型未形成實體，會發生縫織失敗。

E CC5 B-Rep 實體

以小平面邊界對應實體。

F CC6 進階 B-Rep 實體

進階邊界對應實體。

2-11-6 STEP 檔資料結構

STEP 資料和 IGES 一樣可透過瀏覽器看出 STEP 標準、轉檔軟體以及資料敘述。

```
ISO-10303-21;
HEADER;
FILE_DESCRIPTION (( 'STEP AP214' ),
    '1' );
FILE_NAME ('STEP AP214.STEP',
    '2016-11-01T09:06:07',
    ( '' ),
    ( '' ),
    'SwSTEP 2.0',
    'SolidWorks 2016',
    '' );
FILE_SCHEMA (( 'AUTOMOTIVE_DESIGN' ));
ENDSEC;
DATA;
#1 = CARTESIAN_POINT ( 'NONE', ( -25.73073904834642200,
#2 = CARTESIAN_POINT ( 'NONE', ( 127.2462760629048400,
```

2-12 業界常見轉檔工具

模型格式相當多元，SolidWorks 不可能包山包海一套軟體走天下，遇到無法轉檔或有問題時，會利用其他軟體搭配嘗試。先由手邊容易取得且免費下手：Rhino、eDrawings、SolidWorks Explorer、DraftSight、...等，本節簡易說明坊間轉檔工具的資訊以及導入方向。

基於轉檔軟體很冷門，筆者建議導入以 SolidWorks 為主，再搭配 SolidWorks 周邊，雖然 Rhino 不是 SolidWorks 開發，基於下載試用取得容易，所以建議使用。

常遇許多企業，不知道 SolidWorks 內建或周邊工具，這些工具容易取得外，還有些是免費的。感慨覺得很冷門或沒聽過，捨近求遠在網路尋找專用並採購，這就是方向錯誤。

深入導入 SolidWorks 周邊工具來打底就已經嚇嚇叫了，等到軟體發揮到極致略感不足時，再向外採購才是正確做法，反之只會花大錢來影響士氣。

為了平衡 SolidWorks 轉檔操作，以多元角度看待模型轉檔，不會再有好像、聽說用 OOO 那套軟體會比較好。而是說用 OOO 會比較好堅定口吻，這轉變就是客觀專業。當你互相比較更能體會軟體都差不多，以更堅定的心愛上 SolidWorks 用於轉檔作業。

2-12-1 取得作為

轉檔工具要有效率取得，亂找一通會讓你覺得沒有一個是好用的，好用的在旁邊都不知道。1.內建優先→2.免費且容易取得→3.容易上手→4.包含 CAD→5.付費購買。

A 內建優先

SolidWorks 指令和工具優先使用，例如：輸入/輸出選項、附加以及工作排程器。

B 免費且容易取得

SolidWorks 周邊免費取得工具優先評估：eDrawings、SolidWorks Explorer、DraftSight。再來非 SolidWorks 免費且容易取得：Rhino、Onshape。

對於不容易取得建議你放棄，它再好都沒用。取得過程繁雜，通常要你填寫大量文件→填寫完又不得下載要領→好不容易下載又安裝不起來→安裝起來又難用…等，功能再好都沒用，若看到高額費用就不必多說。

在此筆者也不方便說那些軟體是這樣模式，讓你不要踩到地雷，只是感慨要取得客戶資料是沒錯，也同意此商業行為，應該思考另一種善待方式，如何讓使用者先有誘因，再來引導商業行為，這部分做得不錯的有：Rhino、Onshape、DraftSight 和 eDrawings。

C 容易上手

軟體上手很重要，筆者用過超難上手的專業轉檔軟體，即便筆者已經算是懂 CAD 老江湖都覺難以適應，更何況一般使用者。再看到業界使用這類軟體，只是感到疑惑為何不用 SolidWorks 統一設計與轉檔，或上述所列的軟體，通常得到的回覆是它很專業…。很多人認為轉檔就要用專門軟體，都用專門軟體輸入輸出，再由 SolidWorks 進行設計。

D 包含 CAD

容易取得的轉檔軟體分 2 種：1.純檢視、2.包含 CAD 建模。包含建模的軟體轉檔能力都會比較強，例如：Rhino、Onshape。

E 付費購買

免費取得的軟體多半具備付費機制，有付費機制的軟體功能都會比較好，這是商業價值的推力，例如：Rhino 有試用版 90 天和付費的專業版。

2-12-2 eDrawings 電子視圖

免費且可以大量部署，支援多樣的檔案格式開啟，還可直接開 SolidWorks 檔案，也是 SolidWorks Viewer。可以減少模型轉檔與傳遞錯誤，並省下高額營業損失，eDrawings 能精確地分享與溝通產品，更是省下購買轉檔軟體的費用，下載請至 www.edrawings.com。

A 輸入格式

對免費軟體來說 eDrawings 可輸入相當多元，甚至可完全滿足工程人員需求，以下是特別在 eDrawings 2017 支援的檔案格式更多元。

- eDrawings (EPRT、EASM、EDRW)
- XML Paper Specification (XPS) (EPRTX、EASMX、EDRWX)
- SolidWorks (SLDPRT、SLDASM、SLDDRW)
- SolidWorks 範本 (PRTDOT、ASMDOT、DRWDOT)
- CALS (CAL、CTL)
- Autodesk Inventor（IPT、IAM）
- 3DXML (3DXML)
- Pro/ENGINEER (PRT、PRT.、XPR、XAS、NEU、ASM、ASM.)

- STEP（STEP、STP）

- OBJ、DXF/DWG、STL

B 輸出格式

eDrawings 輸出格式有幾項比較特殊，在內容中說明。

- eDrawings (EPRT、EASM、EDRW)

- eDrawings 可執行檔（EXE）：將 eDrawings 程式和模型檔案包含在裡面，不需安裝 eDrawings。

- eDrawings ZIP（ZIP）：把 eDrawings 製作*.EXE，壓縮並包覆在 ZIP 資料夾中，維持檔案安全性。

- STL、BMP、TIF、JPEG、PNG、GIF

- eDrawings HTML 檔案（HTML）：將模型轉為 HTML 網頁格式，讓 eDrawings 介面嵌入在公司網頁，達到產品行銷效果。

2-12-3 SolidWorks Explorer

SolidWorks 檔案總管，整合和檔案總管 eDrawings，讓模型查閱和轉檔迅速。

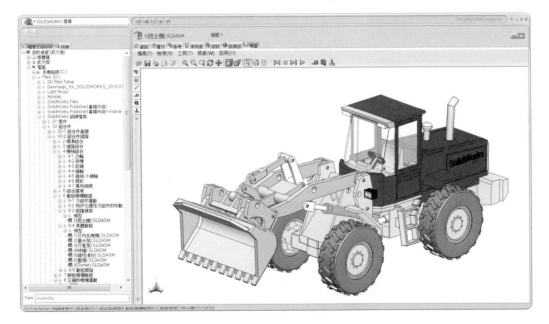

2-12-4 DraftSight

DraftSigh 於 2010 年 6 月推出，造成工程業界極大震撼，主要原因免費。

利用它做為 DWG 編輯工具，開啟DWG和製作DWG文件。

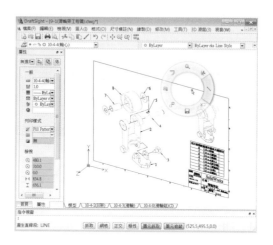

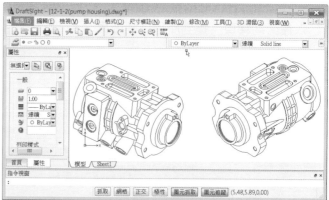

A 輸入格式

DWG、DXF、工程圖範本 DWT、附加程式 DLL。

B 輸出格式

BMP、EMF、WMF、JPEG、PDF、PNG、投影片 SLD、SVG、EPS、TIF、STL

2-12-5 Rhino

工業產品設計系常用的軟體，於開啟舊檔和另存新檔可以看到其支援度，下圖有縮減。筆者推薦 Rhino 為第 2 套轉檔軟體，轉當功能強大費用也便宜。

雖然 SolidWorks 轉檔功能很好，對於比較極端例子，我們會藉由 Rhino 來開，並轉成 SolidWorks 可以開的格式，我們常推薦公司購買 Rhino 做為看圖和轉檔軟體。

檔案無法開啟會利用其他軟體或請別人幫你開啟，不要什麼都自己來。SolidWorks 模型轉檔有開不太起來，先試者用 Rhino 再找朋友幫你，你要交 CAD 朋友，你幫別人別人會幫你。

Points (*.asc; *.csv; *.txt; *.xyz; *.cgo_asc
Raw Triangles (*.raw)
Recon M (*.m)
SketchUp (*.skp)
SLC (*.slc)
SolidWorks (*.sldprt; *.sldasm)
STEP (*.stp; *.step)
STL (Stereolithography) (*.stl)
VDA (*.vda)
VRML (*.wrl; *.vrml)
WAMIT (*.gdf)
ZCorp (*.zpr)
所有相容的檔案類型 (*.*)

所有相容的檔案類型 (*.*)　▼

開啟舊檔(O)　　取消

2-12-6 3D contentcentral

達梭架設的 3D 內容中心，利用它上傳並分享你的模型。其他使用者藉由轉檔得到你的模型，由輸出內容得知支援這些檔案格式，www.3dcontentcentral.com。

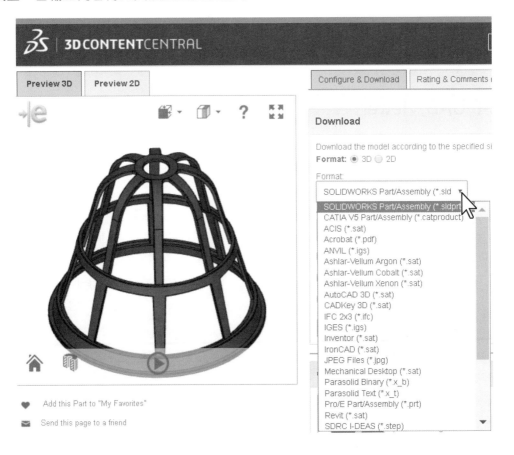

2-12-7 Onshape 雲端 CAD

於 2016 年 2 月推出造成廣大的迴響，由於它免費易用，讓眾多 CAD 軟體商更致力於開發雲端 CAD，藉由 Onshape 上傳你的模型檔案，由對方到雲端下載並轉檔你的模型。

它擁有轉檔功能，目前可以輸入/輸出的格式有：PARASOLID、ACIS、STEP、IGES、SOLIDWORKS、COLLADA、RHINO、STL。資料來源：www.onshape.com

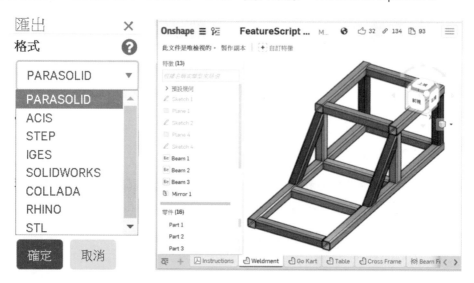

2-12-8 CAD Viewer

這類僅於查看和轉檔的軟體，筆者歸類 CAD Viewer，例如：ABViewer 有豐富轉檔格式以及模型內部資訊檢視能力，並讓你下載試用，cadsofttools.com。

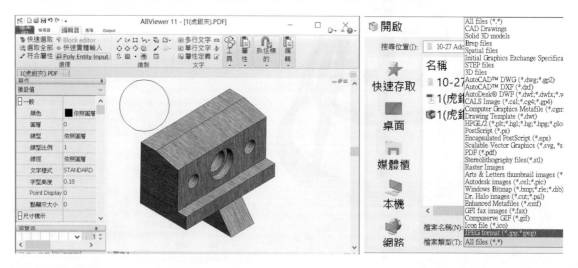

2-13 模型轉檔心理扶持

　　模型轉檔、處理與溝通是冷門技術，遇到問題通常無解。 絕大部分自力救濟試試看，過程又會遇到其他問題，惡性循環到自我放棄。閱讀本書過程遇到挫折不必擔心，以下列舉項目可強化學習的心理建設。

2-13-1 轉檔是工程師責任

　　為何都要我轉檔，轉檔很麻煩耶！這是工作態度，換個角度想，這模型是你畫的，當然你來轉檔。SolidWorks 你比較熟悉，遇到轉檔不推諉，反而主動拿過來幫忙解決，順便練功。

　　模型是你畫的，當然轉檔由你來，還要確保對方開得起來，才算大功告成。很多工程師沒這觀念，聽對方說要 IGES 就轉 IGES 給對方，對方開不起來，也不理對方，還說我不是轉給你了嗎，開不起來不是我的問題。

2-13-2 轉檔是按鈕，擁有高專業

　　轉檔只是押一押按鈕，要看得懂按鈕背後。有豐富經驗才看得懂按鈕內涵，按鈕這動作卻是專業表徵。很多人以為會**開啟舊檔**和**另存新檔** IGES，就代表會轉檔，那只是小學生按按鈕。無論輸入或輸出，有辦法維持模型正確性，這過程就是專業與服務。

　　將技術昇華成觀念才跟得上時代。工程圖轉 DWG 是觀念不是技術，每套軟體都有這功能，要把技術層次升級成觀念。換句話說，把工程圖轉成 DWG 當技術並沾沾自喜，這樣就很難提升自己，你不能把低階技術當技術。

　　當你把工程圖轉 DWG 當觀念時，當別人還不知道工程圖可以轉 DWG，或把工程圖轉 DWG 當技術時，你會體會自己已經到另一個層次。

2-13-3 轉檔會越來越簡單與普及

　　轉檔是個很深廣的議題，不容易理解。不必太過憂慮，轉檔只會越來越直接，設定越來越簡便。怎麼說呢？以往轉檔都要透過 IGES、STEP、SAT 來進行，近年來發現 CAD 軟體互相支援原始檔，換句話說不必轉檔。

　　甚至到了沒人把轉檔當專業來看，沒當一回事，只要另存新檔，轉出來的格式對方都讀得到。在人力銀行有看過，工作需求要會模型轉檔嗎？

　　上述所說的是普世價值。話雖如此，遇到問題就要靠專業來解救，你要成為那專業的人，這樣別人會有求於你。

2-13-4 不要什麼都要會

轉檔議題學無止境,有些問題可能一時無解。千萬別抱著慌張心情,好像又欠缺了什麼,甚至鑽牛角尖,阻礙學習方向和進度,一段時間再回頭看,會發現突破點。

IGES 資料結構相當複雜,甚至可寫論文了,我們不必研究到這麼深,淺嘗而止即可。

2-13-5 遇到挫折

初學者常為此感到挫折,筆者也是操作 SolidWorks 多年後才體認轉檔重要性,很辛苦深入瞭解各項用法,由於沒人可以討論,多年來很沒效率。

很多人沒觀念只想知道解決方式,觀念又聽得不耐煩,認識觀念才可解決交叉變化,否則會覺得別人好像對你不耐煩,或覺得別人不太想教你,而是懂的人覺得一言難盡。

現在不一樣了,遇挫折到論壇問,這些經驗是累積專業,日子久了能舉一反三。觀念正確就是專家,客戶要求不見得正確。

懂得適時提出和客戶溝通,如果一開始客戶不能接受,先依客戶需求,就待成果來證明你的建議是對的。

2-13-6 多交 CAD 朋友

現今是社群時代,要想辦法交 AutoCAD、Pro/E、Ug、Catia、Inventor...等朋友,幫助你擁有更多資源。別人給你 UG 檔案萬一 SolidWorks 打不開,可以請 UG 朋友幫你開。

這些朋友中,你屬於 SolidWorks 朋友,別人也會找妳幫忙開 SolidWorks 檔案,今天他幫你,明天你幫他。不能像以前一樣所有都自己搞,想盡辦法找補帖來滿足轉檔問題,透過問題讓時間醞釀累積你的人脈。人脈經營不一定只有應酬,加入 SolidWorks 論壇或 FaceBook 粉絲團成就你的轉檔專業。

2-13-7 轉檔訓練比學另一套 CAD 划算

軟體能不能上手有很多層面,重點在想不想學。轉檔觀念低成本,共通性高的專業知識。美國 TRW 汽車集團曾說過,訓練員工使用不同 CAD 時間比設計零件還多,與其花時間訓練使用不同 CAD 系統時間,不如加強模型轉檔。

轉檔需求高,不過相關資料和教育訓練卻是最少的。坊間沒有模型轉檔書籍與模型轉檔課程,筆者希望改變這風氣。

很多公司找工程師有 2 點情況:什麼軟體都會、3 套軟體找 3 個工程師,不如進行轉檔訓練。以上工程師上哪找,你要給工程師多少薪水,檔案格式很亂...都是嚴重問題,業界明知這種問題不斷發生,似乎莫可奈何。

　　工程師不就每套軟體都要會一點，萬一請假、出差、離職...等種種無法預期因素，必須再應徵工程師來互補或替代，所以軟體只要一套強的就好，方便管理。

2-13-8 認識軟體

　　你要聽過、看過常見軟體：AutoCAD、Pro/E、Ug、Catia、Inventor，有用過最好。沒用過至少要看過。可以到圖書館翻這些軟體書籍，書中看它們怎麼建模，看過以後至少別人說這些軟體名稱，會有感觸和產生話題。

2-13-9 模型轉檔是需求

　　模型轉檔有很多潛在問題，這些問題不是看到模型有破面或無法開啟，重點是模型轉檔需求。有些客戶只要看看就好，我們會轉 PDF 給他。

　　由於客戶不了解我們的作法，甚至會下指導棋，其實只要看看模型，就說轉 IGES 給我，懂得引導對方轉檔方法，而不是聽對方說要哪種格式，你就很聽話毫不思考轉出去。

　　有些人要加工，就轉 STEP 檔案給她。有些人要鈑金雷射切割，就轉展開圖 DWG 給他，得知需求後，再決定檔案格式。

2-13-10 存檔習慣

　　對於複雜模型而言，避免不預期情況發生要習慣性存檔。模型轉檔會大量消耗 CPU 運算，轉檔期間避免做其他程式運算，例如：安裝軟體。

模型轉檔觀念

本章專門說明模型轉檔觀念,算是這本書的濃縮版,本章不適合教學,適合私下閱讀。轉檔觀念很多是解決方案,觀念用看的就會,奠定未來課題基礎。你知道嗎,業界將 SolidWorks 用來研發設計外還多了轉檔用途,這也是觀念。

轉檔多半靠個人經驗法則:STEP 比 IGES 好,經試驗結果好像很對,可是你知道為什麼嗎?經驗傳承的說法,會隨環境因素變化,例如:選項設定、軟體種類、軟體版本…等,不穩定結果就形成個案。

理論基礎效益比辛苦建模來得高,利用觀念以釐清模型轉換認知盲點,先確定對方 CAD 系統,光是這一點就解決八成模型轉檔問題。 在錯誤堆打轉不知自拔,捨不得花費時間理解,卻願意鑽牛角尖不斷投入,不如請教專家給個方向。

3-1 快速看出轉檔能力

迅速學會判斷軟體轉檔功能與學習方向,有 2 個指標:1.開啟舊檔/另存新檔的檔案類型清單、2.選項設定,這招對所有軟體都適用。

3-1-1 檔案清單

檔案清單=轉檔支援能力。由開啟舊檔和另存新檔視窗右下方清單內容,看出支援格式,格式越多代表支援能力越高。會發現支援格式還真不少,是否覺得已經會一半,沒有你想像這麼難懂。所有軟體都擁有轉檔能力,連 IE 瀏覽器也具備轉檔功能。

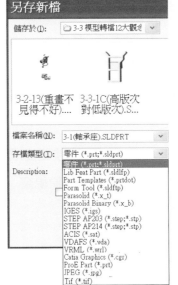

3-1-2 輸入與輸出選項

選項項目=功能性。輸入或輸出選項是進階調整，將模型優化設定，選項越多功能越高。選項屬於內部設定，決定轉檔品質與模型穩定性，並改變輸入輸出結果。選項設定、版次、檔案格式會影響轉檔品質。

轉檔過程無法全程參與，只能靠轉檔後得知結果。唯一可參與就是選項設定，由於項目為專業名詞並非人人可以上手，要由書籍來幫助。期望選項設定可即時預覽，直接看設定前後結果。而不是轉完檔後，開啟模型才知道設定好不好，否則重新設定並開啟，這樣的循環不是專業，是軟體在找麻煩。

若開啟後模型有問題，對初學者誤以為是錯的，進行修模或不知所措。對進階者而言比較沒差，因為開啟模型有問題，回到選項調整即可。SolidWorks 2017 對選項視窗有所變革，接下來說明前後做法。

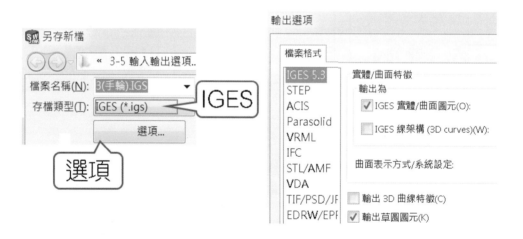

3-1-3 SolidWorks 2016 以前進入選項視窗

開啟舊檔或另存新檔視窗下方。

步驟 1 選擇檔案類型切換 IGES，視窗下方參考按鈕變成選項

步驟 2 點選選項按鈕，系統自動切換到 IGES 選項視窗

3-1-4 SolidWorks 2017 進入選項視窗

於系統選項下方，點選輸入或輸出項目，比以前方便吧。當然也可以和上節一樣，透過開啟舊檔或另存新檔視窗，由選項按鈕進入選項視窗。

有時候不見得要轉檔，只是要查看選項設定。甚至可以在轉檔之前將選項設定好，或是轉檔過程（開啟舊檔/另存新檔視窗）進入選項，也就是雙向操作。以前只能在轉檔過程進入選項（單向作業），一有不對必須重新執行開啟舊檔/另存新檔視窗，現在想想先前作業還真麻煩。

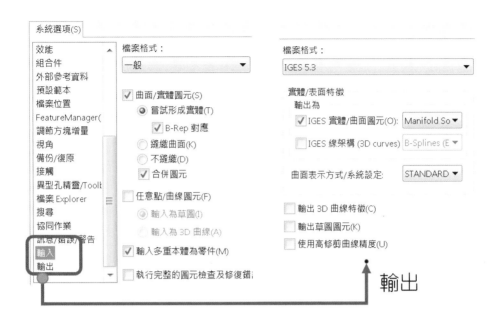

3-2 開啟轉檔文件方法

本節說明開啟轉檔文件方法,一勞永逸面對。將模型輸入效率有以下方式:1.工作窗格、2.開啟舊檔、3.檔案總管。雖然比較常用開啟舊檔,於開啟舊檔右下方檔案類型清單,切換轉檔格式,是件麻煩事。

3-2-1 工作窗格

大部分使用者單螢幕作業,檔案總管或開啟舊檔會有另一個獨立視窗,唯一不占用視窗的方法,就是工作窗格的檔案總管 ,拖曳一個或多個檔案到 SolidWorks 最快。即便在有文件的環境下,可以很任性再開啟轉檔模型。

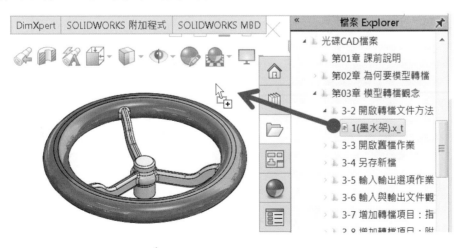

3-2-2 開啟舊檔

開啟舊檔載入模型，是最常用方式。開啟舊檔是不得已才使用，筆者常說開啟舊檔不會讓你進步，試用其他方法完成模型輸入。

3-2-3 檔案總管

最常見的檔案管理方式，點選要轉檔模型，拖曳（不能快點 2 下）到 SolidWorks 中。檔案總管好處：找尋檔案方便有效率，特別是檔案放置在不同目錄時，適合多螢幕者。

先前 SolidWorks 不允許將檔案拖曳到繪圖區域，會出現插入零件視窗，一勞永逸就是將檔案拖曳到 SolidWorks 工具列上，開啟檔案。

原則上 SolidWorks 未開啟任何文件，拖曳檔案到 SolidWorks 空白區域，完成模型輸入作業。好消息 SolidWorks 2014 沒這樣限制，無論你是否已開啟文件，可以將非 SolidWorks 檔案拖曳 SolidWorks 任何區域中。

3-2-4 拖曳檔案至 SolidWorks 標題上

無論 SolidWorks 是否開啟文件，將檔案拖曳 SolidWorks 標題、下拉式功能表或工具列上，即可看到檔案被開啟，這是 2014 版以前的做法。筆者一路過來習慣這方法，以現在來說是壞習慣，畢竟繪圖區域這麼大。

　　若還在用 2014 以前版本，就要學習以下說明造成的困擾。如將 Pro/E 的 *.PRT 拖曳到繪圖區域，SolidWorks 會以為是自己格式出現錯誤訊息，或以為這是嵌入物件呈現。

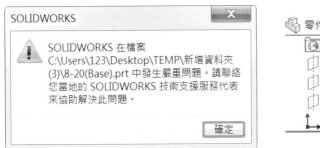

3-2-5 檔案關聯

　　快點兩下開啟檔案，是最直接不過了也符合人性，不過會出現 Windows 無法開啟這個檔案視窗，因為 IGES、STEP、X_T...等都不是 SolidWorks 預設格式，也沒有模型小縮圖。

　　要快點兩下開啟 IGES，就要建立檔案關聯，本節適合進階使用者。1.在目標檔案按右鍵內容→2.變更→3.指定關聯的程式 SolidWorks→ 4.確定，IGES 被 SolidWorks 指定開啟。

　　對初學者來說，雖然是 Windows 操作，不過很多人不太願意面對學習，看過後設定好，忘了或不會就算的心態，我們說太多只會增加雙方壓力，對於有心學習的就另當別論。

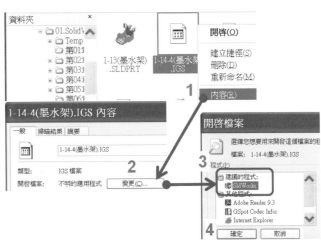

3-2-6 過濾檔案類型

　　很多人把 SolidWorks 當工具，不見得想了解清單內容，只想趕快完成轉換 IGES，建議花 1 分鐘面對這些格式。檔案類型這麼多，且沒有排列規則，一時還真難找出要的格式，好比說在清單找 IGES，很難對吧，利用檔案總管技巧，按下字母循環搜尋。

在檔案類型清單中，按下字母 I，跳選到 IGES，再按一次 I，選到下一個 IFC，這對於經常轉檔的人來說，解決心中難題。

Adobe Illustrator Files (*.ai)
Lib Feat Part (*.lfp;*.sldlfp)
Template (*.prtdot;*.asmdot;*.drwdot)
Parasolid (*.x_t;*.x_b;*.xmt_txt;*.xmt_bin)
IGES (*.igs;*.iges)
STEP AP203/214 (*.step;*.stp)
IFC 2x3 (*.ifc)
ACIS (*.sat)
VDAFS (*.vda)
VRML (*.wrl)

Adobe Illustrator Files (*.ai)
Lib Feat Part (*.lfp;*.sldlfp)
Template (*.prtdot;*.asmdot;*.drwdot)
Parasolid (*.x_t;*.x_b;*.xmt_txt;*.xmt_bin)
IGES (*.igs;*.iges)
STEP AP203/214 (*.step;*.stp)
IFC 2x3 (*.ifc)
ACIS (*.sat)
VDAFS (*.vda)
VRML (*.wrl)

3-2-7 設定快速鍵

將重覆性作業以最快方式完成就是快速鍵。**開啟舊檔**（Ctrl+O）、**另存新檔**（Ctrl+Shift+S），你只要設定另存新檔即可，因為開啟舊檔 SolidWorks 有預設。

A 開啟舊檔的鍵盤切換

對進階者不透過滑鼠，用鍵盤切換檔案清單的選定，以下說明開啟 IGES 用法。

步驟 1 Ctrl+O（開啟舊檔）

步驟 2 TAB（跳至檔案類型）

步驟 3 向下鍵（展開檔案類型清單）

步驟 4 按 I（找到 IGES）→↵

步驟 5 游標點選要開啟的 IGES 檔案

步驟 6 ↵，開啟 IGES 檔案

B 另存新檔的鍵盤切換

以下說明另存 STEP 檔案作法。

步驟 1 Ctrl+Shift+S（另存新檔）

步驟 2 TAB（跳至檔案類型）

步驟 3 向下鍵（展開檔案類型清單）

步驟 4 按 S→↵→↵，開啟 STEP 檔案

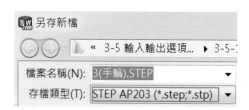

3-2-8 多螢幕會更好

　　1 台 SolidWorks、另一台螢幕 Windows 檔案總管，加速轉檔效率。反正 1 台螢幕一定是 SolidWorks，另一台螢幕可以為檔案總管、雲端硬碟、收信程式，換句話說由另一台螢幕點選模型拖曳到 SolidWorks，讓你工作有彈性，適合重度使用者。

 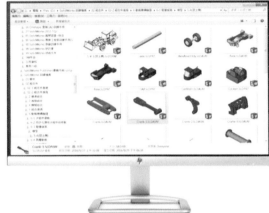

3-3 開啟舊檔作業

　　不論目前為何種環境（零件、組合件、工程圖），甚至不開啟任何文件下，開啟舊檔的檔案類型清單都一樣，預設為 SolidWorks 檔案（SLDPRT、SLDASM、SLDDRW）。Windows 會記憶上次使用的檔案類型為預設項目，SolidWorks 不會。

3-3-1 套上範本

　　範本就是文件屬性資料。當你開啟轉檔模型會 1.先開啟範本→2.再開啟轉檔模型→3.儲存後就為 SolidWorks 文件。

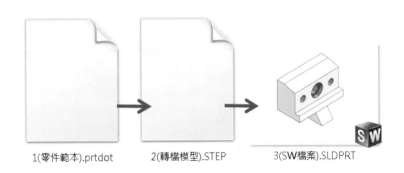

1(零件範本).prtdot　　2(轉檔模型).STEP　　3(SW檔案).SLDPRT

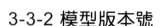

3-3-2 模型版本號

開啟轉檔格式，系統會自動轉換為 SolidWorks 並編號，號碼在檔名後方，開啟零件和組合件的編號不同，組合件的零件會有-1。開啟 1(鉗夾上片).IGS→1(鉗夾上片)1.sldprt。開啟組合件為 1(鉗夾上片).IGS→1(鉗夾上片)-1.sldprt。

不會有相同檔案名稱，造成衝突（前一個檔案必須關閉），或被迫改檔名，常用在測試選項設定，例如：重複開啟 IGES 測試輸入選項。

3-3-3 重複開啟 SolidWorks 文件

已經開啟的文件若再次開啟，系統認為顯得無意義不讓你開啟。開啟過程出現提示視窗：模型無法作為自己本身的參考，請選擇另一個模型。

現在 SolidWorks 不會出現該訊息，因為有新增視窗的功能，讓你同時擁有 2 份一樣的文件。實務上開啟 2 個相同文件比對，特別用在不同模型組態顯示。建議使用雙螢幕分別放置 SolidWorks 程式，會有更好的作業效率。

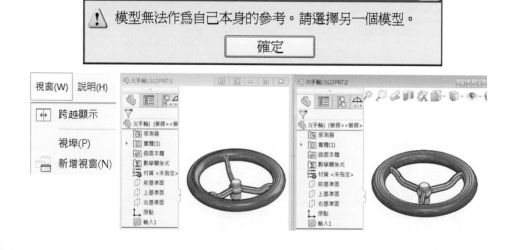

3-3-4 幾乎是模型格式

開啟舊檔幾乎是模型格式：IGES、STEP、Pro/E…等，就是沒有 PDF、JPEG 或 eDrawings，筆者想我們不應該理解這些，因為 Rhino 可以直接開啟 PDF。期待未來 SolidWorks 將開啟舊檔除了可以開啟 PDF、JPG，更帶來創新意想不到的功能。

3-3-5 可輸出 ≠ 可輸入

可輸入不代表就輸出該格式，例如：工程圖可輸出 PDF；但不可以輸入 PDF。由開啟舊檔和另存新檔的檔案類型可以看出來，開啟舊檔的檔案類型沒有 PDF。

期待未來版本可以直接開啟 PDF。這麼說是有說本的，因為有些軟體可以直接開啟 PDF。以前零件無法輸出 DWG，SolidWorks 2012 可以輸出 DWG。

3-3-6 轉檔格式組裝或出圖

在組合件中想將轉檔格式（STEP）組裝或出工程圖，這是行不通的，除非儲存為 SolidWorks 零件於電腦硬碟中，否則無法加入，這是保護措施。

當你開啟 STEP 後，系統自動將 IGES 成為零件開啟，這時 IGES 雖然為零件，不過暫存在記憶體，若你將該文件加入到組合件，會出現尚未存檔訊息。這部分就要透過 2017 的 3D Interconnect 來解決。

3-4 另存新檔

另存新檔有很多妙用，由檔案類型清單控制：1.切換格式、2.更改檔名、3.儲存到另外一處備份或複製、4.查看目前檔案路徑。

這些 SolidWorks 是 Windows 檔案總管觀念。為何這麼強調，因為是 Windows 操作，不要把學習綁在一起，讓你覺得模型轉檔好像很難的樣子。

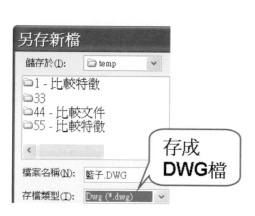

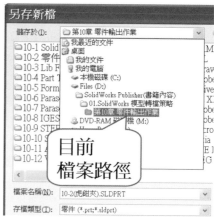

3-4-1 檔案類型清單不同

在零件、組合件、工程圖的另存新檔類型清單不同。先前說過只要會看就好，不要逼自己一定要背零件、組合件、工程圖可以轉哪些格式。這一切和支援度有關，例如：工程圖不支援轉 IGES。希望不要有這差異，最好和開啟舊檔一樣，檔案類型清單都相同。

3-4-2 輸入輸出矩陣表

由輸入輸出矩陣表直覺看出各別支援格式，線上說明就有記載這類資訊。

```
□ 🏭 輸入和輸出
   ? 輸入/輸出 SOLIDWORKS 文件
   ? 一般輸入選項
   ? 輸入文件
```

格式	零件		組合件		工程圖	
	輸入	輸出	輸入	輸出	輸入	輸出
PDF		X		X		X
Inventor	X		X			
DWG	X	X			X	X
IGES	X	X	X	X		
Parasolid	X	X	X	X		
Pro/E	X	X	X	X		
STEP	X	X	X	X		
Unigraphic	X		X			

3-4-3 輸出＞輸入種類

由開啟舊檔和另存新檔的檔案類型，會發現這潛規則。原因很簡單，原稿在手上輸出處理比較容易。

輸入別家所轉出來的檔案，在解讀和轉換上會比較困難些。

隨著軟體演進，輸出＞輸入種類不是絕對，也許未來輸出種類＜輸入種類也說不定。

格式	零件		組合件		工程圖	
	輸入	輸出	輸入	輸出	輸入	輸出
PDF		X		X		X
Inventor	X		X			
DWG	X	X			X	X
IGES	X	X	X	X		
Parasolid	X	X	X	X		
Pro/E	X	X	X	X		
STEP	X	X	X	X		
Catia	X	X	X	X		
格式	輸入	輸出	輸入	輸出	輸入	輸出
	零件		組合件		工程圖	

3-4-4 不必儲存直接轉檔

模型不需儲存為 SolidWorks 檔案，可以直接轉檔。換句話說，可以將設計過程直接轉檔，不過通常不會這樣做，都會先將模型儲存後再轉檔，否則對方要修改，就要重新繪製了。

3-4-5 開啟文件才可以另存新檔

這是學習盲點,對初學者而言會遇到的窘境--沒有資料怎麼轉檔呀。空的模型,系統處理毫無意義。在空白零件另存 X_T 或使用列印 3D,都會出現無法執行訊息。不過空白零件卻可以儲存 IGES 和 STEP,這是無意義的。

3-5 輸入/輸出選項作業

開啟轉檔模型,系統套用輸入選項設定;輸出模型,系統套用輸出選項設定。輸入或輸出選項提高轉檔穩定度獲得需要的資料。通常在模型有問題時:模型損壞、工程圖文字亂碼、要得到草圖…等,到選項嘗試解決方案,本節說明選項共同原理與作業方式。

選項是進階操作,設定很悶,不可能用看的就能了解選項設定前後因果關係,牽涉到模型結構與專有名詞,坊間把選項列入技巧或高階課題,屬於專案教法,例如:該選項讓實體轉曲面。其花時間處理輸出後的結果,不如好好認識選項設定。

選項因格式不同有操作差異,例如:模型要包含草圖輸出,IGES 或 DWG 選項設定位置就不太一樣。教學過程發現很多人不知道有選項可設定,還好 SolidWorks 2017 完全解決,由系統選項下方來設定。

3-5-1 進入輸入或輸出選項

由開啟舊檔或另存新檔視窗右下角,點選檔案類型清單切換特定格式,會發現原本參考的按鈕轉變為輸入,實務上很多人為此困惑找不到位置。

並非所有格式都有選項，不必擔心學不會，只要切換存檔類型，來看出哪些格式有選項輸入按鈕即可。可供設定的選項有：IGES、STEP、ACIS、VDAFS、UGII、VRML、STL、Inventor、IDF、Rhino、網格和點雲檔案。

於 SolidWorks 2016 以前，開啟舊檔或另存新檔指定要轉檔的格式，切換存檔類型後，視窗下方會有變化，由方框得知原本的參考項目變成選項。進入選項後，系統自動跳到指定的格式項目。 例如：1.另存新檔 DWG→2.點選選項按鈕→3.自動進入 DWG 輸出選項。

3-5-2 SolidWorks 2017 系統選項之輸入/輸出

早期我們說輸入和輸出＝系統選項，系統選項是一致性設定，因為有記憶性並登錄於機碼中…，不過很難說服人，因為就是不同視窗呀。從教學經驗得知，除非對 SolidWorks 很有興趣，否則不會想了解輸入＝輸出＝系統選項，之前說得再好都沒有用，SolidWorks 2016 之先前版本輸入/輸出視窗都是獨立的，就是不一樣。

和各位宣佈好消息，SolidWorks 2017 由系統選項下方可以直接對應輸入和輸出選項，終於可以說服同學，因為在同一個視窗，本節說明好處。

以往只能分別開啟舊檔/另存新檔視窗進入選項設定，實務上我們會來回切來切去，只因為要找選項項目。現在可以由系統選項下方直接切換輸入/輸出，並目視所有項目設定。

3-5-3 輸入和輸出選項項目

輸出比輸入選項的項目還多，因為模型資訊在手邊。

3-5-4 檔案格式設定項目

檔案格式不同，可供設定的項目也會不同。雖然 IGES 和 ACIS 設定項目不同，絕大部分項目一樣，因為模型幾何就是這些項目，例如：實體、曲面、草圖、線架構…等。

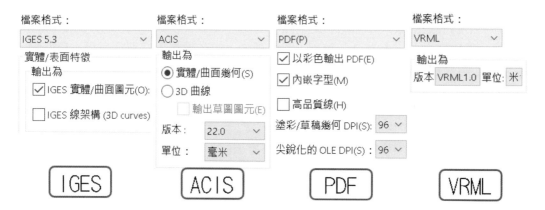

3-5-5 整合式轉檔介面

全世界第一套整合多項性轉檔界面，單一介面閱讀與操作很容易。例如：常遇到想要某個選項設定，又忘記是哪個轉檔格式，選項視窗成為印象查詢。

整合每個格式設定，提升使用便利性外，更讓 3D CAD 業界仿效。自 SolidWorks 2003 轉檔格式整合至開啟舊檔和另存新檔中，還增加了輸入和輸出選項介面，下圖左。

早期透過附加檔案，以獨立轉檔介面執行轉檔功能，例如：轉 IGES 就開啟一個 IGES 轉檔視窗，轉 STEP 又開啟另一個轉檔介面，下圖右。

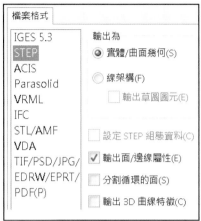 

3-5-6 輸入和輸出選項關連性

輸出選項控制模型資料的轉出，嚴重影響輸入資料。輸出 IGES 時，輸出選項☑輸出草圖圖元；輸入選項☑輸入為草圖，就是控制是否輸入或輸入草圖輪廓。

輸出選項屬於前置作業，控制模型結構輸出設定，因為你有模型原始檔，不像輸入選項無法參與轉檔設定，只能接受對方投出來的球。

輸入選項控制模型的輸入，可以改變模型的幾何型態，不過模型來源就顯得特別重要，當模型有破面或資料不完全，進行豐富的輸入設定，會顯得毫無意義。

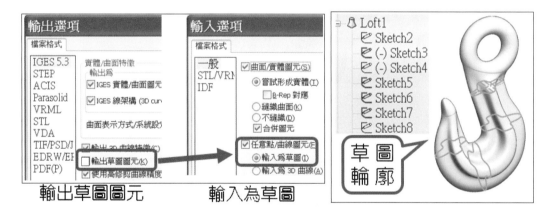

3-5-7 輸入輸出項目重要性

承上節，別小看這些項目，特定格式才有的項目也就是它的轉檔能力，到時不要生氣為何會出現或沒出現你要的項目，因為你選的轉檔格式沒有這項目。零件有隱藏或抑制的草圖，輸出 X_T 後，看不見被抑制的草圖。輸出 IGES 會看見被抑制的草圖，因為 IGES 有輸出草圖的選項控制。

有時為了機密保護，你要謹慎控制不能被輸出的項目，要確定所轉出的格式長什麼樣，最好開啟轉出的格式，模擬對方是否會得到你要保護的資訊。

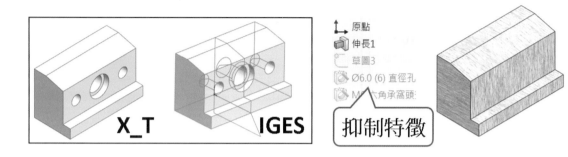

3-5-8 組合件的抑制或隱藏輸出

組合件模型被隱藏、抑制或輕量抑制，輸出時出現詢問視窗：是否要將零組件解除。

3-5-9 非實體輸出

部分格式必須包含實體或曲面，只有草圖無法輸出，例如：STL 或 WRL 無法輸出草圖。

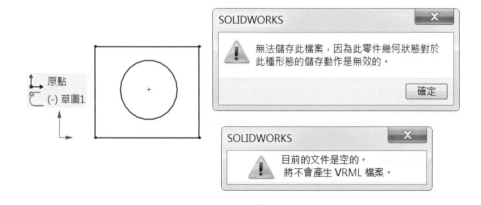

3-5-10 可輸出不代表可輸入

有些格式可輸出不代表可以輸入，例如：草圖可輸出 HCG，但該文件無法被輸入，我想這是 SolidWorks 問題，原則上可輸出就能輸入才對。

1(草圖-原稿).SLDPRT　　2(草圖).HCG

3-5-11 塗彩顯示

基於效能考量以塗彩顯示，通常自行切換帶邊線塗彩。因為邊線越多越耗資源，特別是檢視模型時。

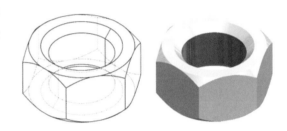

3-5-12 選項具記憶性

輸入/輸出選項如同系統選項具記憶性，存在 SolidWorks 機碼中，ExportSetting 和 ImportSettings。機碼特性選項不會重回預設值。實務上忘記剛才設定到哪個選項，造成模型輸出不是我們要的，想要設定回來卻忘記剛才設定了哪些而懊惱不已，其實再進入選項後，可以見到剛才設定的項目。

例如：你已經忘記☑輸入草圖，輸入模型後不是你要的，由選項看出上回☑輸入草圖，下回☐輸入草圖，嘗試結果。

不是每個人都想了解設定，由複製設定精靈💭，統一將設定複製一份，給對方快點 2 下載入即可，對方就可以和妳擁有一樣的設定，將於《SolidWorks 專業工程師訓練手冊[8]-系統選項與文件屬性選項》中說明。

3-5-13 輸出選項和文件有極大關係

輸出選項整合了零件、組合件和工程圖，可供設定還是有些微不同，這些沒人說真還不知道，就算知道不常用也會忘記，不要記這些，常用就習慣了。

■ 設定 STEP 組態資料，必須為零件否則無法設定。

■ STL 預覽設定，必須為零件否則無法設定。

■ TIF/PSD/JPG 輸出選項，有些工程圖專用，否則選項無法設定（灰階）

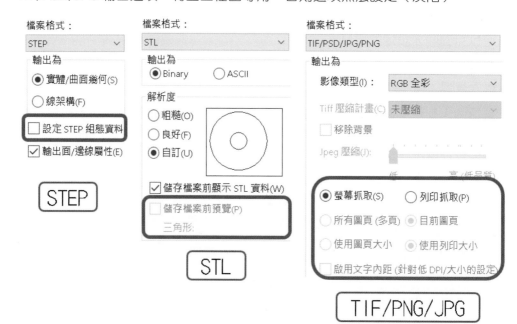

3-5-14 輸出選項和格式有極大關係

有些輸出選項必須指定專門檔案格式才看得到，例如：另存新檔視窗中，於檔案清單必須選擇 DXF/DWG→選項，才可以看到 DXF/DWG 項目，沒有人會想了解這些，或以為沒 DWG 選項設定，引發不必要的災難，希望 SolidWorks 改進。

3-5-15 僅輸出使用中的模型組態

不支援多組態輸出，只輸出使用中模型組態。手輪有 3 個模型組態，目前啟用 3 幅→輸出為手輪.X_T→開啟後僅見到 3 幅的手輪。

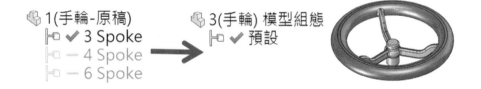

3-6 輸入與輸出文件觀念釐清

輸入和輸出是口語化，名稱上會因軟體不同有差異，不過英文是相通的。嚴格講起來，開啟舊檔/另存新檔=整體，輸入、輸出=部分。這些指令有些軟體會在檔案功能表出現，不過很少軟體會仔細探討這 4 個指令意義。

輸入=匯入、輸出=匯出，讓人以為輸入和匯出不同。很多軟體將開啟舊檔、另存新檔、輸入和輸出功能混在一起，讓使用者難以理解差異外，操作還互相重複，相當不用心。

- 開啟舊檔（Open）
- 另存新檔（Save as）
- 輸入（Import），也稱匯入
- 輸出（Export），也稱匯出

3-6-1 內部或外部檔案格式

開啟舊檔和另存新檔＝內部檔案。

輸入與輸出＝外部檔案。

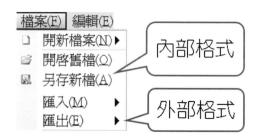

3-6-2 輸入（Impute）

將已開啟文件再插入新物件（類似組合件），簡單的說複製與貼上。例如：草圖圖片為草圖環境下指令，進入該指令後以開啟舊檔將圖片檔案貼在模型上。

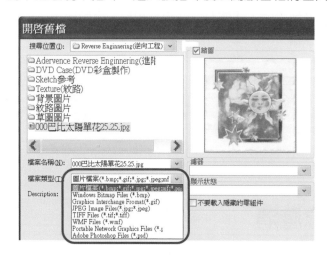

3-6-3 輸出（Outpute）

輸出為部分或指定輸出，不過有些指令卻為整體輸出，這就是混淆。

將部份文件輸出成新物件，於工程圖點選 BOM，另存為 EXCEL。重點在點選 BOM，否則系統將整個工程圖輸出。

工程圖另存新檔 DWG，就是整體輸出。接下來舉幾個在 SolidWorks 常用指令。

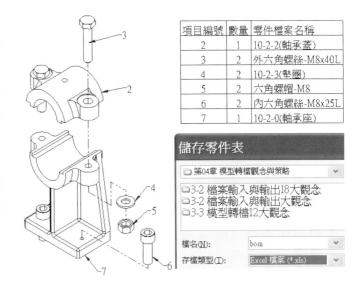

項目編號	數量	零件檔案名稱
2	1	10-2-2(軸承蓋)
3	2	外六角螺絲-M8x40L
4	2	10-2-3(墊圈)
5	2	六角螺帽-M8
6	2	內六角螺絲-M8x25L
7	1	10-2-0(軸承座)

A 輸出至 DXF/DWG

將所選面輸出 DXF/DWG，算是部分輸出。在模型面上按右鍵→輸出至 DXF/*DWG。

B 輸出前先存檔

原則上新文件未存檔情況下可以直接轉檔，這是觀念。不過有些指令必須先存檔才可以輸出，例如：輸出至 AEC（工具→輸出）。

先前說過輸出屬於部分輸出，輸出至 AEC 卻為整體性輸出。以上相信你不會亂，因為你心中有標準。萬一 AEC 部分忘記就算了，反正不常用，系統也會提示。

C 選擇本體另存新檔

於零件可以所選面、所選本體或所有本體輸出。

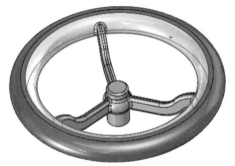

D 組合件中選擇零件另存新檔

可以在組合件選好要輸出的零件輸出，例如：特徵管理員點選在模型，在模型另存新檔 IGES，就會出現該畫面。

E 複製至 DWG 格式

於工程圖，複製為 DWG 格式（編輯➔複製至 DWG 格式），將工程圖形複製至記憶體中，貼上到 DraftSight 或 AutoCAD。

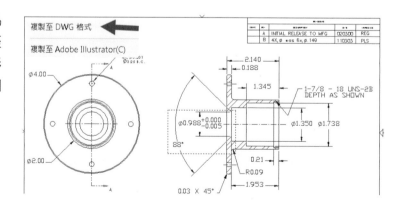

3-6-4 有些軟體沒有輸入和輸出指令

絕大部份軟體都有輸入和輸出指令，SolidWorks 軟體整合在開啟舊檔和另存新檔，選擇好檔案格式後，即可完成轉檔作業，相當簡易學習與容易使用。

3-7 增加轉檔項目：指令

不僅開啟舊檔/另存新檔轉檔項目外，還可利用附加程式或指令增加轉檔項目。很多人不知道還可以這樣，主要原因不知道附加介面。這是 SolidWorks 吃虧的地方，SolidWorks 很老實體貼使用者，將不需要的附加模組關閉，好讓進入 SolidWorks 速度提高。

SolidWorks 預設將鈑金、模具、曲面、熔接，專業 4 大天王工具列隱藏，體貼使用者不讓工具列感覺很多不好學，要學的人（該行業者）自行加入。這出發是對的，不過初學者就以為 SolidWorks 沒有這些功能，而被其他軟體商趁虛而入，說 SolidWorks 沒這功能。

其實 SolidWorks 標準版就內建專業 4 大天王，經我們點醒很多都為時已晚。

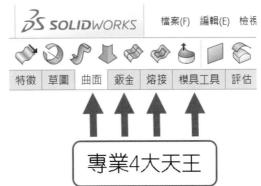

3-7-1 草圖圖片 🖼

習慣模型才可以被輸入輸出，圖片也可輸入至模型，例如：草圖圖片。SolidWorks 無法開啟舊檔輸入圖片檔，要由草圖圖片指令（工具→草圖工具→草圖圖片），將圖片檔輸入。增加的輸入格式：BMP、GIF、JPG、PNG、TIF、WMF、PSD，這些格式於第 10 章 零件輸出說明。

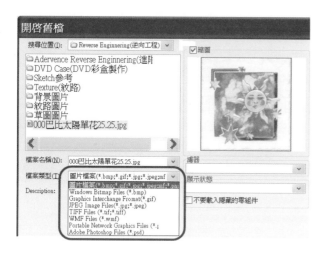

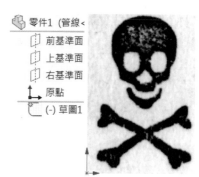

A 點陣圖（*.BMP，ExportBMP）

Bitmap（BMP）是 Windows 推出的格式，支援黑白到 24 位元色彩，不支援檔案壓縮，檔案較大，不建議將工程圖儲存成 BMP。

B WMF

WMF （ Windows Metafile， Windows 中繼檔），微軟開發的 16 位元檔案格式，功能如同 EMF，差別在於檔案比較小。

WMF 可同時包含向量和點陣圖資訊，向量資訊是重點，可避免拉近圖面造成圖形失真。

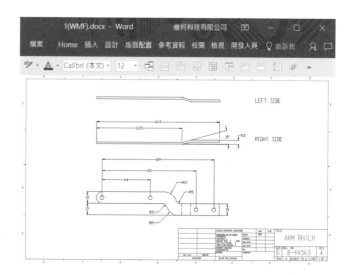

3-7-2 移畫印花

移畫印花（外觀→移畫印花）與草圖圖片不同，可以將圖片貼在曲面上。

支援格式：BMP、GIF、JPG、JEPG、PNG、TIF、TIFF、PSD 、RGB、TGA、TARGA、P2D。

3-8 增加轉檔項目：附加

　　附加視窗載入模組來增加轉檔項目，☑Scan to 3D 增加：XYZ 是掃描器支援格式、3DS 是 3dMax、OBJ 是 Maya。附加視窗最大的考量是軟體效能，載入不常用格式會拖慢 SolidWorks 開啟速度，決定哪些有用到的模組加入即可。

　　隨著版本演進有些格式已成為預設，例如：JEPG、Rhino，希望 SolidWorks 改進將轉檔格式通通放進來，不需透過附加方便大家使用。

　　本節針對附加程式所增加的轉檔項目列出，有些必須 SolidWorks Professional 或 Premium 才可使用，例如：Scan to 3D 要 SolidWorks Professional 才可使用。好消息是 2017 Standard 可直接使用 Scan to 3D 格式。

SOLIDWORKS Standard(S)
包括 3D Content Central、SOLIDWORKS SimulationXpress、SOLIDWORKS Explorer 及 SOLIDWORKS eDrawings

SOLIDWORKS Office(O)

SOLIDWORKS Professional(P)
包括 SOLIDWORKS Standard，加上 SOLIDWORKS eDrawings Professional、Motion Studies、SOLIDWORKS Toolbox、Design Checker、SOLIDWORKS 工作排程器、ScanTo3D 及 SOLIDWORKS Workgroup PDM

模 組

SOLIDWORKS Premium(R)
包括 SOLIDWORKS Professional，加上 SOLIDWORKS Routing、SOLIDWORKS Simulation 及 SOLIDWORKS Motion

3-8-1 CircuitWorks

CircuitWork 電子電路是 SolidWorks Premium 模組，讓電路與機械工程師合作設計，能在組合件產生電路元件。可支援 IDF（EMN、BRD、BDF、IDB、IDF、IDX、XML、IDZ、CWX）和 PowerPCB 的 PADS（ASC）格式。

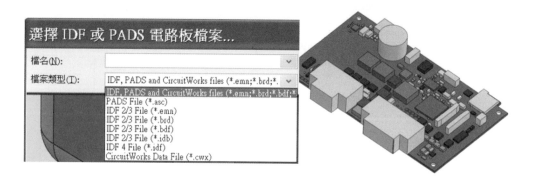

A CircuitWorks 選項

透過選項調整 IDF 和 PADS 檔案編碼方式，交換印刷電路組合件 (PCA) 資訊。

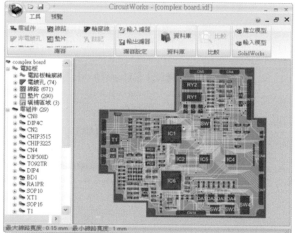

3-8-2 PhotoView 360

影像擬真，將模型計算成逼真圖形並輸出圖片格式。在最終影像計算中，支援輸出格式有很多軟體用的：FLX、TGA、BMP、DDS、IEX、EXR…等。你可以用 PV360 輸入圖片並轉檔，不必額外找搭配軟體，只是很少人這麼做。

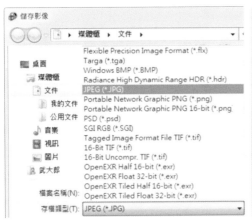 

於另存新檔可以多一項，Luxology Scense（＊.LXO）
檔案。

3-8-3 Scan To 3D

3D 掃描的後處理工具，轉換為曲面或實體模型，支援逆向掃描專用程式：網格和點雲
檔。很多人以為 SolidWorks 沒有 OBJ、3DS 就和對方說無法開啟，其實是可以的。

網格檔案：NZIP、NXM、SCN、3DS、OBJ、STL、WRL、PLY、PLY2。PLY 是多邊
形檔案，OBJ 是 WAVEFRONT。點雲檔案（Cloud Point）：XYZ、TXT、ASC、VDA、IGS、
IBL。

 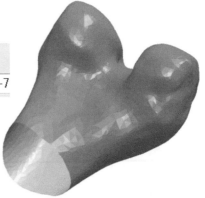

A Scan To 3D 曲線精靈

曲線精靈可以輸入與編輯 IGES、IBL 和 TXT 檔案，曲線精靈會將曲線輸入為一個 3D 草圖。對於分析或數學公式定義曲線的使用者有極大幫助。

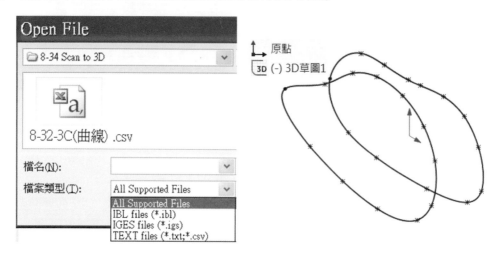

3-8-4 Microsoft XML Paper Specification

XPS（XML Paper Specification），XML 文件規範，微軟開發的文檔保存與檢視規範，類似 PDF，副檔名 EPRTX（零件）；EASMX（組合件）；EDRWX（工程圖）。

由 Windows 圖形檢視器（如同圖片檢視器），也可讓 eDrawings 開啟。XPS 附加後只要開新文件即可使用，無須**重新啟動 SolidWorks**。XPS 轉檔過程會提示安裝 XPS Viewer，可在 Windows 官網下載 XPS Viewer。

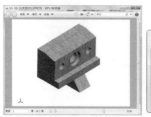

Microsoft XML Paper Specification Essentials Pack
版本 1.2 (XPS Essentials Pack) 包含可讓您檢視、產生及索引 XPS 文件的元件。

版本：	發佈日期：
1.2	2010/12/2
File Name:	File Size:
XPSEP XP and Server 2003 32 bit.msi	8.0 MB
XPSEP Vista 32 bit.msu	1.9 MB
XPSEP Vista 64 bit.msu	2.8 MB
XPSEP XP and Server 2003 64 bit.msi	10.3 MB

3-9 轉檔格式類別

　　轉檔格式不只是 CAD 檔，還有圖形檔和美工檔，分成 10 大類，本節列出分類。於開啟舊檔和另存新檔清單中，會發現沒分類，相信很多人沒想過這點，因為常用的就那幾個，管他有沒有分類，目前還沒看過有軟體商將轉檔格式清單分類的。檔案格式有分類會比較好選擇與記憶位置來減少人工找尋加速時間。

DXF (*.dxf)	CATIA Graphics (*.cgr)
DWG (*.dwg)	CATIA V5 (*.catpart;*.catproduct)
Adobe Photoshop Files (*.psd)	SLDXML (*.sldxml)
Adobe Illustrator Files (*.ai)	ProE/Creo Part (*.prt,*.prt.*;*.xpr)
Lib Feat Part (*.lfp;*.sldlfp)	ProE/Creo Assembly (*.asm;*.asm.*;*.xas)
Template (*.prtdot;*.asmdot;*.drwdot)	Unigraphics/NX (*.prt)
Parasolid (*.x_t;*.x_b;*.xmt_txt;*.xmt_bin)	Inventor Part (*.ipt)
IGES (*.igs;*.iges)	Inventor Assembly (*.iam)
STEP AP203/214 (*.step;*.stp)	Solid Edge Part (*.par;*.psm)
IFC 2x3 (*.ifc)	Solid Edge Assembly (*.asm)
ACIS (*.sat)	CADKEY (*.prt;*.ckd)
VDAFS (*.vda)	Add-Ins (*.dll)
VRML (*.wrl)	IDF (*.emn;*.brd;*.bdf;*.idb)
Mesh Files(*.stl;*.obj;*.off;*.ply;*.ply2)	Rhino (*.3dm)
3D Manufacturing Format (*.3mf)	

　　有些軟體的檔案清單有排列，Rhino 在開啟舊檔和另存新檔清單，就有按字母由上到下排序，這點是要給予肯定的。

Rhino 5 3D 模型 (*.3dm)	GTS (GNU Triangulated Surface) (*.gts)
Rhino 4 3D 模型 (*.3dm)	IGES (*.igs; *.iges)
Rhino 3 3D 模型 (*.3dm)	LightWave (*.lwo)
Rhino 2 3D 模型 (*.3dm)	Moray UDO (*.udo)
3D Studio (*.3ds)	MotionBuilder (*.fbx)
ACIS (*.sat)	OBJ (*.obj)
Adobe Illustrator (*.ai)	Object Properties (*.csv)
AutoCAD Drawing (*.dwg)	Parasolid (*.x_t)
AutoCAD Drawing Exchange (*.dxf)	PDF (*.pdf)
COLLADA (*.dae)	PLY (*.ply)
Cult3D (*.cd)	POV-Ray (*.pov)
DirectX (*.x)	Raw Triangles (*.raw)
Enhanced Metafile (*.emf)	RenderMan (*.rib)
GHS Geometry (*.gf)	SketchUp (*.skp)
GHS Part Maker (*.pm)	Rhino 5 3D 模型 (*.3dm)
Google Earth (*.kmz)	

3-9-1 原始檔

　　軟體預設格式，例如：Pro/E、AutoCAD、Inventor、CADKEY、UG、Rhino、IDF。

3-9-2 美工檔

美工軟體的原始檔,例如:Illustrator(*.AI)、Photoshop(*.PSD)。

3-9-3 核心檔

繪圖核心產生的格式,例如:ACIS、Parasolid。

3-9-4 數據檔

由協會組織定義的標準格式,例如:IGES、STEP、STL、WRL、VDAFS。

3-9-5 圖片檔

圖片格式,JPG 等。另存新檔 將繪圖區域輸出成 JPG、PNG、BMP、GIF…圖片,

3-9-6 圖形檔

3D 圖形資料,只能看不能編輯,例如:HOOPS、VRML、MTX、eDrawings、U3D、PDF。

3-9-7 網頁檔

XML 網頁規格,例如:3D XML、XPS。

3-9-8 網格檔

逆向設備掃瞄後的網格格式,例如:NXM、SCN、3DS、OBJ、PLY。

3-9-9 點雲檔

逆向設備掃瞄後的點雲格式,例如:XYZ、TXT、ASC、IBL。

3-9-10 其他

與檔案格式無關的附加（DLL）。

3-10 副檔名重要性

轉檔就是改變副檔名，副檔名就是檔案格式（Format），也可以看出哪個軟體檔案。IGES 是副檔名也是檔案格式，SLDPRT 是 SolidWorks 零件檔案。副檔名＝檔案格式＝格式＝稱呼，給我 IGES 就是稱呼。副檔名有大小寫、字元數以及支援度。

副檔名由軟體定義，儲存檔案過程軟體自動加入，我們不會輸入或更改它們。儲存零件檔案為底座，儲存後＝底座.sldprt，區隔它是零件，你不需要輸入 SLDPRT。

怎麼知道 IGES 是零件、組合件還是工程圖，很不幸看不出來，要開啟後才知道。最簡單的作法就是靠檔名來分辨，鎚球組.IGES，用看就知道一定是組合件。

副檔名有很多觀念：大小寫、字元數、相容性…等，很好理解也是解決方案，只是你都輕忽它。模型打不開，是副檔名原因，以往只能說是經驗，不過這經驗是有理論的。

早期軟體相容性較差，特別是 DOS 時期的軟體，只要副檔名不是完全一樣，就無法讀取，例如：大小寫、字元數，甚至僅支援英文，其他語系就是不支援。

3-10-1 副檔名大小寫

大小寫不同無法辨識，主要是軟體為了區分。網頁連結圖片檔案 png，改為大寫 PNG，網頁辨識不出該圖片檔。絕大部分 CAD 軟體都可以辨識大小寫，好比說*.IGS 和*.igs。

3-10-2 副檔名字元數

絕大部分軟體在 DOS 時期開發出來，所以副檔名有 3 字元限制：Part＝prt、Assembly＝asm、Drawing＝drw。所以副檔名 3 碼或多碼是有典故的，早期 DOS 至

Windows 3.0 為 16 位元系統，副檔名僅支援 3 個字元，往後 Windows 95 為 32 位元系統，就沒有副檔名 3 個字元的限制，可支援多字元，不過還是有 256 字元限制。

3-10-3 副檔名多組支援性

原則副檔名只有一組，而軟體支援多組是為了相容性，例如：副檔名 IGS 是 DOS 時期格式，到後期更改為 IGES，CAD 軟體都可支援 IGS 和 IGES。

SolidWorks 自 1995 年推出以來副檔名 PRT、ASM、DRW，被達梭收購後為了產品識別以及 32 位元作業系統相容性，自 1998 Plus 把零件 PRT→SLDPRT、組合件 ASM→SLDASM、工程圖 DRW→SLDDRW。

1998 Plus 以後版本都可開啟以前模型檔，由開啟舊檔可看出零件（ *.PRT、*.SLDPRT ），例如：開啟 1996-ARM.PRT。

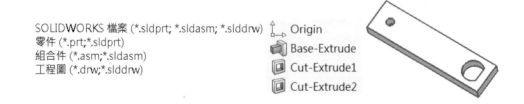

3-10-4 更改大小寫和字元數

模型轉檔遇到問題，修改大小寫或字元數嘗試，很多案例就這樣處理的，IGES→iges 或 IGES→IGS。

3-10-5 看出副檔名方法

　　Windows 預設副檔名隱藏，有許多方式將副檔名開啟，最快方式：CTRL＋滑鼠滾輪，或 1.檔案總管空白處右鍵檢視→2.詳細資料，由類型欄位看出副檔名。

3-10-6 永久顯示副檔名

　　工作上常需要轉檔，又不想一直切換詳細資料來看副檔名，一勞永逸的方法：1.檔案總管點選工具→2.資料夾選項→3.檢視→4.□隱藏已知檔案類型的副檔名→↵。

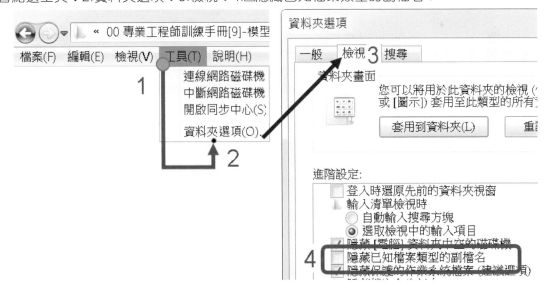

3-10-7 主流軟體的副檔名

　　認識配合的軟體副檔名，對工作有加分作用。由表格看出共通性：零件＝PRT、組合件＝ASM、工程圖＝DRW。

　　不過有些軟體很混，零件和組合件都可以為 PRT 就很難識別，也建議軟體廠商，將副檔名增加軟體識別，對使用者是有必要的。AutoCAD 的 DWG、Inventor 在副檔名前面會加 I，零件 IPT、組合件 ISM、工程圖 IRW。

由副檔名看不出哪套軟體的話，你可以由瀏覽器開啟檔案並查看檔案表頭上方軟體名稱與版次。由於很多軟體零件副檔名皆為 PRT，所以該檔案有可能為 SolidEdge 或 UG NX。

SW	SolidWorks *.PRT ；*.SLDPRT (零件) *.ASM ；*.SLDASM (組合件) *.DRW ；*.SLDDRW (工程圖)	**SOLID EDGE**	SolidEdge *.PRT (零件) *.ASM (組合件) *.DRW (工程圖)
PTC	CREO *.PRT (零件) *.ASM (組合件) *.DRW (工程圖)	**A**	AutoCAD *.DWG (工程圖)
I	INVENTOR *.IPT (零件) *.IAM (組合件) *.IDW (工程圖)	**NX**	UG *.PRT (零件) *.ASM (組合件) *.DRW (工程圖)

3-10-8 不被格式誤導

收到的格式有可能被轉好幾手，最後的格式不一定是第一手。IGES 檔案又被轉成 SAT，再轉成 X_T，就無法得知該模型由 IGES 轉來。

多次轉檔近似值運算形成累積誤差，檔案內部被破壞造成模型錯誤。由另個角度，公司避免讓對方知道 SolidWorks 轉出，故意將模型由另套軟體轉檔。

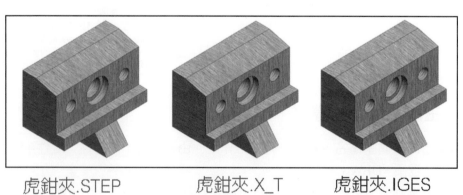

虎鉗夾.STEP　　　　虎鉗夾.X_T　　　　虎鉗夾.IGES
第 1 手　　　　　　第 2 手　　　　　　第 3 手

3-11 2D 與 3D 格式普世認知

你是否也覺得 DWG＝2D 格式、IGES 是 3D 格式，觀念若習慣於某些軟體會有認知盲點。

3-11-1 只有工程圖才可以轉 DWG？

筆者以前認為：只有工程圖才可以轉 DWG，因為 DWG 是 2D。不過 SolidWorks 2010，零件也可以轉 DWG，這就是習慣於某些軟體，造成習慣性的盲點認知，是不對的。

3-11-2 工程圖不能轉 IGES

以前認為：零件和組合件是 3D 才可以轉 IGES，工程圖無法轉 IGES。這觀念也是錯的，因為 Pro/E 工程圖可以轉 IGES。以 IGES 來說沒有 2D 和 3D 之分，工程圖 2D 和模型 3D 都可以被轉為數據格式。

有些軟體因為功能性可以打破這個觀念，例如：Pro/E 可在工程圖輸入和輸出 IGES。

不能因為 SolidWorks 不行，就說工程圖沒人轉 IGES。

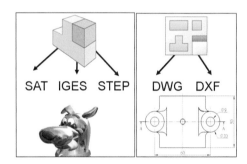

3-11-3 無法由格式知道 2D 或 3D 內容

DWG 有沒有可能是 3D 模型，而非 2D 工程圖？當然有可能，因為可以在 AutoCAD 畫 3D，所儲存的格式還是 DWG，所以無法於檔案總管 DWG 判斷內容。

3-11-4 數據格式都雙向支援

只要是數據格式都雙向支援，可輸入也可輸出。可開 IGES，也可另存 IGES。

3-12 DWG 和 Pro/E 有專用轉檔程式

SolidWorks 針對 DWG 和 Pro/E 輸入有專屬轉換程式（精靈），來辨識 SolidWorks 圖元或特徵，以減少模型修復和增加辨識能力。

透過開啟舊檔讀取 Pro/E 零件、組合件出現 Pro/E 轉檔視窗。由開啟舊檔讀取 DWG，可以看到 DXF/DWG 轉檔視窗。

3-13 字型支援度

字型會影響轉檔相容性，甚至打不開，有些解決方案就是改字型。相信你有聽過有些軟體不支援中文檔案名稱。有些模型無法開啟，靠檔名改成英文或數字成為解決方案。

有些為了檔案傳輸，最好以英文或數字組合為檔案命名，以免檔案無法上傳到伺服器，字型分：外部檔案和內部資訊。

3-13-1 外部檔案

檔案名稱字型。檔名以英文或數字相容性最佳，例如：5700A-01。以現在這議題比較少見，對很早開發的軟體還是有這情形。

早期的 CAD 軟體於 1980 年代推出時，當年還沒有 Windows，這類軟體在 Windows 下運作，字型相容性就會比一開始就在 Windows 下執行的軟體低。而 SolidWorks 於 1993 年就以 Windows 環境下開發，所以字型部分相容性就很高。

1(修补圆角).SLDPRT

2(パッチフィレット).SLDPRT

3(_____).prt.1

3-13-2 內部資訊

特徵名稱或工程圖字型。轉檔後這些字型在轉檔過程成為亂碼，造成檔案無法開啟，或檔案可以被開啟後，特徵名稱卻產生亂碼。

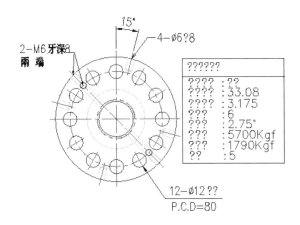

3-13-3 檔名特殊字元

為檔案命名過程，你會發現有些字元被限制，不能成為檔名，例如：\；*?< >…等，Windows 會提示：檔案名稱不可以包含下列任意字元。

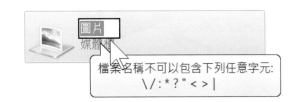

資料來源：維基百科 檔案名稱。

- \ 反斜線：使用為路徑分隔線。

- ? 問號：在 Windows 為萬用字元。

- " 雙引號：這使用於標示含有空白字元的檔案名稱。

- * 星號：在 Windows 視為萬用字元。

- : 冒號：Windows 為磁碟。

- < 小於：在 Windows 視為邏輯運算。

- . 句點：允許使用，但最後的句點被視為副檔名的分隔。

3-13-4 字元編碼支援度

不支援中文檔名是最常聽到的提醒。軟體一定有支援編碼，ANSI(ASC II)、UTF-8、Unicode。

3-14 顛覆無特徵連結性：3D Interconnect

SolidWorks 2017 新增 3D Interconnect，可直接開啟 CAD 原始檔案，開啟強大新工作流程利於協同作業。模型轉檔會讓模型無法修改和斷開連結，這觀念於 SolidWorks 2017 被打破，將其他軟體的原始檔案進行連結。

於系統選項下方，點選輸入選項➔切換檔案格式：Inventor/CATIA⋯，由下方項目迅速了解該功能，支援的格式：Inventor、CatiA V5、Creo、NX、Solid Edge。

3-14-1 應用說明

在組合件直接開啟 CAD 原始檔，不需儲存為 SolidWorks 檔案，直接進行組裝並擁有關聯性。例如：將 Pro/E 檔案加入 SolidWorks 組合件中，於特徵管理員查看該檔案雖然沒有特徵結構，卻能見到連結項目，未來 Pro/E 檔案被軟體修改後，在 SolidWorks 可以被更新。

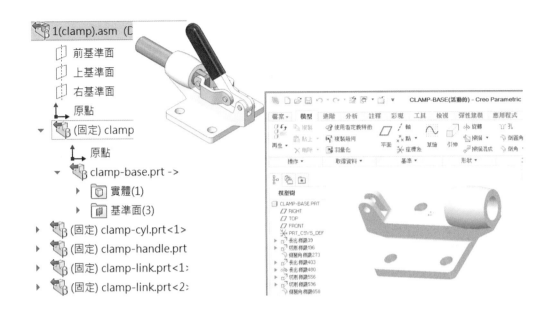

3-15 單位

　　檔案輸入要瞭解外部與內部單位，尤其是外部單位它嚴重影響圖形大小。若無法了解內部和外部單位差異，只要模型輸入後，量測模型長度，是否有比例變化即可。若說更嚴格一點，更改單位甚至可以改變運算精度。

　　下圖得知原本 Ø0.149 英吋，左邊＝0.38mm，圖形正確沒有變化。右邊＝0.149mm，就可以知道圖形因為單位不同，影響很大。

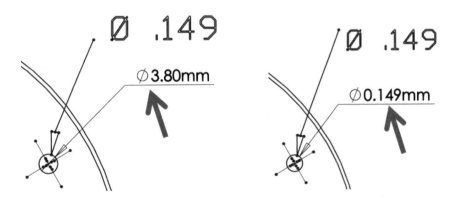

3-15-1 外部單位

外部單位為外來文件的單位，數字相同，單位不同，會改變模型大小。

DraftSight 某線段長＝10mm，輸入至 SolidWorks 該線段長＝10 米，這之間差異非常大，業界為此造成許多麻煩與誤會。

原則上單位選用與來源文件一致，輸入 SolidWorks 過程要設定為毫米，讓系統內部去轉換，就可以避免上述情形。

3-15-2 內部單位

內部單位為目前文件的範本單位，不會改變模型大小。SolidWorks 零件單位毫米 mm，模型長度＝25.4mm，更改單位為英吋，模型長度＝1 英吋。

SolidWorks 在任何時候都可更改單位，最快方式在狀態列右下方。

由單位清單更改常用單位，或點選編輯文件單位，進入文件屬性→單位。

3-15-3 指定單位輸出

輸出預設以目前單位輸出，例如：SolidWorks 零件為毫米，轉 IGES 後該 IGES 就是毫米。不過想要在輸出過程變更單位的話，並非每個格式可以由選項控制。

只要懂得看哪些格式即可，例如：輸出 IGES 無法設定單位，ACIS 能更改單位。若要更改單位又不想改變輸出格式，就在 SolidWorks 更改單位後，輸出即可。

3-15-4 無單位

很多非參數式軟體無單位呈現，以 1:1 方式繪圖，例如：DraftSight 分別為模型和圖紙或稱配置（Layout）空間。這之間差別：模型空間沒有單位，圖紙空間可以設定單位，圖形大小會隨著單位轉換。

換句話說模型空間的圖形尺寸標註 100 是沒有單位的，於圖紙空間來套上尺寸標註的單位 100mm 或 100cm，當然也可以調整比例。

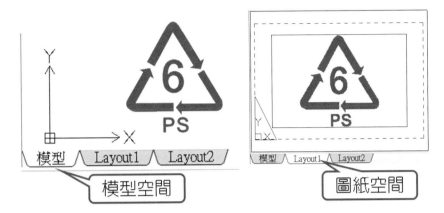

由 Illustrator 軟體使用轉存指令（檔案→轉存→DWG），利用 DWG/DXF 轉純選項設定圖稿縮放。

由清單得知，圖形以 1:1 繪製，套用（轉換）PT、公釐、公分…等單位系統。

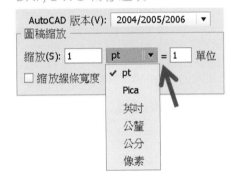

3-15-5 單位範例

本節舉 DWG 輸入為例子，說明外部和內部單位的驗證。要知道模型轉檔其中一關是套用範本，開啟 DWG→SolidWorks 會套用零件範本，該範本通常是 mm 單位。

由 DWG 輸入精靈得知，該 DWG 尺寸標註為英吋，我們故意改為毫米。於草圖得知 R0.25 英吋變為 R0.25mm，得知這是外部尺寸，影響圖形大小。

再執行一次 DWG 輸入精靈，將該尺寸單位改為英吋。於草圖得知 R0.25 英吋變為 R6mm，這就是內部單位尺寸，圖形只是換算，不會影響圖形大小。

你會發現共通性，於 SolidWorks 單位皆為毫米 mm，因為零件範本的單位為毫米 mm。

3-16 其他觀念

以下觀念屬於單項，算是本章補充。

3-16-1 軟體版本不同，支援項目有差異

新版支援能力一定高於舊版本。如果你 CAD 使用能力很深，絕對了解這句話。

A SolidWorks

工程圖另存新檔可以看出 SolidWorks 2007 和 2010 有沒有支援 PSD 和 AI 輸出。

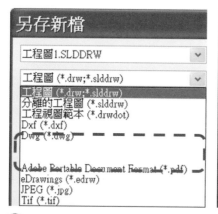 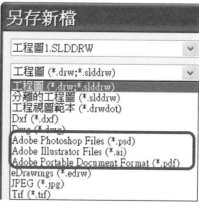

 SolidWorks 2007　 SolidWorks 2010

B eDrawings

可以看到 eDrawings 2017 支援更多元的檔案格式輸入。

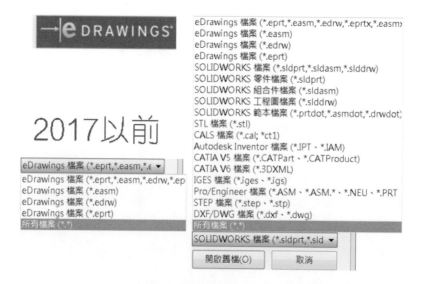

3-16-2 輸入校能

SolidWorks 2014 以後開啟轉檔格式過程，不會將檔案儲存，而是暫時儲存在記憶體，來增加讀取效能。早期開啟過程會將檔案儲存在硬碟，在組合件特別明顯有同時載入和存入時間，有很多時候只是開啟來看，不見得要儲存。

3-16-3 轉檔品質來自目前文件的顯示狀態

模型轉檔和文件有關，零組件和工程圖的影像品質都會影響轉檔好壞。來自於這些設定：1.線架構、2.零件草稿品質、3.工程圖草稿品質。

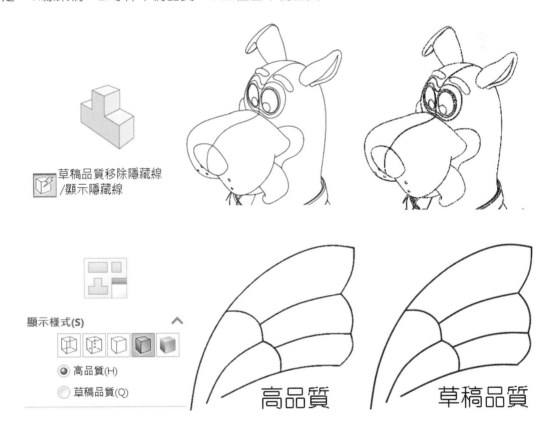

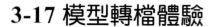
3-17 模型轉檔體驗

體驗模型如何轉檔並處理的流程，特別是破面議題。

3-17-1 開啟 X_T

於工作窗格拖曳 X_T 到 SolidWorks，該模型有破面（箭頭所示），接下來修復它。

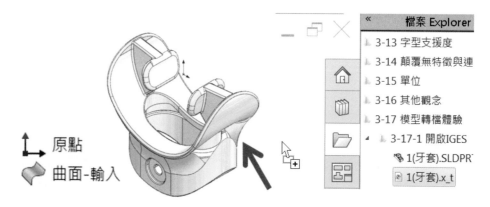

3-17-2 檢查圖元

評估工具列、工具→檢查圖元，確定模型是否正確，協助檢查肉眼看不出的問題。系統會強調顯示問題點，快速看出要更改的圖元，例如：得知開放曲面的位置。

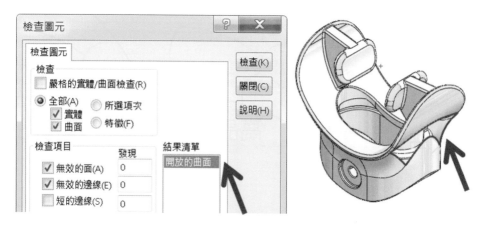

3-17-3 輸入診斷

評估工具列、工具→輸入診斷 ，判斷問題點與修復模型

點選嘗試修復全部，模型修復完成。

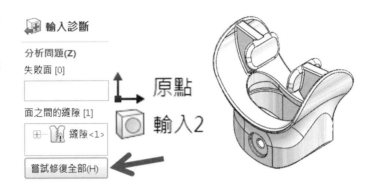

3-17-4 破面修補

透過曲面工具手動修復模型，當 無法達到你要的修復品質時，常用補曲面指令 。

步驟 1 開啟 1(牙套-練習).SLDPRT

步驟 2 於曲面工具列點選

步驟 3 分別點選破面邊線（共 6 條），將面補起來

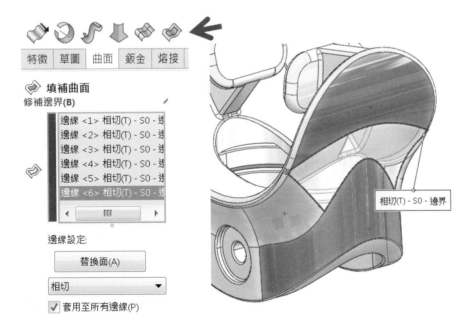

3-17-5 FeatureWorks 特徵辨識體驗

將開啟的轉檔模型進行 FeatureWorks 特徵辨識，經辨識後的特徵可以編輯來更改參數。操作上使用自動或手動一步步將特徵辨識出來，本節說明自動的特徵辨識。

步驟 1 開啟 1(中座).X_T

步驟 2 在輸入特徵上右鍵→FeatureWorks→辨識特徵→✔

3-17-6 鈑金轉換

藉由鈑金工具列的插入彎折，將鈑金模型展開，提高模型價值。

步驟 1 開啟 1(鈑金).X_T

步驟 2 插入彎折

於模型點選固定面（箭頭所示）→↵，可見鈑金展開。

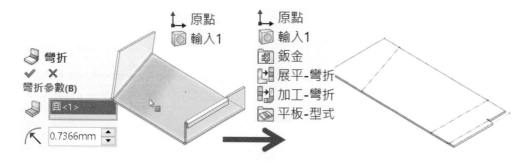

3-17-7 鈑金特徵辨識

　　承上節，將轉檔的鈑金利用 FeatureWorks 特徵辨識為鈑金特徵。於特徵辨識視窗進行以下設定（方框所示），1.自動的→2.交互式→3.自動的特徵→4.固定面→5.↵。

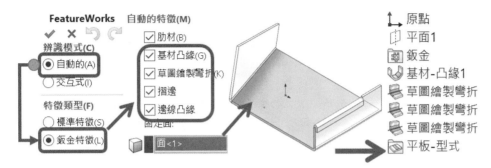

模型轉檔策略與整合規劃

延續模型轉檔觀念說明轉檔方向與整合規劃，依號碼順序條列說明策略做法。轉檔策略目的：增加檔案相容性、減少溝通損失和衍生問題。

整合才是王道，了解軟體特性避免無限制擴充，破除不負責任購買所謂專業軟體，整合效益在簡化作業避免管理。整合是業界頭痛問題卻甚少重視，多半習慣目前作業，覺得麻煩再說，這代表公司沒有懂 CAD 人員進行整合規劃。

我們想辦法讓你是懂 CAD 的人，協助公司建立圖檔交換和傳輸標準規範，將轉檔策略與設計規範整合，對企業來說減少溝通問題，勝過開發一台新機種。

公司要更進一步模型轉檔規劃，建議可以採用 DCQ（Design Chain Quality）設計鏈的品質規劃，它規範了產品從設計之初的繪製方式到模型轉檔後資料保存，以及製造生產一致性，甚至還可以再拓展更廣的規劃。

4-1 相同程式

雙方用一樣的軟體，不須轉換完整解決相容問題。筆者接案過程最希望客戶接受 SolidWorks，客戶也希望我們提供 SolidWorks 原始檔案，直接看出特徵結構，在編輯會比較好做事，甚至客戶可以學習畫法或保存檔案。

要求上下游使用同一套軟體，這是艱難任務，除非你是廠商眼中的衣食父母。很慶幸 SolidWorks 全世界普及度最高，接受這觀念還蠻高的。

同一家公司都不能整合，就別想整合上下游。台灣和大陸廠用不同 CAD 軟體，會有這種情形都是兩地分別有懂 CAD 人員。除非更高層主導統一，否則多半**尊重專業**放任各自為政，雖然不會無法營運，卻形成溝通不順，忙碌解決模型。

　　本節以 SolidWorks 2017 和 SolidWorks 2016 說明版本議題：1.**相同版本**、2.**高可以開低**、3.**低無法開高**。

4-1-1 相同版本

　　相同版本是最高原則。雙方使用 SolidWorks 和 2017，統一版本不必擔心轉檔問題，同一家公司還好，不同公司很難達到。你是業主絕對要求對方使用和你相同版次，即便更換接案者在所不惜。除非你對 CAD 原始檔沒興趣，否則得到轉檔模型會變得很難修改，只好回過頭來找原來接案子的人。我常遇到一開始沒講好，對方用非 SolidWorks 設計到一半，到頭來爭執是否要重新建模。

　　舉負面案例，雙方認知開始不同，認為接案者拿翹，改個圖獅子大開口，接案者認為業主沒智慧財產觀念。接案者不會提供有特徵模型，因為由特徵知道模型怎麼繪製（繪製模型也是技術），修改必須收費的觀念。

　　否則，對方自行修改就沒有辦法收費，或得到有特徵模型，自行修改造成模型有誤，這樣責任會很難釐清...等。常遇到業主一開始不在乎，後來學 SolidWorks 才知道，有特徵檔案這麼重要，這就代表你是懂 CAD 的人。

　　最好是雙方使用最新版本作業，因為新版功能性與便利性絕對優於前一版次，這是鐵則。同一家公司同一辦公室會採用同一個版本作業，懂 SolidWorks 的人會說服老闆採購新版 SolidWorks，來提高工作效率與作業便利性。

A 堅持

雙方採用相同 CAD 系統必須堅持，堅持不是強迫而是手段。2004 年有位同學是模具廠老闆，客戶們都是相識多年好友，企業發展到第二代。老闆使用 SolidWorks 開發模具，朋友還在使用 2D，造成模具廠 2D 至 3D 作業以及溝通很花時間，雙方容易在犯錯中爭執。

B 統一教育訓練

模具老闆索性出錢包班上課，請周遭廠商一起導入 SolidWorks。接下來模型不需轉檔直接討論修改，模具老闆看到不足定義草圖，看都不看要求對方完全定義再說。

C 整合下游使用同一套

這過程中難道都很順利嗎？並沒有。整合過程有些廠商受不了，想回到先前習慣的軟體，都是模具老闆堅持下成果，間接讓雙方技術升級並提高獲利。老闆回頭想想，看到同行到現在還為導入 3D 所苦，沒有解決時間表，模具老闆 13 年前就導入 SolidWorks 了。

常發生國外客戶用 SolidWorks，台灣用其他軟體，客戶要求用 SolidWorks 以利溝通和原稿交付。筆者很多學生就因為這樣來學習 SolidWorks，原本使用其他軟體而放掉改用客戶要求軟體。

D 雙版或多版本操作 SolidWorks

安裝 SolidWorks 2015、2016、2017，只為了 SolidWorks 模型版本互換性，當對方要求用 2016 我就切 2016 作業，這適合設計公司面對多樣性客戶時。據了解一套授權，在同一電腦下可使用不同版次 SolidWorks，詳細要請教代理商，以代理商說法為準。

4-1-2 高可以開低

SolidWorks 2017 可以開啟之前所有版本，用最新版就沒有開不起來問題。潛規則推論，往回追溯 5 年就是停止點，例如：2017 為最新版次，業界從 2012~2017 都有在用，至於用 2012 以前的公司佔極少數。

業界常存在錯誤迷失，聽說 2012 很多人用，所以我就用 2012，這樣別人就可以開我的檔案。這是沒根據說法，你又不是代理商怎麼知道軟體使用分佈。

　　同學自行創業脫蠟模具與加工，開模能力普普。藉外包學習別人拆模技術，發案就特別要求要用 SolidWorks 並交付原始檔案，因為他永遠用 SolidWorks 最新版本。換句話說，出錢的想辦法把利益發揮極大化，他做到了，因為他是懂 CAD 的人。

　　對設計者而言，發案會要求對方以最新版本設計，因為效率高才賺得到錢。若能提供對方技術以更好方法來減少時間，重點要讓對方感覺賺錢很容易。

A 訊息提示

　　開舊版本檔案後，這些資料暫存到記憶體，且檔案格式升級為目前格式。於標準工具列儲存檔案指令會提示：此檔案將於儲存時轉換。

　　你會發現開舊版檔案會比新版還久，因為多了轉換時間，平均一個文件轉換時間 0.5 秒。例如：開啟組合件有 10 個零件，會比新版檔案多 5 秒開啟時間。

B 相容開啟

　　目前檔案為相容開啟，要保有舊版特徵內部資訊，達到更好的效率，建議將檔案儲存並轉換為新版本，儲存過程會出現確認視窗，提醒你檔案會轉回為目前版本。

C 保留舊版本

　　儲存檔案後，舊檔案升級為新版，這時無法被舊版 SolidWorks 開啟，很多人手滑萬劫不復。要保留舊版本，利用另存新檔更改檔名或檔案位置，讓你擁有舊版和新版本檔案。例如：另存新檔產生 2017 檔案，還保有 2016 舊檔案。

D 解決一半問題

高不成低不就最尷尬，你乾脆用最新版本，至少解決一半問題，所有版本你都開得起來。顧好自己就好了，別想太多那不關你的事。有些補帖用戶阿 Q 想法，因為這是盜版，所以不能用太新避免被抓，事實上你只要是盜版沒分新舊，原廠不會因為你用舊版本就不抓你。

4-1-3 低無法開啟高

低版次不可以讀高版次，SolidWorks 2014 不能開 2017，開啟過程會出現警告視窗：無法開啟未來版次。

4-1-4 連續版本的互通性

隨著繪圖核心進化，打破無法開啟舊版認知。於 SolidWorks 2012 SP5 之後可開啟未來版次，不過僅能檢視，無法看到特徵，也不能進行其他作業，就像只是少了轉檔作業，例如：2017 轉 X_T，讓 2015 開啟。

很多軟體都有這樣的功能，也讓謠言四起，傳說 OO 軟體可以讀取未來版本，謠言止於智者，重點在於開啟未來版本可以看到特徵結構嗎？有了特徵結構才可以被編輯。

舊版開啟新版本檔案，特徵管理員會出現未來版本檔案圖示，不會有關聯性連結，例如：2017 模型有更新，2016 開啟的 2017 檔案不會有變化。

必須為 SP5 且為支援連續版本開啟，否則會出現無法開啟未來版次視窗。例如：2016 可以開啟 2017 檔案，2015 不能開 2017 檔案。

開啟未來的連續版本無法另存新檔儲存 SolidWorks 檔案，於檔案清單你看不到有關 SolidWorks 的檔案格式。

由 Parasolid 格式開始儲存也就是轉檔，這是為了要保護未來版本。

另存新檔

檔案名稱(N):	iron.X_T	∨
存檔類型(T):	Parasolid (*.x_t)	∨

Parasolid (*.x_t)
Parasolid Binary (*.x_b)
IGES (*.igs)
STEP AP203 (*.step;*.stp)
STEP AP214 (*.step;*.stp)

4-2 不要轉檔

直接開對方原始檔，不要花時間轉檔，特別是轉大量的檔案時，就會覺得轉檔很浪費時間。主流 CAD 軟體都可互相開啟，SolidWorks 可以開 Pro/E；Pro/E 也可以開 SolidWorks 檔案。以前老觀念告訴我們，模型經過轉檔才可以被開啟，這觀念要更新一下。

SolidWorks 直接開啟的檔案有：AutoCAD、Inventor、Pro/E、CADKEY、UG、SolidEdge、CATIA、PhotoShop、Illustrator、Rhino。

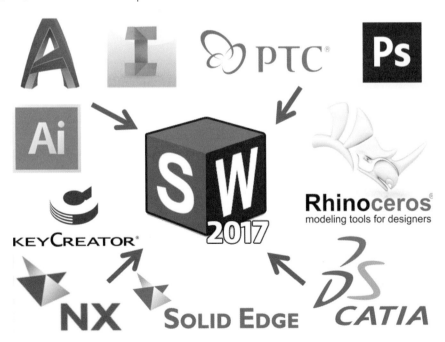

4-2-1 特徵被格式化

雖然可以開啟對方原始檔，不過還是無法看到特徵，只能進行有限度修改，在上面進行伸長特徵、移動面、FeatureWorks 特徵辨識...等。

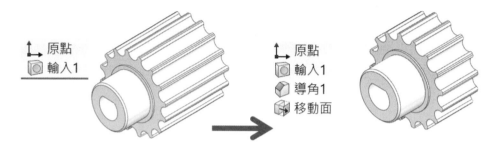

4-2-2 模型原始檔視為機密

很多公司將模型原始檔視為機密，轉檔破壞才可以寄給對方。有時為了接案方便和對方要 SolidWorks 檔案，若客戶說公司機密，很多人就算了，就仰賴彼此信任或簽下保密協定，重點在於你想不想要並或堅持想辦法得到原始檔。

DWG 也是原始檔案，這案例經常是 2D 轉 3D 作業。實務客戶為了讓案件好進行，都會給你 DWG 檔案。要主動以專業角度提出你要的材料，千萬不要自卑心作祟，別人給你什麼你默默進行，或別人拒絕你又提不出要的理由。

很多情況客戶對 SolidWorks 版本不在乎的，只是客戶先說出他要 SolidWorks 2012 版本，這時你不要笨笨的用 SolidWorks 2012 畫。你反而要說：我可以給你 2017 嗎，我用 2017 會比較快，報價也會便宜，這時 9 成客戶會妥協。

先前說過不要轉檔的堅持，是站在自己的角度，本例若客戶非常堅持，你也只好聽他的，給對方 SolidWorks 2012 檔案，特別是對方公司正在使用 SolidWorks 2012。

4-3 轉成對方原始檔

轉換成對方軟體檔案，提高檔案相容性。SolidWorks 轉 Pro/E、DWG、PDF 都是常見原始檔，這道理都在用沒想到就是這項原則。你常用 SolidWorks 轉 DWG，DWG 就是轉成 AutoCAD 原始檔。不過要注意版本支援議題，這和軟體上市的時間差有關。

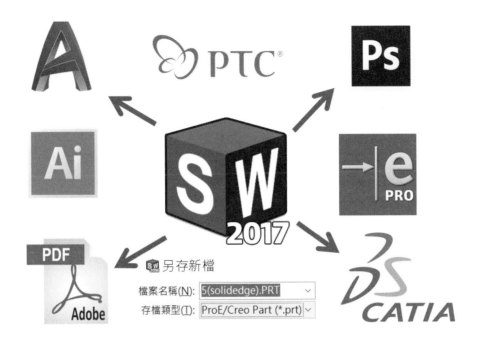

4-3-1 可輸入版本

SolidWorks 2016 可讀取 Pro/E CREO 3.0，但 CREO 4.0 目前不支援，因為軟體推出時間差。所有軟體上市時間並非同時，SolidWorks 2017 在 2016 年 10 月推出，開發 2017過程 CREO 4.0 還未推出這就是時間差。

CREO 4.0 於 2016 年 12 月推出，這時 SolidWorks 2018 一定會支援 CREO 4.0，若要早一點了話，很可能 2017 SP3.0 就會支援。由下表得知 SolidWorks 2017 輸出原始檔的簡易版本資訊，詳細在第 32 章 SolidWorks 輸入輸出目錄。

格式	版次	格式	版次	格式	版次
Inventor	11	CATIA	V5R27	SolidEdge	ST6
DWG	R14	Pro/E	CREO 3.0	UG	NX4

4-3-2 可輸出版本

SolidWorks 轉出有版本限制，例如：輸出支援 Pro/E 20 版，萬一對方用 Pro/E 19 版就無法開啟，這部分很少人知道。也還好機率很低，現在沒人用 Pro/E 2000 年以前的版本了。

4-4 相同繪圖核心

繪圖核心擁有高相容性，轉檔速度快，是轉檔最佳解決方案。常見繪圖核心有 2：1.Paraolid、2.ACIS。先知道對方用何種軟體，轉為繪圖核心格式，對方用 Inventor 就轉 Paraolid 核心的 X_T 給對方。

對跨國企業來說，使用同一套 CAD 有點不切實際，這時就考慮採用相同核心系統。SolidWorks 使用 Parasolid 核心，就要找同核心軟體：UG、CATIA、Inventor、Solid Edge...等。

早期提供 X_T 給客戶，客戶覺得莫名其妙，就如同問你何謂 STEP 是一樣的感覺，現在大家已習慣這格式好處也接受它，不過很多人誤以為對方不知道核心格式而轉 IGES。

4-4-1 轉檔速度

核心轉檔會比其他格式快，不像 IGES 轉檔過程還要重建所有面、修剪、縫織以及公差檢查...等複雜處理程序，轉成 Parasolid 格式就已經完成以上工作。

4-4-2 核心版本

繪圖核心於輸出選項有版本控制，提高核心對應的相容性。能若得到對方核心版本，是最佳對應方式，不過很難問到或要求對方轉 Parasolid＝22 版，因為你太專業了。

坊間很多人還不知道什麼是繪圖核心，更何況還問對方核心版本，這時後會被別人認為找麻煩，你只好幫對方教育訓練，搭起溝通橋樑。

至少可以問出對方使用的軟體與版本，若你不知該軟體核心可以上網查。簡單的說：3D 軟體轉 X_T、2D 軟體轉 SAT 核心，不要管核心版本了。

4-4-2 核心版本高低，無法開啟未來版次

核心雖然相容性最高，不過核心版本和軟體版次都有無法開啟未來版次議題。筆者和客戶都用 SolidWorks，客戶要筆者幫忙開 IGES 並轉檔給他，使用 2016 開 IGES→轉 X_T 給客戶，對方說打不開，詢問原因才知客戶用 SolidWorks 2008。

想也知道不用問對方 X_T 核心版本多少，客戶是老先生會 SolidWorks 就不錯了，此時降轉 Parasolid 18 版，客戶順利開啟。

4-4-3 X_T 和 SAT 轉檔速度

雖然都是核心轉檔，X_T 的轉檔速度與穩定度優於所有格式，特別是大型組件、曲面模型。

4-5 轉成 STEP

STEP 資料定義比 IGES 完整，支援多行業應用協定，已是業界首選，甚至已成為習慣。業界常有種話題：轉 STEP 比較穩定，比較不會有破面，甚至 Pro/E 轉 STEP 檔案比較穩定，比較不會有破面，這是造句：OO 軟體轉 STEP 檔比較穩定。

由經驗證明事實如此，不過很少人知道為什麼，甚至當作實務經驗，問對方為何 STEP 會比 IGES 穩定時，很多人答不出來。

極端例子轉成 STEP 就是解決方案，例如：轉成 SAT 雖然是核心格式，當相容性不好時，就轉成 STEP 檔解決，很多人因為這樣解決轉檔困惱。

4-6 轉成 IGES

IGES 相容性高卻不穩定，容易造成模型誤差或破面。要有個觀念，轉 IGES 是不得已，特別是 CAM 接收。由於 CAD→CAM 會比 CAD→CAD 轉檔穩定度低，因為幾何定義不相同，這不是說 IGES 不好，而是大家都習慣把轉檔**給我 IGES 就對**了，有問題再說。

曾遇不少客戶只因轉 STEP 和 X_T，就說為何沒 IGES。任憑解釋這 2 種格式才是最佳化，IGES 會有問題，客戶還是不接受，只好再轉 IGES 給客戶。

IGES 會讓對方覺得心安的**安慰格式**，轉檔轉心酸的，總是習慣先和對方說給我 IGES，搞了老半天才發現雙方都用 SolidWorks。

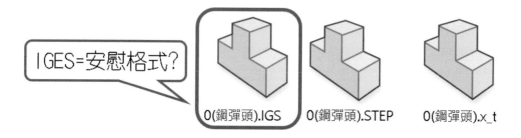

4-7 轉成 STL、3MF

　　轉檔前先瞭解要做什麼，若是 RP 快速成形，轉 STL 最好不過，STL 是立體印刷廠商共同定義的標準。早期 3D 印表機必須轉 STL，這就是需求型轉檔。

4-8 轉 PDF

　　PDF 為普及度極高文件，將模型和工程圖轉轉成 PDF 是服務，方便對方直接開啟不須繪圖軟體。特別的是藉由 3D PDF 的功能，讓模型可以 3D 呈現。實務上會將模型轉 STEP＋X_T＋3D PDF，工程圖轉 DWG＋PDF。

　　我們常遇到客戶要與對方溝通，發覺我們轉 PDF 是很貼心的作法，客戶可以用平板或手機直接到工廠與對方溝通，不須藉由繪圖軟體或笨重的 NB。

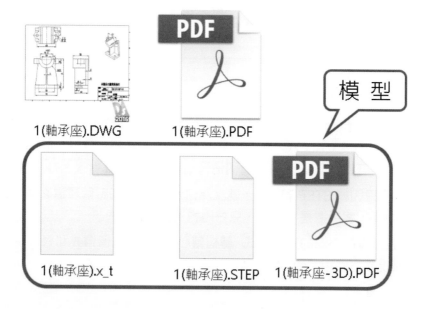

4-9 重畫不見得不好

　　模型嚴重錯誤需要重度變更時，在無法修復模型下，重畫是最好方法。模型修復與重新建模之間評估，重建所花的時間雖然會增加，至少可以設立停損點，往後加工製作、設變效益反而更高。

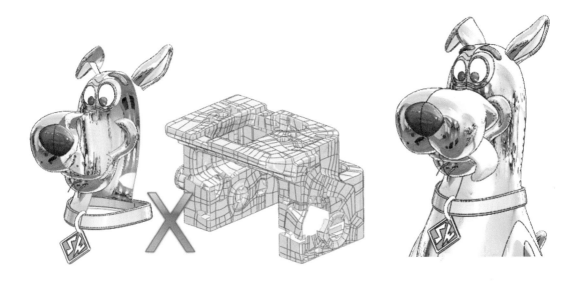

4-10 工作排程器

　　利用工作排程器（以下簡稱排程器）由電腦幫你進行，不要再由人工作業。排程器功能很多，本節僅說明其中的輸入與輸出。試想，1.開啟模型→2.轉檔→3.關閉檔案，一個模型就要 3 個動作要花你幾秒鐘，最快給你 10 秒，若有 30 個模型就要花你 300 秒。筆者常說只要大量且重複動作一定有問題。

　　排程器如同工程助理協助常態作業，不需進入 SolidWorks、學習 SolidWorks 或具備工程背景，在電腦閒置狀態下完成指定作業，時間到了準備收割。筆者常建議公司把排程器能做的交給工程助理完成，工程師不要花時間轉檔。絕大部分轉檔都是簡易好處理的，如同列印工程圖一樣。

　　不用擔心排程器很難學，只要知道左邊樹狀結構功能，常用有：1.列印檔案、2.輸入檔案、3.輸出檔案、4.產生工程圖、5.產生 eDrawings，以及排程器的共通性。筆者在業界導入，都說明排程器用法，才知道有這麼棒工具，經點醒有種相見很晚，以前真是白幹的，浪費時間。對老闆而言，以前投入這麼多人力、時間和金錢都是浪費的。

4-10-1 排程器位置

　　1.開始→2.所有程式→3.SolidWorks 2017→4.SolidWorks 工具→5.SolidWorks 工作排程器📖。

4-10-2 排定工作視窗

　　分別點選左邊排程項目，可以見到排定工作視窗操作皆相同。點選輸入或輸出檔案，本節說明常用的 4 項：1.加入資料夾、2.工作排程、3.工作輸出資料夾、4.選項。由於加入檔案僅輸入 1 個檔案，就不適合用排程器作業，用 SolidWorks 開啟舊檔即可，本節不說明。

4-10-3 輸入檔案

將指定資料夾中的檔案輸入，儲存為 SolidWorks 檔案，決定放置位置，該指令比較常用。

步驟 1 點選加入資料夾，進入選擇一個資料夾視窗

步驟 2 指定資料夾路徑

於視窗左邊樹狀結構指定轉檔資料夾路徑，這裡指定 4-10-3 輸入檔案（方框所示）。

步驟 3 點選後→選擇資料夾，回到排定工作視窗

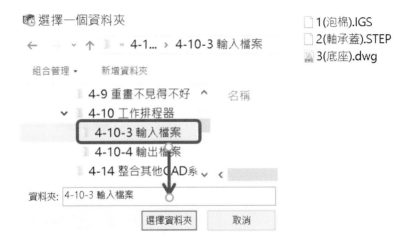

步驟 4 分別加 3 次相同路徑

由於該資料夾有放置 3 大檔案：IGES、STEP 與 DWG，一個資料夾僅輸入一種格式，點選檔案名稱與類型可以看出。

步驟 5 分別切換檔案類型：IGES、STEP、DWG

	資料夾	檔案名稱或類型	
1	4-10 工作排程器\4-10-3 輸入檔案	*.igs;*.iges	
2	4-10 工作排程器\4-10-3 輸入檔案	*.igs;*.iges	
3	4-10 工作排程器\4-10-3 輸入檔案	*.step;*.stp	
4		*.dxf;*.dwg	

檔案名稱或類型
.igs;.iges
.step;.stp
.dxf;.dwg

步驟 6 工作排程

指定要作業日期與時間。要立即執行且時間已經過去→按下完成，系統立即執行作業，無須擔心時間已經過期，而調整未來時間。

工作排程

執行模式(M)：一次

開始時間(S)：下午 09:18:47

開始日期(A)：2016/11/ 9

步驟 7 工作輸出資料夾

決定輸入檔案位置,選擇:與原始檔案相同,或此資料夾。

■ 與原始檔案相同:與輸入資料夾同一位置,可看出檔案轉出前後差異

■ 此資料夾:分別放置轉檔前後的資料,除非你要轉的檔案很多

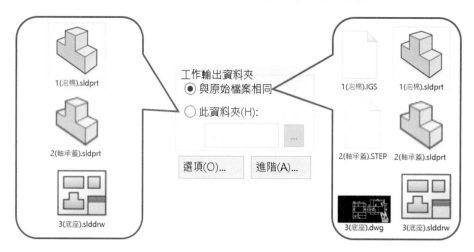

步驟 8 選項

套用輸入選項和 DXF/DWG 設定項目,這部分後面章節有詳盡說明。本節最大效益在於 DXF/DWG,屬於 2D to 3D 作業,可省去開啟 DWG 到 SolidWorks 過程,對大量 DWG 進行 3D 轉換作業,節省相當可觀時間。

關於這方面將於《SolidWorks 專業工程師訓練手冊[12]-2d to 3d 逆向工程與特徵辨識》中說明。

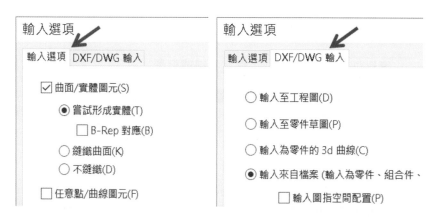

4-10-4 輸出檔案

輸出檔案和輸入檔案視窗 9 成相同,輸出檔案使用率比輸入檔案高。大量的輸入輸出作業常用在工程設計後端,產生文件進行發包、歸檔。

很多公司為了將正式文件歸檔，使用共同格式 PDF 為了目視管理，讓其他單位可以查看。建議公司用 eDrawings 作為檢視文件軟體，重點是不需要轉檔，也與 PDM 和 PLM 整合，eDrawings 2017 可支援多種格式：IGES、STEP、DWG、SolidWorks、Pro/E、CATIA、INVENTOR 和 STL。

由清單得知輸出支援度：DXF、DWG、IGES、PDF、STEP、JPG、PNG。依選擇輸出檔案類型，加入檔案支援度會不同，希望 SolidWorks 改進。

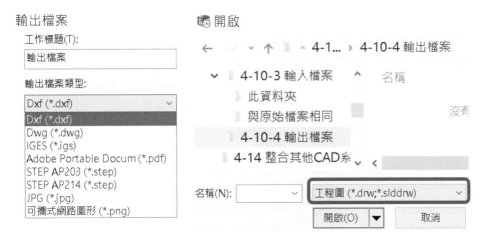

由下表得知加入檔案的支援，例如：選擇 PDF 後，只能進行工程圖轉 PDF，這部分就很糟糕，實務上會將零件或組合件也轉 PDF。

	1.DXF/DWG	IGES、STEP	PDF	PNG、JPG
零件、組合件		O		O
工程圖	O		O	O

A 選項

依上方輸出檔案類型，所見輸出選項會不同，選擇 STEP→選項，得到 STEP 選項設定。

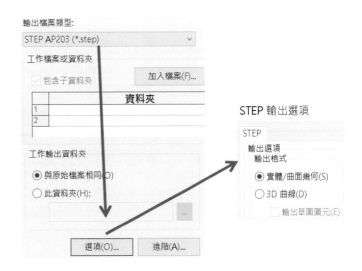

4-11 整合其他 CAD 系統

　　整合是避免不必要的投入與衍生後續問題和簡化作業時間，不要太多 CAD 系統為目標，循序漸進簡化是最好方式。業界還會有 2D 和 3D 軟體各一套來用：SolidWorks 和 DraftSight，為了要維護舊有的 2D CAD。避免無限制擴充，安裝各種軟體來彌補模型溝通或研發作業，軟體越多架構會相對龐大並排擠其他作業，光以圖檔管理很多公司就死在這邊，版次無法追蹤和出錯圖面，卻不知原因為何，這就要有懂 CAD 的人進場管理。

3D
SolidWorks

2D
DraftSight

4-11-1 協助企業進行 CAD 整合，破除整合口號

　　使用 SolidWorks 整合轉檔工作不是訴求更不是口號，是堅持持續工作。CAD 整合可以降低軟體採購成本，提升電腦執行效率，加強研發人員專業。絕對不可將就求職者會哪套軟體就採購給他，這樣很難協同作業。

4-11-2 SolidWorks 整合轉檔工作

　　市面上轉檔軟體功能參差不齊，介面操作難易度未知，價格不夠透明與後續服務造成難以選購的原因。一套軟體要通吃所有格式目前還做不到，核心不同，數學理論和計算方式更不同，軟體發展有一定方向與策略。

　　由於 Parasolid 核心運算強大相容性高，SolidWorks 轉檔技術最純熟，介面簡便容易上手才是重點。SolidWorks 旗下包含許多模組，避免額外添購或下載轉檔程式，對許多加工廠而言，因為要面對使用不同軟體的客戶，將 SolidWorks 列為必備轉檔工具，避免額外購置轉檔軟體的成本。

4-11-3 整合透過專業人執行

整合必須由專業人執行，CAD 整合藉由 CAD 使用者來進行，能夠發掘問題點，整合作業會比較順利，而非 MIS 人員來做，MIS 只能從旁支援。很多公司不是，把 CAD 部分推給 MIS，CAD 人員從旁協助。

話說回來，要訓練自己是懂 CAD 的人，發揮軟體效益，利用同一套軟體積極**找出轉檔能力和相容性高的軟體，降低軟體採購成本**等問題是企業最渴望目標。

4-11-4 整合有所犧牲

公司都了解整合重要性，就是**不願花時間執行**。整合很花時間也有陣痛期，花時間會影響到營業額或研發進度，到底是要 1.營業額或 2.軟體整合，又不能兩者並進怎麼辦？

筆者說可以並進，軟體整合立即讓研發體質提昇，在不犧牲營業額又能整合更能不花錢，這一面倒的效益誰能夠拒絕。傳授各位一招，只要將 SolidWorks 周邊的工具拿來導入，它們既不必花錢，又可以大量部署，不必額外學習保證成功。

4-11-5 心態最重要

你要喜歡 SolidWorks，保證你整合成功。整合成效非立即，很難用量化來計量功勞，靠的是執行者心態，導入主持人必須有耐心與不計功勞付出才能成功。

整合成功可帶動軟體熟練度，對公司與執行者都是雙贏局面，透過不斷吸收經驗值，適時修改規範是最好作法。

筆者常勉勵同學，上述心態很正確沒錯，哪是書本講法，有多少人思考都完全正面的？用轉念達到目標，利用公司資源學習、有錢賺又可以試誤、學到也是自己的，這樣不是雙贏嗎。

4-11-6 摒除舊觀念

整合以往視為行銷，心想**又要買軟體了**，那是早期軟體發展未成熟，的確要靠不同性能的軟體解決特定問題。曲面就想到 ALIAS、影像擬真 C4D、DWG 就用 2D CAD、鈑金就想到 SheetWorks、PDM、PLM...等都要花錢。

很多人靠 15 年前觀念作為導入依據與方向，由於老闆不懂 CAD，依賴 CAD 主管進行，CAD 主管靠聽說或感覺作業，如此一來企業往 Y 型方向發展，隨著時間軸拉長，企業成長只會越來越扭曲，長期發展下找不到人、進度延滯、向心力不足，導致人員流失。

往往筆者到公司解說，很多老闆認為早聽你一席話就好，軟體都買了，花了將近 300 萬放 3 年都沒在動。接下來所說的，都會提醒一句我不是說風涼話，免費的軟體都用不好，也導入不成功，花大錢買的軟體，架構又大導入時間長，會成功才怪。

4-11-7 求職者的推力

要堅持繼續使用你熟悉軟體，累積軟體專業。千萬不要這家公司用這套，就學習一下這套軟體，心裡想反正軟體都差不多，那是外行人的說法。軟體深入研究你會發現每個都差很多，特別在管理，光是檔案管理和協同作業就有得規劃了。

筆者常遇到這套軟體學 2 年，那套軟體學 1 年半，共學了很多 3-5 套 CAD 軟體，現在是專精時代，專精才會有人找你。學生就算了，畢了業千萬不要以為會越多套軟體可以增加求職機會，這樣的想法只有在初次求職管用。

4-12 一條龍系統

以 SolidWorks 為主，加上附加模組來滿足工作所需，可解決相容性、整合和教育訓練問題。SolidWorks 分析、CAMWorks、PDM 管理、PhotoView 360 擬真、eDrawings 溝通…等都是 SolidWorks 內建模組。

導入一條龍系統要有很強的心臟，旁邊會有很多雜音困擾你的決定，雖然外購專屬軟體可得到較佳效果，卻有整合維護問題、教育訓練、軟體費用與套數考量。常遇到會用這討軟體的工程師離職，找不到沒人接，軟體就放在那生鏽就算了，模型還打不開。

4-12-1 SolidWorks 可以管一家公司

很多人以為 SolidWorks 最多管理 RD 部門，完全不相信這句話。SolidWorks 可以管理 RD、生管、倉管、品保、採購、現場，甚至於管理系統，因為包含：鈑金、曲面、鋼構、模具、PhotoView 360、靜力結構分析、機構運動、動力分析、eDrawings、DraftSight、PDM 產品資料管理…等。

筆者教你有辦法以 SolidWorks 為中心來管理公司，甚至整合上下游，你要留意，SolidWorks 已經不是一個人的軟體，你不可能所有都會，而是團隊來進行。呼應先前所說：別分散時間學多套軟體，光是 SolidWorks 你就學不完了，哪有時間學其他的。

Industrial Design　Electrical　　　Inspection　MBD

Conceptual Design　　　　　　　　　　　Simulation

PDM　　　DraftSight　　Composer　eDrawings

4-12-2 不需轉檔直接作業

　　以往加工和分析要透過另一套軟體來執行，當然就要轉檔，來回修改並測試結果，不符合效益。直接作業在 SolidWorks 進行處理，可省去轉檔麻煩，CAMWorks、Simulation 和 PhotoView 360 都可以在 SolidWorks 下執行。

4-13 制定轉檔標準

轉檔格式必須訂出標準，你可以不必懂這些格式差異，只要照公司標準來走即可，例如：模型＝X_T、工程圖＝DWG、只是看看＝eDrawings 或 PDF。

千萬不要 PDF 也可以、JPG 圖片檔也行、又 IGES 再來 STL 通通可以，不是每個工程師都知道格式差異，到時問題會很多。

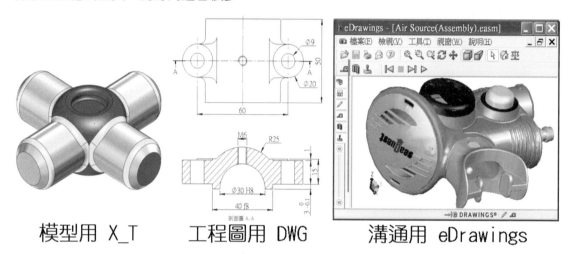

模型用 X_T　　　工程圖用 DWG　　　溝通用 eDrawings

4-13-1 統一轉檔選項設定

選項設定要能統一才算轉檔標準化。不論是轉檔格式、版次、定義…等，詳細說明什麼情況要用這個設定。由於不是每個工程師都很了解選項設定，做這樣的制度是必要的。

SolidWorks 轉 Parasolid 問題比較少；IGES 轉實體選 Manifold Solid B-rep Object 最佳…等等。統一轉檔選項設定是極高難度挑戰，需長期累積經驗並制定出轉檔選項標準，如果公司能有這套標準，更能大大提昇轉檔效率。

4-13-2 統一轉檔設定的準備

　　CAD/CAM 系統都會有轉檔格式的支援範圍，參考軟體手冊就可以知道轉檔之間圖元類型對應的問題。例如：MasterCAM 軟體會說明，圖元對應的相容性。

曲面表示方式/系統設定：STANDARD

STANDARD
NURBS
ALIAS
ALPHACAM
ANSYS
COSMOS
MASTERCAM
MULTICAD
SMARTCAM
SURFCAM
TEKSOFT

曲面表示方式	輸出的 IGES 圖元類型
STANDARD	154、152、139、136、132、130、120、112、110
NURBS	154、152、139、136、120、112、110

4-13-3 建立轉檔申請制度

　　模型為公司重要資產，由工程師花時間設計，有制度的公司會避免模型亂給，經由申請制度下完成，可釐清責任和檔案外流問題。模型轉檔必須透過申請控管轉檔作業，例如：申請轉第幾版本的模型，控制轉檔作業不被濫用，否則工程師轉檔會轉不完。

4-13-4 建立模型傳輸標準

　　模型資料大 E-MAIL 無法傳送，可用雲端來解決檔案傳送問題，雲端如同早期流行 FTP。公司明列 2~3 種**模型傳輸**可行方案讓傳輸標準化，例如：將檔案 RAR 壓縮，超過 3MB 就要分割，或用公司配發隨身碟儲存。

　　現在是雲的世界，任何人都可以免費申請雲端空間，雲端處理速度快容量也足夠，加上手機不僅是打電話，更是移動裝置，檔案傳輸已經不再是問題，資料防護才是首要面對。

4-14 教育訓練

模型轉檔不是天生就會，也不要崇尚口耳相傳可以學會轉檔的說法。聽說 SolidWorks 轉 STEP 給 Pro/E 讀取比較穩定…，這種說法不具體，有時資料錯誤就是轉檔作法不當所致，模型轉檔有很多潛在問題，要靠教育訓練來解決。

教育訓練是員工學會模型轉檔的核心，向外擴展還有轉檔主題。**模型建構順序**：先填厚除鑽孔再導角，都會影響轉檔的資料結構。

4-14-1 避免被騙

這個標題有點聳動，本書把很多業界上不為人知公諸於世。一樣是 SolidWorks 開 IGES 檔案，有些人開出來是曲面，有些人是草圖、也有人實體。有些是商業手法，筆者曾經看過故意將 IGES 開成曲面或草圖，再告知客戶很難改或不能改，客戶也只好接受，其實那是選項設定的結果。

了解 IGES 轉檔控制開啟後的型態，或轉成 IGES 檔案時，控制對方只能以曲面輸入，這些手法在本書有詳細介紹。不要說別人是有意，或許是無意，雙方不了解選項設定可以改變輸入輸出的結果，這都是雙輸。

4-14-2 彼此交換經驗

在工作上累積經驗，遇到問題判斷修正轉檔策略或修補模型，甚至可以避免買到不正確的軟體。市面上軟體眾多，圖形處理方式不一樣，所衍生格式包羅萬象，不可能有一家全吃所有格式都沒有問題，因為這之中太多變數，目前唯有讓工程師接受正規教育訓練和彼此交換經驗，才是解決之道。

常遇到企業不斷尋找專門軟體而忽略軟體流通性，尋找結果多半是買不下手，因為專門軟體太昂貴。要留意軟體商有沒有專門的人了解這塊專業，很多廠商都是代理這套軟體，功能性完全不懂，老闆要員工自主學習並導入，實務上 10 個有 8 個失敗收場，這些幾百萬的軟體都浪費光光。

找 CP 值高的軟體才是正確作法，軟體不是買就算了，還有懂的人進行教育訓練。往往軟體已經買了，教育訓練失敗就放棄轉型，軟體放久更不可能拿來用。筆者常說，教育訓練做得好，軟體保證賣得嚇嚇叫。

4-15 借用文件功能

借用文件功能，提高轉檔能力。將零件、組合件和工程圖交互使用，非常了解這些文件的輸出選項設定以及檔案限制，可以勝任模型轉檔，並衍生出你的策略，打通任督二脈。本節算是把架構定義出來，當發現有其他手段時，可以有專欄添加。

4-15-1 組合件無法轉 DWG

組合件不能轉 DWG 這點已經向原廠反應，原廠認為沒這需要，這點覺得原廠怎麼會有這種想法。可以將組合件另存零件，由零件轉 DWG。

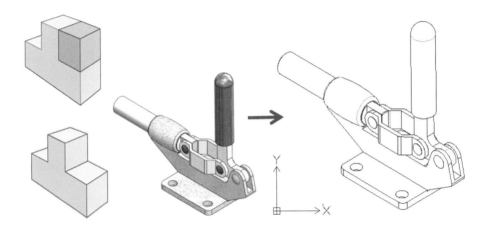

4-15-2 無法轉 3D DXF/DWG

SolidWorks 無法直接轉 3D DWG，1.將零件或組合件轉 SAT→2.由 DraftSight 執行 ACISIN，輸入 SAT→3.另存為 DXF/DWG。

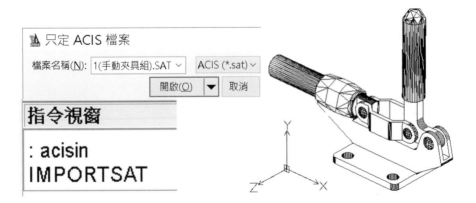

4-15-3 SolidWorks 無法轉 BMP

先轉其他的格式，例如：JPG、PNG、TIF，再由其他軟體轉成 BMP。

4-16 業界整合實例

筆者上網搜尋相關找出政府機關的電子資訊條例的報導和讀者分享。以下是節錄該條例部份內容，香港政府對格式標準定義相當清楚，對洽公民眾，民間機構和政府部門來說不會為了轉檔格式所苦，創造 3 贏局面。

4-16-1 香港電子交易條例（第 553 章）

- 電子紀錄必須採用下列其中一種檔案格式標準：

  (a) 純文字（Plain text (TXT)）格式

  (b) 微軟的豐富文本格式（Rich Text Format (RTF)）
- 電子紀錄內的圖形必須採用下列其中一種圖形檔案格式：

  (a) Encapsulated PostScript Files (EPSF)

  (b) 標誌圖形檔案格式（Tag Image File Format (TIFF)）
- 電子紀錄內的電腦輔助設計(CAD) 繪圖必須採用以下檔案格式：

  (a) Autodesk Drawing Exchange Format（DXF）。
- 就以下條例而言，採用 IGES 電子紀錄所提交電腦輔助設計繪圖，可予接納。

4-16-2 文建會國家文化資料庫詮釋資料格式

行政院文化建設委員會，是中央政府主管文化藝術事務主要部門，國性和地方性的文化發展工作上，扮演領導者與推動者角色。

文建會國家文化資料庫詮釋資料格式
Format / Scale / digitalScale / fileType 檔案類型控制詞彙

修訂日期：2003-8-26　　　　　　　　　　　　　　　　　　　　版本：1.1

fileType 檔案類型控制詞彙	Description / notes 描述 / 備註
Amiga IFF 檔案格式	
BMP 檔案格式	(*.BMP, *.RLE)為 Microsoft 的標準的點陣圖檔格式(24 bits，全彩)
CD 曲目檔案格式	(*.cda)
CGM 檔案格式 電腦圖形媒介檔	Computer Graphics Metafile 圖形核心系統(Graphical Kernel System, GKS)的相關軟體標準。提供應用程式設計師一個描述圖形的標準方法
CSS 檔案格式	Cascading Style Sheets；串接式樣式表
EPS TIFF Preview 檔案格式	(*.EPS)
Filmstrip 檔案格式	(*.FLM)
Generic EPS 檔案格式	(*.AI, *.AI3, *.AI4, *.AI5, *.AI6)

4-16-3 圖檔提供管制作業

　　很多公司開始定義圖檔提供規範，基於加工者提出的需求以方便作業，公司開始思考定義準則。例如：近日協力廠向公司要求提供工程圖與 3D 模型檔，以簡化開模作業，由於未曾明訂對外提供圖檔之規範及申請方式，導致同仁無法可據。

　　今日已修定並公告 OP-005A 研發技術資料提供管理辦法，同仁依此辦法作業。

幾何科技有限公司
圖檔提供宣導

　　近日協力廠向公司要求提供工程圖與 3D 模型檔，以簡化開模作業，由於未曾明訂對外提供圖檔之規範及申請方式，導致同仁無法可據。

　　今日已修定並公告 OP-005A 研發技術資料提供管理辦法，同仁依此辦法作業。

4-16-4 以下是 3D 與 2D 軟體的技術合作

　　PTC 與 AutoDesk 技術合作，共同支援和分享所設計的核心技術，讓雙方軟體能夠互通，這是 CAD 軟體業中最大的新聞，未來在不同平台間的溝通將不再是障礙，以下是轉載 CPRO 資傳網新聞內容。

以促進軟體共通性為共同目標，參數科技（PTC）與歐特克（Autodesk）達成技術交換協議，促使雙方客戶及製造業廠商可因而獲得更多選擇，全面減少企業在跨平台支援上所耗費的成本。此項協議將使 PTC 得以運用 Autodesk 的 RealDWG 軟體開發工具套件，並提供採用 Autodesk DWG 技術解決方案。

PTC 解決方案亦能與 Autodesk 為製造業所設計 Inventor 3D 軟體與 AutoCAD 互通；而 Autodesk 將同樣可採用 PTC 的 GRANITE 3D 建模與互通性核心技術，提供高階整合性以整合 PTC 旗下的整合性 3D CAD/CAM/CAE 軟體 Pro/ENGINEER。

筆記頁

05

轉檔前置作業

　　本章解說轉檔前置作業，驗證模型正確性和淨化模型議題。轉檔前要知道需求是什麼，若只是看看或簡單溝通，沒有生產用途，這時轉檔有小細節錯誤可以忽略。前置作業中，知道哪些可以省略，避免過度時間投入在前置作業上。

　　轉檔前調整模型來提升模型品質，避免模型後處理，是非常划算的投資。業界把它當武功秘笈，當別家公司修模修得要死，延誤交期。嘿嘿，它是那個沒設定好啦。轉檔前置作業有順序性，如果能從中看到正面臨到的問題就值得了。

　　轉檔前置作業可避免對方收到不正確模型，再回過頭來請你修改後再轉一次。光 mail 往返處理，消耗工程師戰力，光搞這些就夠了怎麼設計往前衝。

5-1 投資電腦設備

　　現今電腦價格非常低，適時更新軟體與硬體，常用金錢衡量。轉檔過程 CPU 負責運算，顯示卡負責觀看，記憶體負責模型資料存取。絕不能耗費太多時間等待時間，這很浪費生命，更何況轉檔後的結果還未知。

5-1-1 不要用筆電轉檔

　　筆電效能不可能比桌機好，大量轉檔一定在桌電執行。加工廠常用 CPU I7 個人電腦轉檔，應付大量轉檔需求，特別是曲面模型。甚至買 10 萬顯示卡進行刀具路徑模擬（跑等高線），這些錢不需省，用錢買時間並且電腦又不貴，這觀念非常好。

5-1-2 一台專責轉檔用

工程師不可以整天等轉檔結果，不如放一台專門轉檔電腦，讓它去跑轉檔。你會發現有這樣的措施心情好很多，例如：有 2 台電腦，你心情如何。很多人都用 2 台電腦作業，特別是 1 台筆電、1 台桌電。

5-1-3 不可聯合國電腦

安裝各種軟體來彌補模型溝通的問題，安裝太多 CAD 軟體不是解決方法。筆者曾遇到廠商為了接不同 CAD 格式，安裝很多套軟體，例如：SolidWorks、Pro/E、AutoCAD、CATIA、CADKEY、UG、Inventor…等，還不包含 office 和其他程式。

廠商說光開機要很久，這台電腦才剛買的，是不是電腦中毒？詢問對方，客戶軟體升級怎麼辦，你是不是也要升級，況且你知道哪套軟體的最新版本嗎？即便是筆者也不見得知道上述軟體最新版本。

UG 最新版本是哪一版(客戶愣住)，用盜版軟體不會怕嗎（客戶無言）？為何敢這麼問，不可能為了接檔就買軟體，每套軟體價格和升級費用算下來很龐大的。

軟體要整合，找一兩套轉檔能力高可解決安裝多套 CAD 問題。安裝多套軟體是最不用管理的解決方案，卻不是根本解決之道，重點是風險太高，員工檢舉或同業檢舉。

5-2 瞭解雙方需求

知道對方需求不是應付轉給他就算了，剩下不關我事，發生問題會給對方不好印象，以下列舉 2 個常見需求，每個作法不一樣。

5-2-1 學會推論

你是受過模型轉檔專業訓練的，要學會推論客戶要什麼。接案都習慣給對方 4 種格式：1.模型 3D PDF、2.模型 X_T、3.工程圖 DWG、4.工程圖 PDF。

有些客戶是貿易商，左手進右手出的那種，對他而言只要看看，PDF 最適合了，客戶看完後原封不動的將這些檔案交工廠。

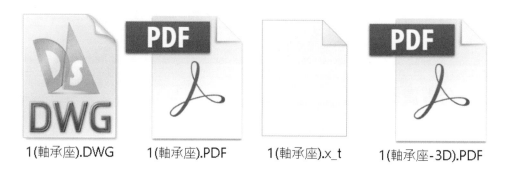

| 1(軸承座).DWG | 1(軸承座).PDF | 1(軸承座).x_t | 1(軸承座-3D).PDF |

5-2-2 只要看看

模型只是給對方參考或溝通用，不必太在意精確或破面來節省時間，甚至對方可能只要幾張照片或 PDF，就轉給他 PDF 會比較容易看。

5-2-3 加工用

製作就必須注意模型完整性、單位、比例、字型…等，對方要的是工程圖和 3D 模型。

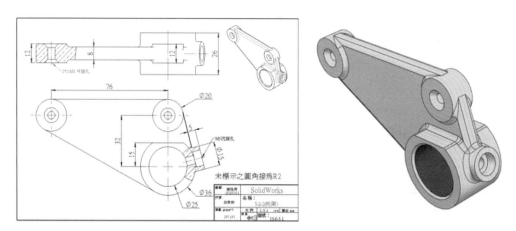

5-2-4 不要企圖得到所有資料

轉檔模型夠用就好，不要企圖得到所有資料，否則代價很高，例如：沒有螺牙反而比較好，以及一處小破面就算了。螺牙對模型轉檔沒有意義，螺牙是螺旋曲線很佔模型資料，且模型穩定度不好控制，更何況螺紋特徵對加工而言不需要。

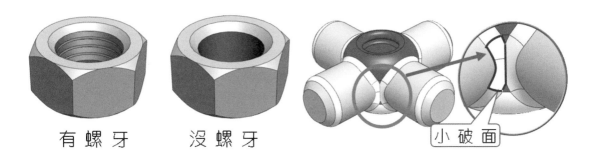

有 螺 牙　　　 沒 螺 牙　　　　　　　 小 破 面

5-2-5 避免主觀意識

　　上游轉檔給下游很容易主觀認為不是對方要的，於轉檔之前刪除特徵或不去管它。重點來了，下游無法參與轉檔過程，收到模型也認為**要的沒有，不要的一堆**，這就要了解雙方需求與想法才可獲得解決，簡單的說要溝通。

　　有轉檔經驗都知道圓角特徵最多問題，轉檔前把該特徵拿掉。對方接收會很疑惑圓角怎麼沒出來，心裡想：**圓角對我很重要，就算有破面我會補呀！**轉檔前把特徵拿掉，就是主觀意識。

5-3 先溝通再建平台

　　溝通和**建立平台**當作 2 件事，有誤會就是沒溝通。早期習慣模型要轉檔才寄出去，有次到客戶公司，發現客戶也用相同軟體而且版本也一樣，那之前轉來轉去是轉心酸的。

　　溝通是了解雙方需求與培養默契，瞭解使用軟體甚至版次，這樣對轉檔作業不會耗費太多時間，最重要能避免誤會。

5-3-1 一次轉多種格式

　　一次給 3 種格式已是 SOP，例如：轉 IGES、STEP、PDF，如果能加上原始檔會更好。方便對方作業彈性外，也可減少雙方不必要的信件往來。至於原始檔給對方讀取看看，或讓對方用自行轉出適合的格式，不嫌麻煩轉多一點格式給對方試，也是一個好方法。

　　溝通一段時間沒問題後，要建立標準作業。例如：我們用 SolidWorks，知道對方用 Pro/E，所以給對方：1.SolisWorks 原始檔、2.Pro/E 原始檔、3.Parasolid。

SW原始檔　　　Parasolid　　　Pro/e

5-3-2 善用選項設定

　　轉檔之前有很多細節由輸出選項設定，決定哪些是否要轉出，例如：輸出 3D 曲線特徵、輸出草圖圖元。

　　也有人將 IGES 分別轉成：B-Splines 或 Parametric Splines，將 Parasolid 轉成 21.0 以及 18.0 版本讓對方試。

5-4 淨化模型

　　簡化模型資料量，減少運算時間和錯誤率。未淨化模型會影響轉檔過程和後端處理困難，造成模型嚴重誤差或破面。然而沒機會參與淨化模型，有待前端工程師多花點心思，對後端人員更好做事。

　　淨化模型門檻很高，要對軟體操作很有經驗才有辦法完成作業。**淨化模型**延伸課題相當廣，零件、組合件和工程圖都有議題，以下舉幾個方法深入探討，並提出解決方式。

5-4-1 零件資料簡化

　　在零件進行草圖和特徵處理，分別隱藏或抑制。

A 草圖：隱藏或抑制參考圖元

　　圖元有設計意念相關，刪除又影響關連性，隱藏它們，轉檔就不會被帶出。隱藏並不會影響關連性，轉檔後還可再顯示回來。

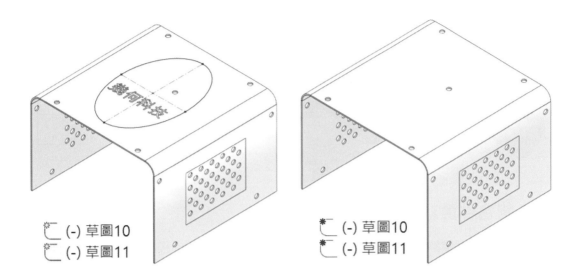

B 草圖：刪除多餘圖元

刪除和設計無關草圖，可以明顯減少資料量。建立的基準面、點或曲線，這些輔助參考，稱為模型外資料，對模型轉檔是負擔。

很多公司由助理轉檔，誤以為這些是重要資訊，或是明知道是多餘的，基於尊重**不敢動**，還是維持現狀比較保險，浪費時間判斷它的用意與不必要困擾。轉檔助理最好和設計者溝通，或是憑經驗推論這些要不要保留。

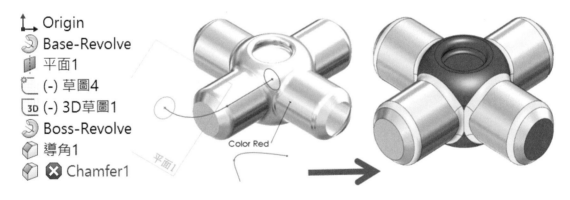

C 特徵：抑制不需要的特徵

抑制圓角或螺紋特徵可大量減少模型資料量，特別在分析作業或加工廠商作業，將外螺牙或內螺牙特徵的負擔抑制。

不過有些情況執行上有盲點，要靠模型裝飾螺紋線或工程圖來輔助判斷，例如：模型直孔不顯示螺牙，若沒看到工程圖，會以為只要鑽孔即可，這時工程圖標示攻牙。

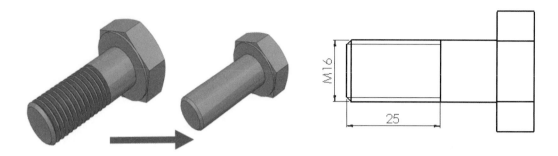

5-4-2 組合件資料簡化

市購件、五金螺絲或內部零組件，透過模型組態控制組合件模型數量，將模型組態分為：**原始狀態**和**輕量狀態**。原始狀態＝成品一模一樣，輕量狀態＝把不要轉出的五金零件抑制，轉檔時只要切換到輕量組態。

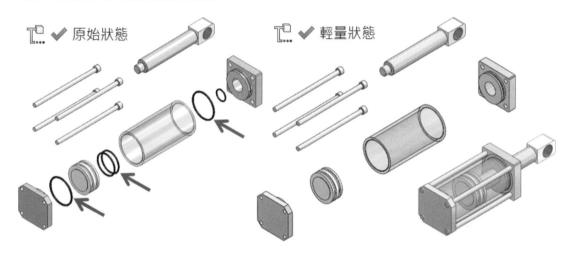

5-4-3 工程圖面資料修飾

將不必要線條或註解隱藏，用指令或圖層完成。否則加工者進行 CAM 排程作業，必須處理這些資訊，相當費心。

模型有圓角特徵，其**相切面交線**不利圖面判斷，轉檔前將不必要的**相切面交線**移除，例如：轉 DWG 之前要移除相切面交線。這麼說有容易讓別人誤會，不是因為轉檔就移除該交線，而是工程圖不需要這些交線，只有立體圖要顯示這些交線。

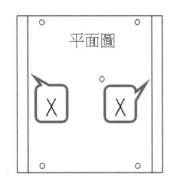
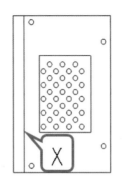
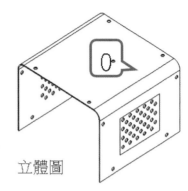

工程圖轉檔會自動將圖層轉移，轉檔前圖層開關。以鈑金展開圖尺寸、註記和加工符號，切割作業不需要，將圖層關閉後再轉檔。

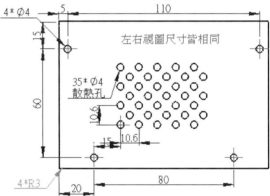

5-5 驗證模型正確性

檢查是否有特徵錯誤和草圖錯誤，驗證組合件的結合條件、干涉...等，模型不正確接下來只會把錯誤擴大。驗證模型是程序，例如：工廠管理利用檢核表避免不必要疏失。

錯誤特徵會嚴重影響檔案結構外，會影響轉檔解讀和轉檔時間。模型轉檔後無法看出特徵架構，模型正確會連自己都不知道。

不能在錯誤模型下設計，基準錯誤結果一定不會正確。筆者常遇到工程師在錯誤環境下設計，這類情形多半工程師不會修，或覺得設計都來不及了哪有時間修，索性避開已知錯誤下設計。不能在錯誤模型下設計是原則，因為設計出來的模型風險很高。

驗證模型也有盲點，好比說**是否有干涉或加工圖面確認**，常遇到助理工程師說產品不是自己設計的，不瞭解其設計意念為何，經驗不足根本不知從何檢查起，該怎麼辦呢？溝通和教育訓練是解決方案。

5-5-1 驗證零件

是否有錯誤的草圖或特徵，完全定義最容易被忽略，轉檔前要不厭其煩確認每個草圖定義，例如：展開特徵，查看草圖前置符號是否完全定義。常遇到模型未完全定義就要對方開模，造成模具商修模困擾，模具商會把模型退回設計者，請對方把模型確認好尺寸再說。

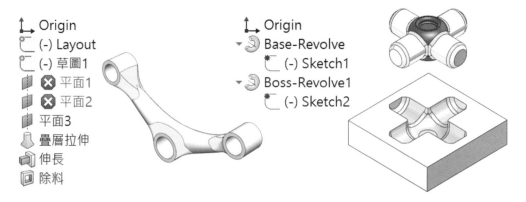

模型有破面或零碎面就更應該先修補再轉檔，模型轉檔不見得是有特徵情況下，有時是得到轉檔模型修復後→再轉檔給對方。先前常接到類似案件，請求轉檔協助，若你也可以擁有這項能力，就能兼差賺點外快。

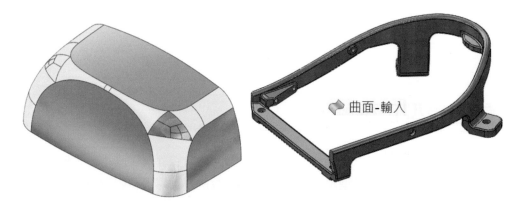

5-5-2 驗證組合件

檢查模型之間的結合正確性，最簡單就是：拖曳檢查模型是否會散開，且動作是否依結合相對運動。很多人僅檢查零件，忘記到組合件檢查，造成零件看起來沒問題就轉檔加工，等東西回來組裝後才發現...。

機構設計好不好是其次，加工回來組得起來最重要，千萬不要因為主管在趕和廠商在催，就不做干涉檢查或快速進行驗證，這樣會有接不完的電話。

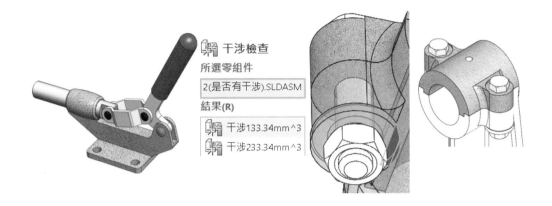

5-5-3 驗證工程圖

尺寸、配合公差、表面處理（電鍍、烤漆）、二次加工焊接…等，每個環節都是工程圖表達。

某部份沒表達好就算模型組得起來，不過會造成看不到的問題。萬一問題發生了就要圖面更新、抽換、事後麻煩事會一大堆。

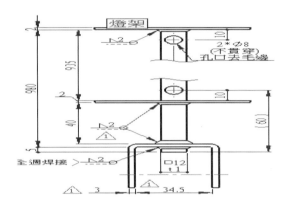

5-5-4 檢查曲面接合處

曲面模型最不希望轉檔後外觀產生破面、間隙、變形，用檢查用工具完成外觀檢查：斑馬紋、曲率、檢查圖元、**線架構**…等。

常遇到同學問如何把面補起來，筆者習慣先看模型正不正確，結果發現草圖未定義，就算補起來還是錯，這還是可見的。

轉檔特徵被格式化，模型不正確也不知道，就算看到破面補起來，還不是徒勞無功。

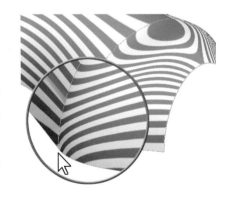

5-5-5 檢查轉檔後檔案

模型轉檔後開開看，沒有問題再 mail 給對方，是最保險做法。甚至能做到輸入診斷與檢查圖元是必要的。也常見安裝對方使用的軟體，開啟轉過的檔案，例如：SolidWorks 轉 X_T 檔，再模擬對方用 Pro/E 開所轉的 X_T，若有問題馬上再轉別的格式解決或調整模型。

這種做法比較完美，但坦白說有時也做不到，多年來轉檔 99％沒問題，也很放心直接給客戶，雖然有點不負責任，因為事情實在太多，且模型轉檔問題真的比較少。

5-6 模型分工處理

不同角色之間分工合作，溝通轉檔所要的資料，委請對方開啟檔案後自行加入特徵。模型到 CAM 排程，若無法完成破面處理或刀具模擬，會委請設計師變更設計以利加工作業。

分工處理是可遇而不可求的理想，雙方技術門檻很高，否則單方面要求，另一方達不到就失去意義。常遇到沒有溝通，所耗費時間難以計算，甚至原本賺錢搞到虧錢在做。本節說明如何判斷哪些可以由對方代為製作。

轉檔用途可作 2 類，利用模型組態切換：**加工和成品**。加工組態＝加工用，只要外型線即可（刀具路徑），圓角特徵（通常修飾的圓角都不重要）就不要顯示出來，讓加工者彈性排程。成品組態＝成品外觀，這時模型細節就要表達出來。

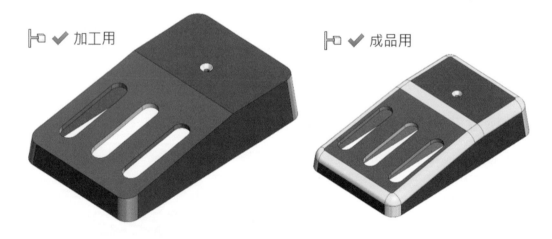

5-6-1 特徵由對方繪製

轉檔前判斷哪些特徵可以或應該由對方代為製作，讓對方擁有後處理彈性，這沒什麼難度，只是請對方幫忙。

圓角常造成破面主因，小 R 角或複製排列由對方執行，CAD 工程師完成好模型後，抑制圓角特徵再轉檔，在圖面上表示哪些部份請加工商代為執行。因為工程師不見得知道實際導圓角要多大，由加工者幫你導角。

減少複製排列可減化模型資料量與結構，為了減少模型問題的共識下，設計者留下被複製排列主體，讓加工商收到檔案後，自行完成複製排列。

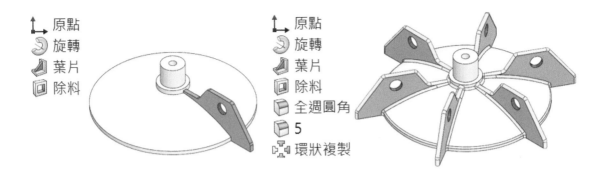

5-6-2 繪製概念與成品模型

概念模型由 CAD 工程師完成，告訴加工廠商成品結構，成品是想要的參考。雙方溝通後，給下游商製作彈性。常利用模型組態記憶並切換**概念模型與成品模型**以利管理。

模具廠接收客戶的成品模型後，常為了拔模角傷腦筋，拔模角被圓角或肋特徵所牽制，造成不好加入/修改拔模特徵，所以模具廠重畫是不得已選項。

如此模具廠和設計師之間討論哪些特徵會影響加工，例如：模具廠電話教導工程師該在哪下拔模，或是工程師本身想要學習設計可製造性，和模具廠請教加工製程。

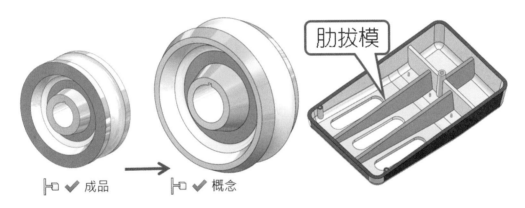

5-7 縮小模型檔案容量

模型轉檔後就是傳送給對方，Email 是最普遍傳輸工具，不過卻有檔案過大造成傳送的困擾，透過壓縮軟體達到最佳傳輸效益，於第 30 章 模型檔案縮小策略介紹。

名稱	大小
1(外六角螺絲).exe	667 KB
1(外六角螺絲).SLDPRT	2,660 KB

模型結構與表示

本章詳細解說模型拓樸結構，強調應用而非理論，讓你了解：1.SolidWorks 指令系統（簡稱系統面）和電腦圖學層面（Computer Graphics，簡稱 CG，又稱計算機圖學）。這些原理再配合工程數學，這些是高中數學，坦白說很沉悶。筆者建議這些學科與電腦繪圖結合教學，會得到更好學習效果，讓學生知道這些理論對未來 3D 製圖工作有幫助。

很多行為必須以系統面解釋，不是草圖不足定義這麼好理解，例如：為何無法使用🔲？因為曲面模型無法使用，🔲必須具備實體模型，換句話說，它是實體的指令。有些解答要以 CG 角度解釋，曲面在生活不可見，實務上沒這產品，無法製造 0 厚度玩具，但螢幕可以呈現。

實體必須要有厚度，曲面模型則可避開厚度拓樸限制，這也讓人認為曲面比較靈活的原因。由於繪圖核心提升，對於拓樸行為不再限制建模該注意地方，也存在錯誤防止機制，本章會好好說明幾何、實體、曲面拓樸行為。

要對 SolidWorks 有興趣才行，否則閱讀本章你會覺得枯燥乏味，筆者不是天生就會這些理論，本章其實也寫得很吃力，因為坊間這部分文獻很片段，不然就寫得太專業（用工程數學驗證理論）。為了避免乏味，本章讓同學體會曲面建模的靈活，因為這與模型結構有關。

SolidWorks

6-1 系統中的模型

建模過程系統會記錄 2 種資料：1.特徵結構、2.幾何型態。**特徵結構：特徵管理員紀錄**：填料、除料、導角...等；幾何型態：繪圖區域顯示可見外型。

模型轉檔後，軟體定義的特徵結構會流失，僅保存幾何形狀。在特徵管理員所見資料是有限的，能編輯部分不多。常見幾何型態依序 5 類：1.Solid（實體）、2.Surface（曲面）、3.圖形（Graph）、4.曲線（Curve）、5.Wire-frame（線架構）。

6-1-1 實體

　　模型以實心呈現，最常見與穩定的模型，可進行實體有關的作業和修改，例如：特徵
工具列與評估工具列的所有指令。模型轉檔後，於特徵管理員的原點下方見到◙輸入。

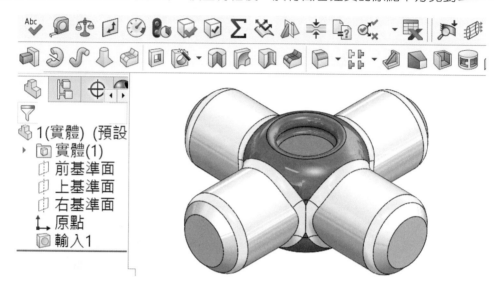

A 選項設定

　　要有實體資料於輸入選項：☑嘗試形成實體、輸出選項：☑IGES 實體/曲線圖元。

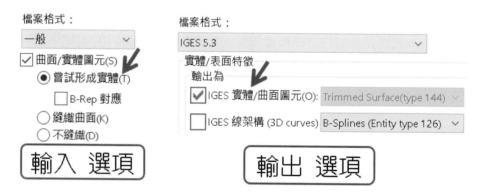

6-1-2 曲面

模型以曲面殼呈現，穩定度開始薄弱，伴隨著間隙、破面、甚至內部錯誤，能修改幅度有限，例如：無法使用特徵工具列與評估工具列所有指令。CAD 廠商對曲面能力每年加強，曲面屬於高階作業，端看使用者能力。模型轉檔後，於特徵管理員的原點下方見到 🍃 曲面-輸入。

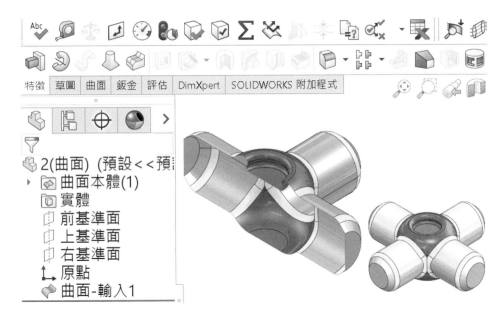

A 選項設定

要有曲面資料於輸入選項：☑縫織曲面、輸出選項：☑IGES 實體/曲線圖元。

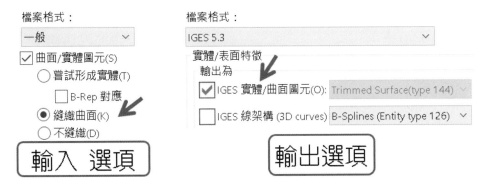

6-1-3 圖形

圖形檔只能看、不能摸,無法進行工程作業或剖面視角。若要工程作業必須將圖形檔轉換為曲面或實體。圖形檔能修改幅度比曲面更有限,例如:無法使用特徵工具列與評估工具列所有指令。模型轉檔後,於特徵管理員的原點下方見到 STL 圖形。

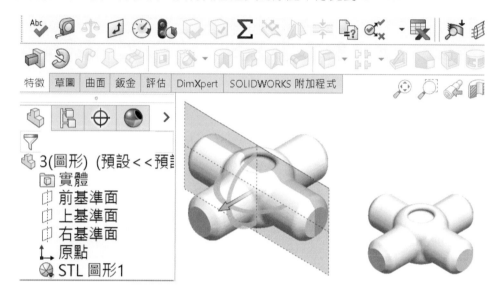

A 選項設定

要有圖形資料於輸入選項:☑圖形本體。模型成為圖形檔,常由檔案格式判定:STL、VRML、HCG。

6-1-4 曲線

以 3D 曲線(輸入的曲線)呈現整體模型邊線,類似線架構與圖形檔組成,不過沒有表面資訊。該線條可以點選、刪除、顯示或隱藏,但不能編輯,通常會將它做為草圖圖元或特徵參考用。模型轉檔後,於特徵管理員的原點下方見到 輸入的曲線。

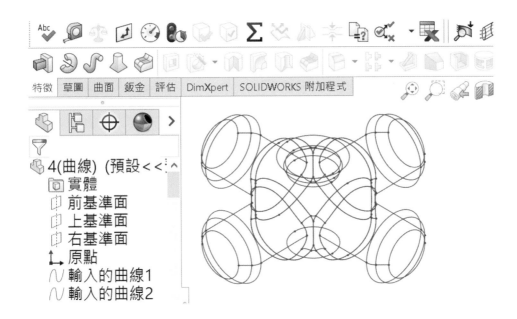

A 選項設定

要有 3D 曲線的資料於輸入選項：☑輸入為 3D 曲線。輸出選項：☑IGES 線架構。

6-1-5 線架構

線架構就像 X 光。模型轉檔以 3D 草圖或 3D 曲線構成模型外部線段，3 度空間以線、圓弧、曲線…等構成的圖形類似骨架，和曲線一樣只有邊線沒有面域。3D 草圖為真實草圖圖元，圖形皆以獨立狀態呈現，可以編輯和刪除它。

線架構必須稍具識圖能力才可分辨立體狀態，雖然可由不同視角呈現，不過每個視角都會看到完整架構，由於沒有面資訊，無法透過顯示狀態切換為：塗彩、移除隱藏線、顯示隱藏線 ⬚⬚⬚⬚⬚⬚。

線架構僅有線段沒有面資訊，應用上並不多見。對加工者而言，線條就是加工路徑參考。曲面建構而言，這些邊線在曲面修補時，做為特徵參考算是高階手法。

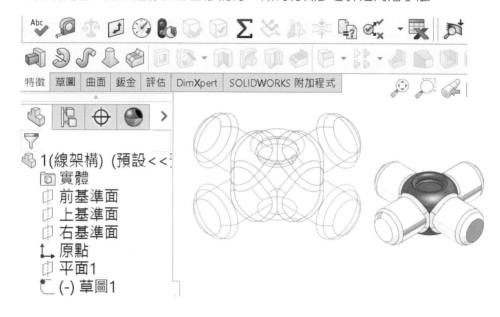

A 選項設定

要有線架構的資料於輸入選項：☑輸入為草圖。輸出選項：☑IGES 線架構。

6-1-6 防止錯誤機制

參數式系統有**防止錯誤的機制**，讓圖形無法完整呈現，迫使你想辦法解決。常見錯誤依序：1.草圖定義、2.特徵選項調整錯誤、3.指令不熟…等。建模方式不正確，不足定義草圖，組合件結合、干涉或關連遺失的模型錯誤，都會影響模型轉檔品質。

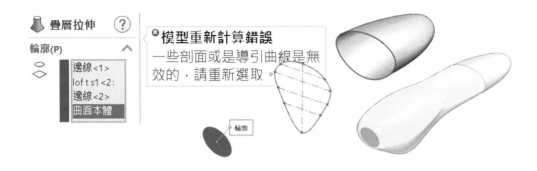

6-2 模型結構

　　所有模型都是由數據資料組成，透過編譯產生可見型態，分別為外部與內部結構。**內部結構**：數據資料，**外部結構**：視覺化可見。

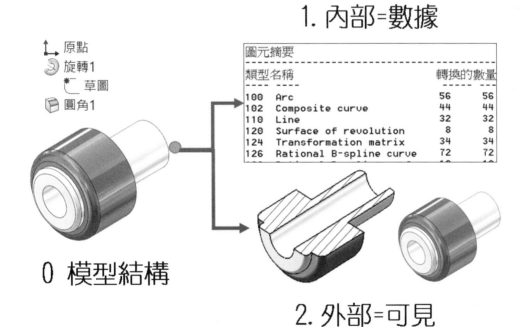

6-2-1 內部結構

　　內部結構不可見，由繪圖系統判讀，強行開啟只會得到一堆亂碼。用 SolidWorks 開啟檔案得到正確外型，以記事本開 SolidWorks 檔案會得到一堆亂碼。

原始檔可透過轉檔編譯成可閱讀語言，例如：SolidWorks 轉 IGES，用記事本開啟 IGES，會看出有規則數據。轉檔問題就是結構錯誤：數據遺失、結構毀損、語法解譯誤差...等。

 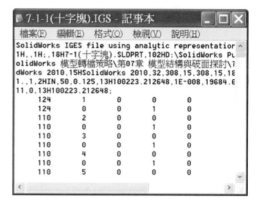

6-2-2 外部結構

故意在記事本修改 IGES 檔案→存檔→SolidWorks 開啟，會發現原本良好的 IGES 模型，已經被破壞到無法開啟。內部結構語法或資料錯誤，嚴重會讓模型無法開啟，輕微讓模型可以開啟，不過外型有損壞。

可以在記事本看出 IGES 外型嗎？答案是否定的，必須透過程式來表達，例如：SolidWorks 或專門解讀 IGES 的程式。

筆者手邊沒有解讀 IGES 程式，用 Chrome 瀏覽器→檢查來比喻。網頁左邊＝可見資訊，右邊＝原始碼，若你在原始碼區塊隨意更動它，會得到立即顯示。

Transitional//EN"
 "http://www.w3.org/TR/xhtml1/DTD/xhtml1-
 transitional.dtd">
<html xmlns="http://www.w3.org/1999/xhtml
class=" widthauto">
  ▶<head>…</head>
…▼<body id="nv_forum" class="pg_index"
 onkeydown="if(event.keyCode==27) return
 false;"> == $0
    <div id="append_parent"></div>
    <div id="ajaxwaitid"></div>
  ▶<div id="toptb" class="cl">…</div>
  ▶<ul id="myprompt_menu" class="p_pop"
 style="position: absolute; z-index: 301;
 left: 583.333px; top: 402.667px; display
 none;" initialized="true">…</ul>
  ▶<div id="sslct_menu" class="cl p_pop"
 style="display: none;">…</div>
  ▶<ul id="myitem_menu" class="p_pop"
 style="display: none;">…</ul>
  ▶<div id="qmenu_menu" class="p_pop "
 style="display: none;"> </div>

6-3 拓樸認知

　　拓樸（Topology）是幾何學理論分支，探討模型被彎曲、扭轉、擠壓、延展，型態皆不變的幾何性質。原則上不可以分離，否則會出現拓樸錯誤無法顯示，該拓樸會沒意義。

　　拓樸又稱橡皮筋學，無論如何扭曲還保有完整形體，過度拉扯分離產生**非連續現象**，就是拓樸錯誤，建模時極力保持拓樸正確性，就是這道理。又如甜甜圈上有 4 個洞，扭轉或擠壓甜甜圈，上面還時維持 4 個洞，就是拓樸型態不變原則。

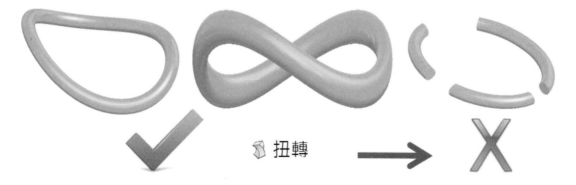

　　拓樸建模理論有 2 種表示法：1.B-REP（Boundary Representation）邊界表示法、2.CSG（Constructive Solid Geometry）構成實體幾何法，現今 3D CAD 建模技術可混用上述方法，這部分於本章後面詳盡介紹。

拓樸就是**關聯**，包含：1.**幾何**、2.**實體**和 3.**曲面拓樸**。拓樸太深奧本節點到為止，僅說明和模型轉檔有關議題，在臺灣博碩士論文知識加值系統（ndltd.ncl.edu.tw）會有很大收穫。

幾何　　　　　　實體　　　　　　曲面

6-3-1 拓樸錯誤

建模過程模型無法被顯示，就是拓樸錯誤＝世界上沒這東西，你不必出圖，不必擔心到時加工者和你說做不出來。當特徵無法被顯示，建模當下一定會試著更改讓外形呈現，這就是 3D 建模好處。

掃出系統判斷無法成形，輪廓和路徑半徑要成正比，輪廓 R20、路徑必須 R20 以上，這才是正確結構，否則無法取得平衡，輕者皺摺，重者無法成形。

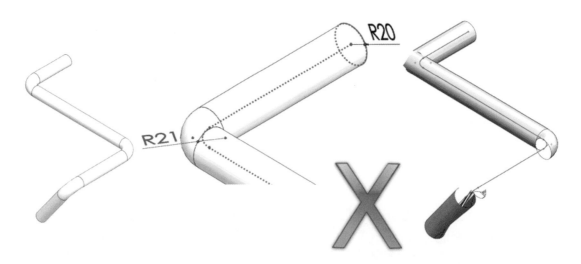

早期皺褶無法成形（箭頭所示），隨著軟體進步這類形體可被呈現出來，在模型表面上會見到零碎邊線，該模型結構開始不穩定。

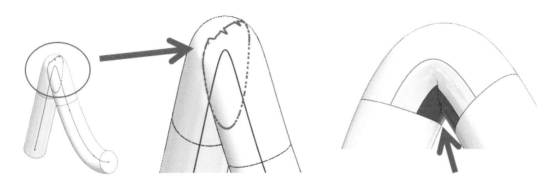

6-3-2 幾何與拓樸變更

更改方盒尺寸 100➜50，只會改變方盒大小，面數量沒有被改變，就不算拓樸變更，只能算幾何變更。只要影響幾何數量都算拓樸變更。方盒共 4 個面，在上面矩形除料，這時就有 8 個面，就屬於拓樸變更。

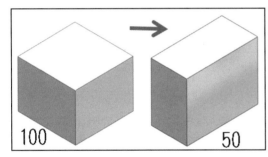
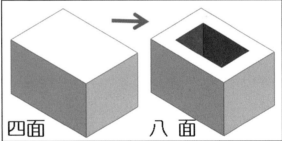

6-3-3 智慧型特徵技術

SolidWorks 智慧型特徵技術（SolidWorks Intelligent Feature Technology，SWIFT），分佈於 Xpert 專家技術，分別為：AssemblyXpert（組合件專家）、DraftXpert（拔模專家）、FeatureXpert（特徵專家）、FilletXpert（圓角專家）、SketchXpert（草圖專家）…等。

坊間軟體於 2007 年前仆後繼推出智慧型特徵技術，由系統判斷使用者建模過程遭遇問題時，協助選擇及套用最理想的設定及功能組合。

該技術目的在於自動防止拓樸錯誤機制：拓樸、指令條件不足、使用環境不允許…等，這項機制建模過程避免不合理圖形產生。

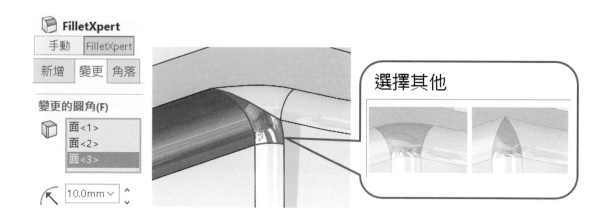

6-4 幾何拓樸結構

幾何由點構成空間形體，幾何存在 1、2 和 3 度空間中，例如：線架構立體圖。未構成面域的線架構，任一圖元被破壞仍保有拓樸結構。幾何連續形成面域拓樸關聯，任一圖元被破壞，則面域不存在，就會拓樸錯誤。

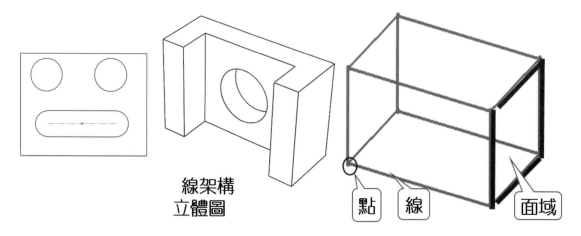

6-4-1 正確幾何拓樸

幾何不相關聯獨自存在，不算拓樸錯誤。你可以繪製不相關聯的多重線段草圖，不可能畫未封閉草圖給廠商製作，因為該圖形沒有範圍，這時要加厚或是加一條線來封閉圖形，讓圖形成為實務和系統理想拓樸幾何。

就繪圖者而言非連續線段，無法形成有意義特徵。不過對系統來說並不算拓樸錯誤，弧和線段是完整的，只是不連續而已。

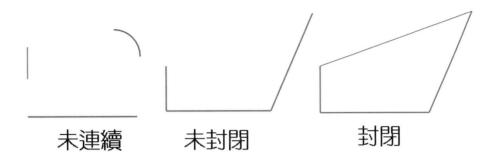

未連續　　　未封閉　　　封閉

6-4-2 幾何外型變更

更改尺寸會變更幾何外形，修改尺寸公差不會變更幾何外形，由於維持圖元完整性，所以並不影響拓樸結構。

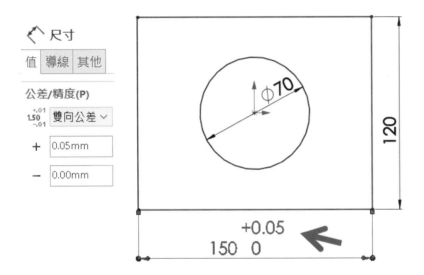

6-4-3 距離負值

負值在幾何來說就是錯誤不被存在，不過電腦圖學＋－代表方向性，線段位置可以被定義為負值，不影響幾何就不會有拓樸錯誤。

圓在矩形邊線右方標註 10，在修正視窗中於數字前面輸入符號－，或按下反轉尺寸↗，圓會往左放置，不必因為位置尺寸被標註，必須刪除尺寸重新標註。甚至可以標註 0，讓圓在矩形邊線上，這都不算拓樸錯誤。

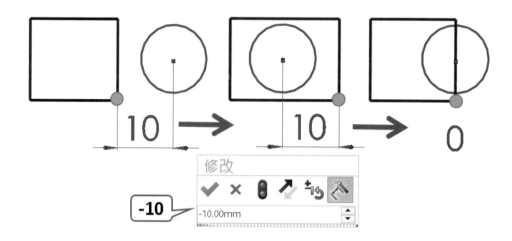

6-4-4 圖元數值 0

圖元大小＝0，對幾何來說即錯誤不存在，例如：無法繪製 Ø0 或 Ø-100 圓，這代表形狀尺寸不得為無效值。系統會出現錯誤訊息：提醒要輸入大於或等於 0.0001。

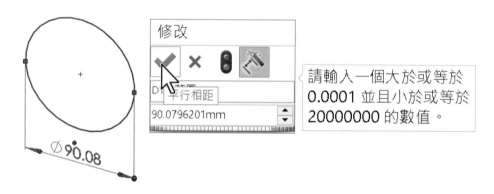

6-4-5 自動回復

⤳繪製蝴蝶結後，故意拖曳變形到無法產生有效的幾何形狀，會出現草圖錯誤。

系統自動回復到拖曳之前，放掉左鍵，曲線會彈回來可以被系統辨識的形狀。

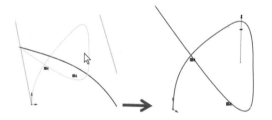

6-4-6 Sketch Xpert（草圖專家）

診斷並修復變形草圖，視覺提示判斷是否接受系統建議，診斷或手動修復。它沒有指令，快點 2 下下方的狀態列，進入 Sketch Xpert。

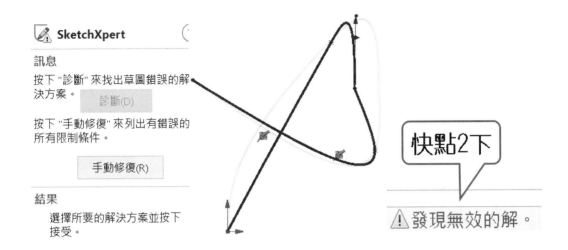

6-4-7 多重輪廓

繪製 3 個同心圓,為草圖多重輪廓,無法一次完成實體特徵,系統不知道你要哪 2 圈成型,必須決定其中一個成形範圍。數學內插法:外圍面積－內圍面積,也就是 2 圈。

3 圈同心圓在曲面指令就沒有這樣限制,因為曲面不需要實體的厚度拓樸,如此驗證曲面建構比較彈性,可隨心所欲。

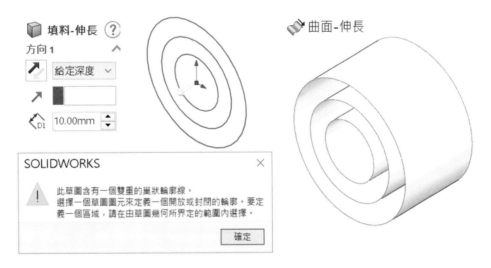

6-4-8 無效幾何

任何行為必須為圖元完整性,否則拓樸錯誤系統會報錯。當 L 轉角圓角=10,對拓樸認知共 2 條線＋1 圓弧=3 段圖元,草圖的偏移圖元向內偏移必須設定<10,否則該圓弧不存在(圓弧不得=0 或負值),剩下成 2 段圖元。

R10 偏移圖元皆=5,第一次偏移 R10➔R5、第 2 次偏移 R5➔R0、第 3 次偏移 R 已經不存在。現今繪圖核心提升,以前無法完成,該限制已經沒有,了解這是原理就好。

　　薄殼特徵也是相同原理，將原本的外圓角 R10，分別進行薄殼＝5 或薄殼 10，妳會發現薄殼厚的 R 尺寸分別為 R5 和 R0，以前無法完成，了解這是原理就好。

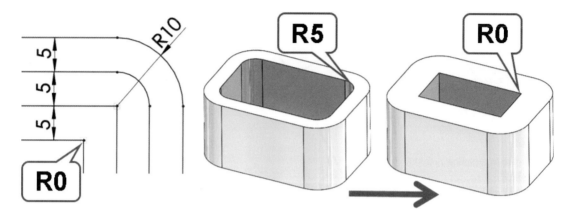

6-5 實體拓樸結構

　　實體是有厚度的形體。利用矩形草圖進行實體伸長填料，就具有拓樸結構，在上方加入圓角特徵會改變拓樸結構。

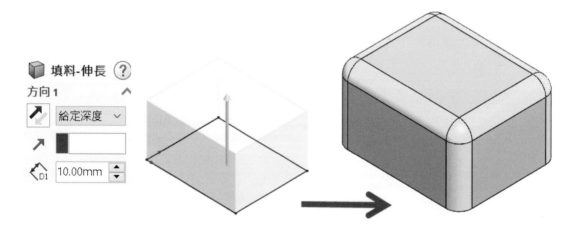

6-5-1 實體拓樸條件

　　實體拓樸要滿足 3 條件：1. 為兩面交線、2.面屬性資料（面積）、3.厚度。教學常被問到，為何不能刪除模型邊線？因為拓樸不允許刪除邊線，否則相鄰面會不存在，這就是系統面。

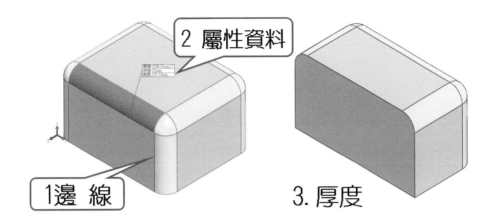

6-5-2 實體拓蹼資料

實體拓蹼資料包含：1.端點（Vertex）、2.邊線（Edge）、3.面域（Region）、4.迴圈（Loop）、5.薄殼（Shell），其中薄殼是指實體面積。

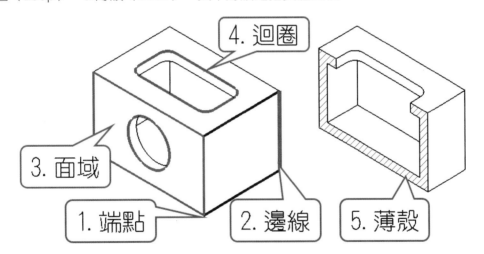

6-5-3 實體模型最好

實體結構紮實完整，轉檔不容易有問題。實體可以完成很多分析作業：結構應力、機構干涉、動態模擬...等，實體重要性不由分說。

相較之下，曲面轉檔容易發生資料遺失與面扭曲，因為曲面結構為表面接合，容易有間隙，所以曲面模型利用增厚成為實體用來驗證模型可製造性，若無法增厚，會自發性回過頭來檢查模型是否要修改。

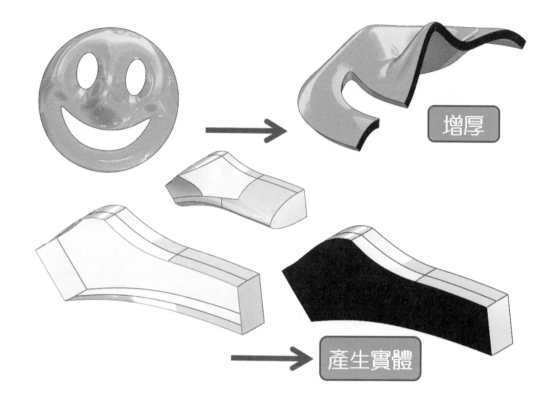

增厚

產生實體

6-5-4 非實體拓樸模型

實體和曲面有很多共同性，實體有一面被刪除，拓樸結構被破壞形成無厚度成為曲面，少一個點、一條線都會造成實體拓樸錯誤，不過還是可以被呈現出來。

6-6 曲面拓樸結構

實體和曲面都可以被轉檔，模型都有幾何資訊，常聽說曲面無法轉檔，實體才可以。曲面也有數據資料，只是曲面結構沒有實體這麼嚴謹很容易遺失，被誤以為曲面無法被轉檔。

曲面為無厚度形體，沒有實體資訊，建模過程關於實體特徵會無法使用，例如：物質特性、薄殼、肋材...等，這些都要了解。

實務常遇到無法得知模型質量、組合件干涉檢查、鑽孔對正，都是曲面模型帶來的結果。

物質特性

干涉檢查

鑽孔對正

6-6-1 曲面拓樸條件

曲面拓蹼一定要滿足2個條件：1. 每條邊線為一個面構成、2. 一個面域（有面積），下圖左。以圓柱為例，實體拓樸至少需要3個面+2條邊線、而曲面拓樸僅需要1個面+2條邊線。轉檔過程對於實體模型無法呈現可透過曲面表示，如果模型只是看看，曲面是不錯的選擇。

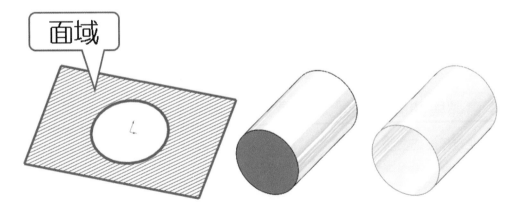

面域

6-6-2 指令提升

若要得到面域，無論幾何、實體或曲面都要維持面的拓樸，也就是封閉邊線得以成形，在軟體進步之下，很多指令可以讓開放區域完成補面作業。例如：填補曲面◈的修正邊界，或恢復修剪曲面◈，都可以讓僅有3條邊界完成補面。

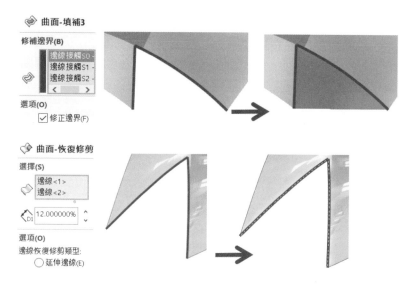

6-6-3 扭轉面

扭轉面在實體模型不可能呈現，因為要維持有厚度的拓樸行為，例如：實體疊層拉伸無法成形，曲面疊層拉伸可以，曲面只要有面域就好。

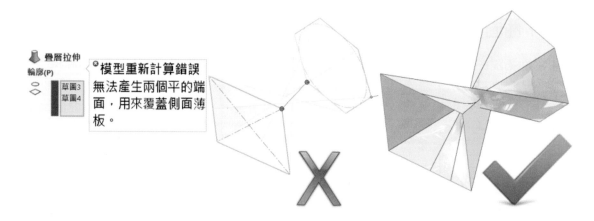

6-6-4 實體與曲面拓樸最大差異

實體要有厚度或實心，曲面只要表面。由圖可以看出實體需要的資訊比曲面多。

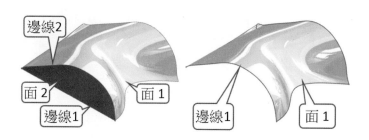

6-6-5 曲面建模思維

曲面結構沒有實體這麼嚴謹，建構和運算速度也比較快。由於沒有實體拓樸嚴謹性，曲面建構會比較靈活，建模思維甚至除破傳統。

為了設計便利性和彈性，畫出複雜高難度的外型，曲面被廣泛地討論。很多人說曲面很難，這麼說不具體，難在哪？這時也說不出個所以然，都是不了解曲面以訛傳訛的說法。

6-6-6 開放邊線曲面

有些指令必須要封閉輪廓才可以成形，例如：開放輪廓或邊界無法完成平坦曲面。

6-6-7 破面或縫隙

破面無法讓曲面形成實體。曲面之間存在縫隙且超過控制範圍，就無法完成縫織。

6-6-8 如虎添翼法

實體為主＝虎、曲面為輔＝翼，結合實體和曲面優勢，混合建模的如虎添翼法，達到模型另一項境界，是高階者慣用手法。本節簡略說明常見的曲面建構，這些在實體建模思維是不允許的。

這是雙曲面的模型，想像有哪個實體特徵允許相交草圖成型，答案沒有。就要分別由前基準的曲線與右基準面的曲線，2 條交錯曲線成形，也只有**邊界曲面**做得到。

上述曲面為成形參考，也是前置作業，再由的成形至某一面，達到實體表面成形，再加個修飾就更完美了。

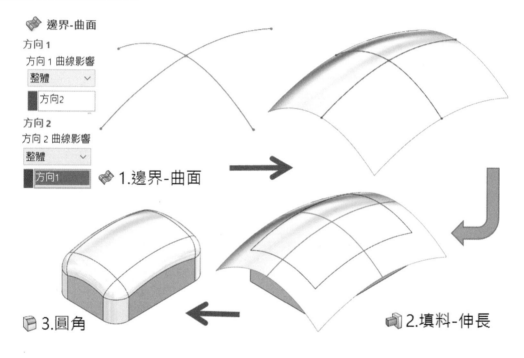

6-7 B-REP 邊界表示法

B-REP 或 BREP（Boundary REPresentation）邊界表示，將面之間建立關聯，定義模型面的組合，否則接合處產生間隙或自我相交（Self-intersection）。

B-REP 沒有限定實體或曲面，算是邊界對應的理論，它的延伸有：Trimmed Surface（修剪曲面）、 Bounded Surface（邊界曲面）和 Manifold Solid B-rep Object（多樣實體邊界 B-rep 物件，簡稱 MSBO，又稱邊界對應）。坊間 B-REP 常以實體模型作解釋，因為實體模型的面需要比較嚴謹的對應紀錄，實體就是模型完整呈現。

B-Rep 資料結構較為複雜，儲存資料總數較多，相鄰面藉共同邊界資料彼此對應，可表現任意幾何模型，修改較容易，圖形顯示速度快。

　　繪圖系統使用 B-REP 技術，在模型產生特徵過程就將邊界完整對應，例如：1.方形伸長→2.圓形除料→3.圓角特徵，只要顧慮特徵怎麼完成，不需思考用額外形體來剪除。

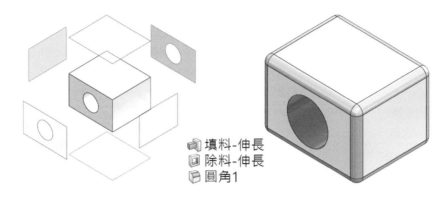

填料-伸長
除料-伸長
圓角1

6-7-1 刪除邊線和面

　　當拓樸行為成立，即得到完整邊界對應，就無法任性僅刪除所選線段，很多人不明白此原理，會覺得軟體不好用。要刪除模型面，可利用刪除面，刪除後還是維持拓樸關係。

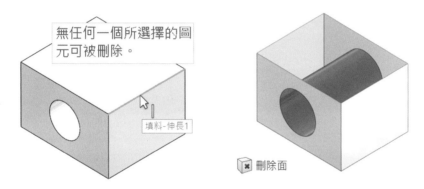

無任何一個所選擇的圖元可被刪除。

填料-伸長1

刪除面

6-7-2 面連接示意

　　模型轉檔系統會細分網格，將面之間產生對應並維持穩定度，由邊線得知兩面形成的交線，要讓它們穩定維持曲線、間隙在誤差內還真不容易。

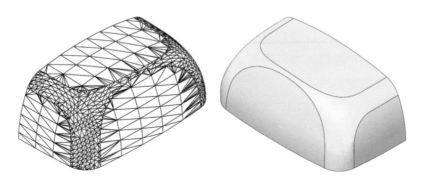

6-7-3 選項設定

設定邊界對應，讓面連接得到較好效果。輸入選項：☑B-REP 對應、輸入選項：☑Manifold Solid。

6-7-4 課程補充

若要更了解這些理論，於 YouTube 輸入 BREP，會得到更多學習，更可了解本章理論對繪圖、模型轉檔的重要性。

6-8 CSG 構成實體幾何法

CSG 早期實體建模技術，來自 ACIS 核心演算法，將多本體經布林運算（Boolean）完成 3D 建模，常運用在 2D CAD 軟體。CSG 手法現在比較少用，因為建模速度慢，需建立額外形體來剪除。

由 2D CAD 軟體建構 3D 這類過時建模業界還存在，因不具特徵紀錄、參數式和關聯性，很難修改，所以不多見。為何還有人以這方式建模，主要原因沒有轉型 3D CAD，繪圖者也知道這樣建模很麻煩，卻不願意改變。

CSG 建模並非這麼差，善用它可以把看起來非常複雜外型，由非常簡單物體組合計算成型，為進階建模常用手段，例如：曲面外型和模具業的模穴成形。

要測試 CSG 建模方式，來利用🗔（插入→特徵→🗔），本節最後列舉結合多本體實體建模，坊間這些列入高階課程。

6-8-1 CSG 表示法示意

CSG 建模由 2 個以上實體運算，要 3 個步驟完成鑽孔特徵：1.繪製草圖圓→2.🗂→3.🗂 減除。對照常見 B-REP 建模：1.繪製草圖圓→2.伸長除料，相較之下容易許多。

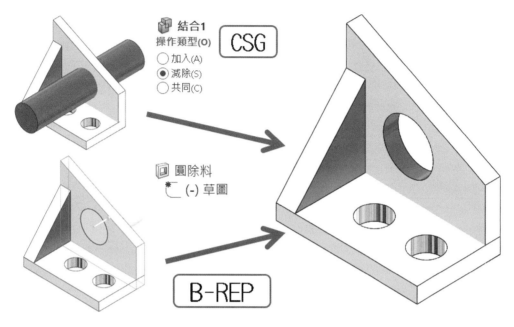

6-8-2 雙斜面

由圖看出常見的連接零件，左 CSG 和右 B-Rep 建模差異，發現 B-Rep 簡單多了。

CSG：1.伸長填料→2.伸長填料→3.結合。B-Rep：1.伸長填料→2.伸長除料。

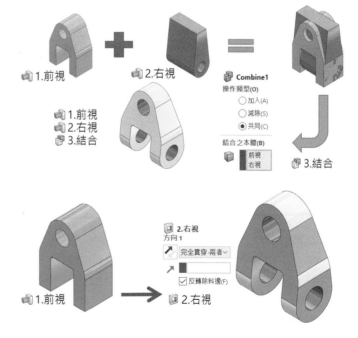

6-8-3 洋芋片

洋芋片曲線類似扭毛巾外型,曲線位置是投影後結果。很多人看到模型總想把外型硬描出來,那是不可能的,因為不知道曲線位置,即使完成未來設變無法維持模型穩定度。

由圖看出常見的連接零件,左 CSG 和右 B-Rep 建模差異,發現 B-Rep 簡單多了。

CSG:1.疊層拉伸→2.伸長填料→3.結合。B-Rep:1.伸長填料→2.伸長除料。

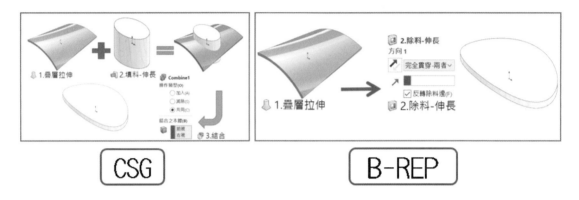

6-8-4 模穴

無法用除料類似機械加工,將素材一一切除完成吹風機模穴,即使可能會做得很痛苦,利用⬜特徵就輕鬆多了。

6-8-5 散熱罩

看起來很難完成的網狀造型,坊間有很多類似的,其實就是 2 個相交而成的結果。

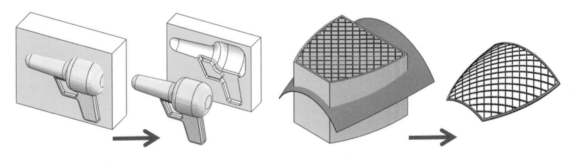

6-9 指令原理

本節解說如何看出指令要求(指令條件)就是學習特徵結構,你不必擔心學不會,只要用看的就好,要克服的是認識術語,本節透過範例讓你學會指令結構。

　　3D 軟體指令就是特徵，要滿足特徵條件才可以成型，這些條件就是結構。要學會這些特徵有 2 個要素：1.指令看訊息、2.認識術語，由訊息得知指令所需條件，並認識術語。

　　訊息分 2 種：1.外部訊息：未進入指令時，將游標停留在指令上方，會出現指令訊息。2.內部訊息：進入指令後，由指令欄位得知，例如：掃出特徵 🐛。

　　常見的術語有：實體、曲面、草圖、模型面。需要實體的指令：薄殼🗖、肋材🖋...等。需要曲面的指令：修剪曲面🖋、延伸曲面🖋...等。需要草圖的指令：伸長🗖、旋轉🗖...等。

6-9-1 需要草圖

　　由草圖定義範圍，利用🗖或🗖完成底座模型。由🗖由訊息得知：使用草圖輪廓來產生實體特徵。由🗖訊息得知：使用草圖輪廓來切除實體模型。

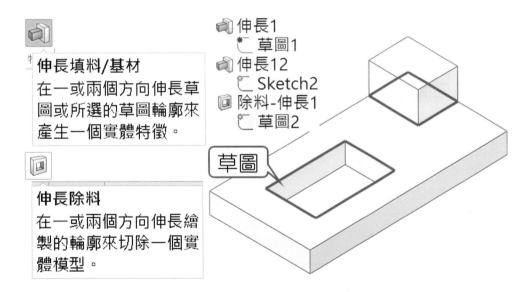

6-9-2 需要實體

　　🗖、🗖、🏵需要實體才可進行，由指令訊息說明從實體中移除材料，以及灰階圖示得知。掛勾為曲面模型，所以無法使用上述指令。

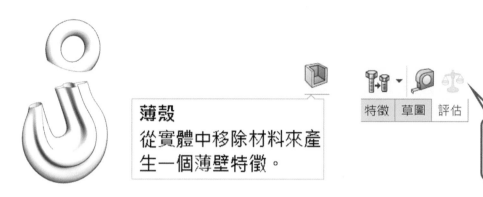

薄殼
從實體中移除材料來產生一個薄壁特徵。

灰階

| 特徵 | 草圖 | 評估 |

對曲面學習來說是特別要理解的，它有別於傳統建模，就要有實體為基礎得以完成。在模型平面上製作曲面弧度，先完成曲面弧度→曲面除料。由訊息得知：使用曲面在實體模型中除料。

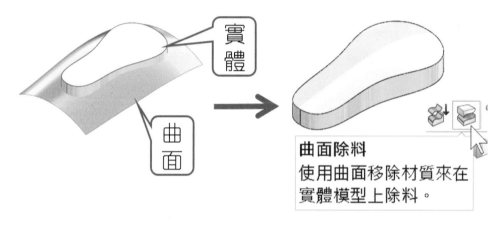

實體

曲面

曲面除料
使用曲面移除材質來在實體模型上除料。

6-9-3 需要曲面

由曲面本體定義特徵範圍，完成遙控器手把的護墊。由偏移曲面製作一個曲面本體作為凹陷除料的範圍→使用加厚除料產生實際的凹陷。由訊息得知：使用草圖輪廓來切除實體模型。

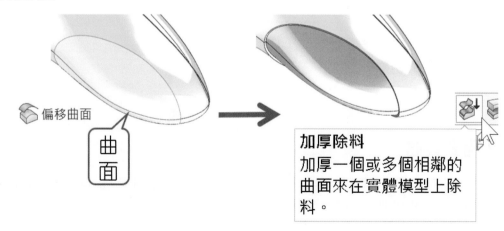

偏移曲面

曲面

加厚除料
加厚一個或多個相鄰的曲面來在實體模型上除料。

6-9-4 實體或曲面皆可

曲面可不可以被導角,這問題很多人問,其實可以的,由導圓角指令訊息得知:在實體和曲面特徵中...產生圓形面。

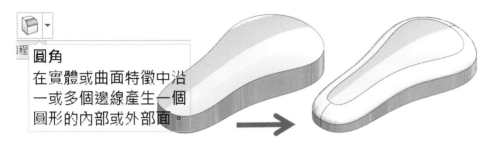

6-6-5 特徵結構

筆者常說學指令要認識特性,本節舉 1.旋轉 🌀、2.掃出 🪢、3.疊層拉伸 🔻為例,草圖對特徵而言就是結構。

- 旋轉特徵:1 個草圖
- 掃出特徵:基本要 2 個草圖,不過花瓶要第 3 個草圖:1.輪廓、2.路徑、3.導引曲線
- 疊層拉伸:一樣也要 2 個以上的草圖構成

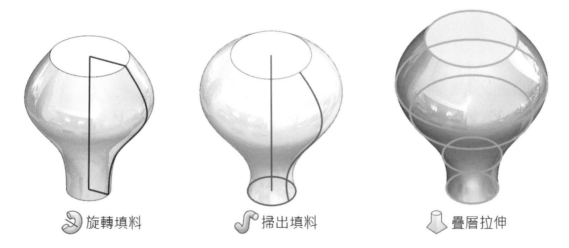

🌀 旋轉填料　　　🪢 掃出填料　　　🔻 疊層拉伸

6-9-6 資料重疊

特徵成形時,系統主動避免實體拓樸錯誤。🌀製作花瓶,旋轉角必須為 0-360 範圍,若輸入 380,系統會告知無法成形,超過的角度只會讓實體資料重疊,是無意義的現象。

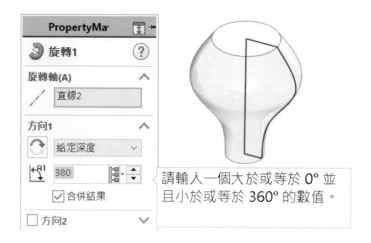

請輸入一個大於或等於 0° 並且小於或等於 360° 的數值。

6-10 設計過程多本體

兩個封閉輪廓不相連且各自獨立，系統會以多實體、多本體（Solid）表示，多本體零件為 CG 又可說是運算解，系統會自動辨識為多本體環境來滿足設計彈性。

多本體技術於 SolidWorks 2003 推出，讓模型擁有設計彈性。之前系統不允許分離封閉輪廓，因為單一零件怎麼可以不相連，不相連零件應該是 2 個零件，這樣的嚴謹性造成設計阻礙。

設計高爾夫球頭，想先設計頭、尾，中間身體比較難，先擱著後面再想，早期是行不通的。多本體建模已成為技術，至今多年來相當成熟，更擁有廣大的討論。建模可以分離的多本體形式呈現，讓設計擁有彈性，對系統來說是合理的。

設計過程不需考慮原理，隨心所欲完成要的外型，系統不能設下種種限制，這是軟體在努力方向。

6-10-1 2 段連接

由高爾夫球頭分 3 段，傳統建模由頭→中→尾接著畫，不過中間無法完成，必須改變建模方式。先建構頭和尾，中間用🖱接，你會發現很多建模都採取這方式完成。

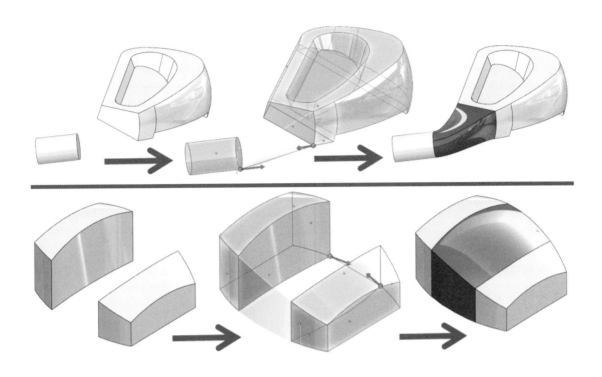

6-10-2 特徵影響邊線結構

　　客戶指定的外型，很多人無法完成，失去專案機會，其實可以完成，只要用多本體技術和了解模型結構，這案子就是你的。

　　在模型上導 2 個 R6 圓角，分別為：1 斜面、2 交線處。該圓角為造型部分，不論是一個圓角同時導 2 條邊線，或分別 2 個圓角特徵各導一條邊線都無法完成。

　　重點在於該邊線長度不足，由量測得知該線段長度 5.6，簡單的說模型邊線長度必須為 6 以上，在模型尺寸或半徑不變情況下，就要靠手法突破，進行以下調整。

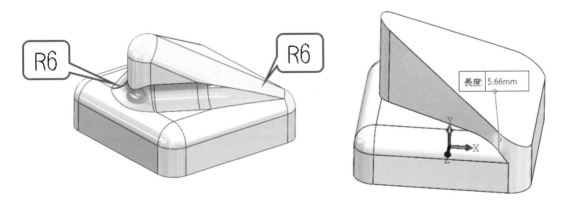

步驟 1 將斜面為多本體

斜面特徵口合併結果,這時模型為 2 個本體。

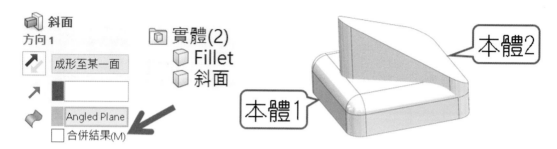

步驟 2 斜面導角

這時斜面可導圓角,交線處不行,因為 2 面沒有交線。

步驟 3 合併本體

利用結合將 2 本體合併,就會有交線,這時可以導下個 R 角,完成建模。

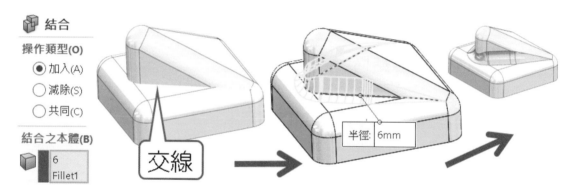

6-11 新舊特徵相容性

軟體經多年改版,因繪圖核心升級,特徵運算方式會改變,雖然新版可以開啟舊版檔案於特徵也相容,很多模型問題我們必須用系統面來解釋。

編輯🖱發現問題:1.輪廓、導引曲線類型無法刪除重新選擇,2.中心線參數欄位無法展開,這是舊版本疊層拉伸指令所致(箭頭所示),要解決這問題特徵必須刪除重新製作。

新版開舊版的模型,系統以相容讀取,就會造成資料越來越複雜。SolidWorks 2016 開啟 2010 模型,2010 模型的🖱,2016 會以相容方式開啟,讓你也可以編輯該特徵。你也可以產生新的🖱,分別編輯這 2 個不同時期的特徵,你會發現效率完全不同。

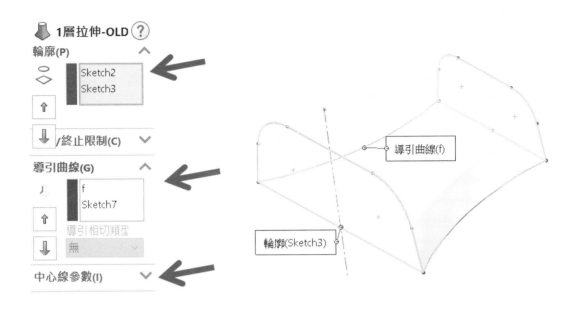

6-11-1 特徵屬性

　　於🔵右鍵→特徵屬性,查看特徵紀錄,看出 1998 年畫的,至今將近 20 年。簡單的說要解決這問題刪除🔵,重新製作🔵。

　　由於🔵經多年改版,該指令的內部程式運作要 10 行運算式,至今只要 3 行運算式,最明顯的感受就是執行🔵速度變快了。這就是為何新版軟體指令運算更有效率,甚至大型組件讀取有比以前快的原因,業界導入建議用最新版本。

　　為何它的零件檔案有 1G 這麼大,因為這模型太古老。特徵管理員內的特徵記錄早已陳舊不堪,1996-2016 都有人產生特徵,經由 10 多位工程師之手,對於後續當然會顯得困難重重,重新計算時間一定很久,要解決這問題就要一勞永逸重新建模,否則無解。

破面原因

本章詳盡解說破面原因,如何減少轉檔後破面機率。破面屬於電腦圖學,如同工程圖學一樣有很多專業術語,也容易睡著。為了避免沉悶,借用曲面模型解說破面原理,有用過曲面指令會恍然大悟,之前沒想過要注意這些。

本章議題都是業界高階技巧,破面排除流程:1.查看→2.檢查→3.解決破面,本章說明第1項如何查看和避免破面。模型轉檔重點不在如何修補破面,而是避免破面產生,破面或間隙業界甚少研究原因,總是消極遇到才嘗試解決,在沒有原理作為標準下修復,往往不得要領,負面印象產生。

模型問題不需當下解決,也不要過於恐懼,不是每個模型要被完整處理,視需求而定,例如:只要看看外型,有破面就換了。模型問題直覺反應是破面,其實破面只是冰山一角,還算可見問題,最難處理以圖形呈現的網格模型和模型打不開。

之前一再提醒同學,提高學習層次,不僅要會傳統建模(零件、組合件、工程圖),更要理解系統面議題。當別人認為模型無法呈現的靈異現象,以關閉檔案、重新啟動SolidWorks或以BUG搪塞,你會發現這些現象可以被解釋的。SolidWorks提供:1.檢查圖元、2.幾何分析、3.輸入診斷、4.修復邊線,協助判斷和修復這些問題,這些後面章節有介紹。

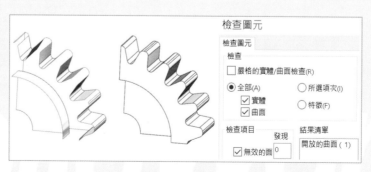

7-1 何謂破面

　　模型轉檔後 1 個或多個面不見。面不見原因：兩面相接縫隙或過渡相交的運算錯誤或超出公差允許範圍，產生拓樸錯誤，該模型不是實體而是曲面空殼。

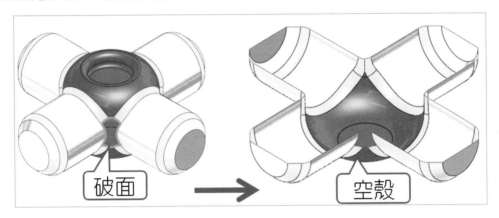

　　破面 2 種型態：1.內部＝靠調整曲線公差或單位解決。2.外部＝破面，靠填補曲面◈解決。對 CNC 加工必須確保面連續性，讓刀具路徑可使用，能加工/開模之下進行軟體設定。

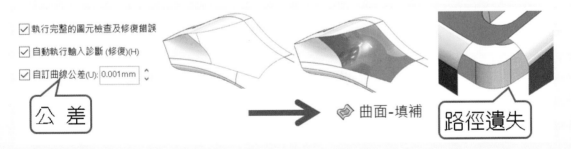

7-2 間隙原理

　　2 曲面相交的交線為兩條曲線。間隙和破面為不同型態，間隙是面之間很接近但**沒有接觸**，破面是**面無法成形**，轉檔過程超過容許誤差小則間隙，大則破面。

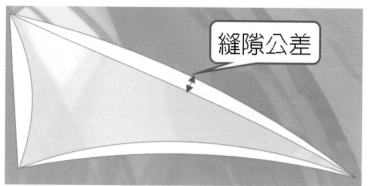

7-3 數學運算誤差

模型運算基於軟體效率和彈性考量，會採取最理想運算精度進行，就會產生所謂的誤差。例如：同一個模型，由 SolidWorks 和 Pro/E 計算體積，算出來答案會有差異。

誤差是軟體可容許範圍內，要達到複雜且高精度運算結果，除非使用特殊軟硬體，進行極精密科學運算，超級電腦可用在氣象預報、航太、研究或實驗機構等領域。軟硬體運算一定有誤差，造成誤差原因有 2：1.維持有效位數、2.運算方式。

7-3-1 維持有效位數

有效位數就是精度（Precision），運算過程以四捨五入維持精度。若設定精度小數第 4 位將原本 0.12345X0.12345＝0.0152399025。0.12345 四捨五入＝0.1235。

0.1235X0.1235＝0.01225225，這之間誤差 0.0152399025-0.01225225＝0.002987 6525。

7-3-2 低精度對高精度讀取

模型由低精度（0.01mm）轉檔後，由高精度系統（0.0001mm）接收，就會有縫隙或重疊，例如：DraftSight 畫出 R285000000mm 弧，SolidWorks 無法載入。

7-3-3 近似值

有效位數值不是極精確解，而是近似值（Approximation），只要精度在公差範圍內即可，否則會有不必要的運算時間消耗。

CPU 為二進位運算，軟體為十進位或 16 進位計算，這 2 種方式互相轉換時就會有誤差，所以 CAD 運算中不是精確解而是近似值，例如：圓周率就有容許誤差。

圓周率 π＝3.141592653589793...，最多可列到小數 1 兆兩億位。

以機械加工為例，不需要這麼精準，由系統取捨支援的精度。

SolidWorks 支援的小數位數到第 8 位，由量測得到 Ø1 圓面積＝0.78539816 mm ^2。

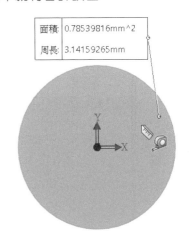

面積: 0.78539816mm^2

周長: 3.14159265mm

7-4 精度顯示和運算精度

精度用在 2 種層面：**1.精度顯示**、**2.運算精度**，很多人把它混在一起。會買跑車還是卡車，跑車可以跑很快，但對你來說不適用。卡車可以載很重，對你來說還是不適用，跑車和卡車都是極端要求的人會用得上，本節說明 2 種層面呈現。

7-4-1 精度顯示

由小數位數顯示，並不影響真實解。例如：12.3859，設定精度小數位數＝.12，其值顯示為 12.39，不過在 SolidWorks 內部還是 12.3859。

Ø1mm 圓，CPU 運算長度＝3.1415926536...，SolidWorks 量測周長＝3.14159265，小數第九位會被系統所四捨五入進位。

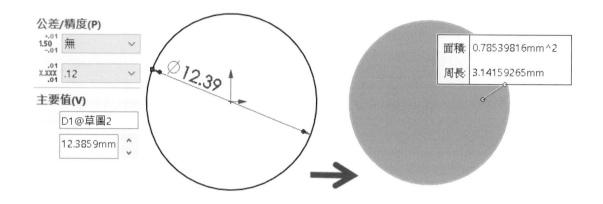

7-4-2 運算精度循環

系統計算是循環，SolidWorks 精度範圍±1000M（1000000mm），其考量與運算效能和實際加工有關。當尺寸輸入超過 1000M，系統出現：請輸入一個大於或等於-10000000 數值訊息。若輸入 0.000000001 系統不會出現訊息，會出現無效解。

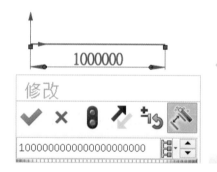

請輸入一個大於或等於 -1000000 並且小於或等於 1000000 的數值。

系統設計也可以讓精度多幾個 0，不過會嚴重影響運算效能，號稱精度極高的軟體卻不切實際，試想運算 8 位數或 12 位數，哪個會算得比較快。

軟體內部是有運算精度停止量，原則上越高越好沒錯，但不可無限上綱，在運算速度與運算精度的天秤取決，就看軟體廠商的開發考量。

曲面展平是很好範例，圓柱面積=5271.59、展開面積=5274.96 之間相差 3 平方毫米，對鈑金而言已經很準了，當你不死心調高運算精度會發現電腦跑很久，就可體會不必要了。

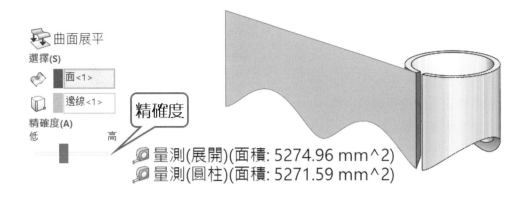

7-4-3 範圍與精度

很多人對軟體容許範圍抱著高就是精度好，軟體越高階的錯誤迷失，簡單的說範圍＝整數，精度＝小數。10 與 100，100 範圍比較廣。10.9 與 10.99，10.99 精度比較高。

精度是測量與實際值的接近程度，例如：電子秤精度 0.01g，誤差小越接近實際值。

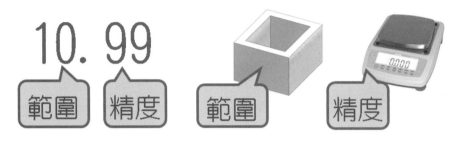

7-4-4 重量和精度反比

所秤重量越大精度一定越小，反之亦然。地磅：秤重上限 200 噸(T)，精度 10KG。例如：30520＝30 噸 520KG，可想而知精度不可能 0.1g。

電子秤：秤重上限 3000 克（g），精度 0.01g，例如：150.32g。電子秤這麼精密，不可能秤一台車。

maijx.com   tscale.com.tw

7-4-5 圖元與物件範圍

幾何圖元不可能＝0，範圍可以。無法在圓標註 0，系統會出現異常。0 代表圖元不存在，圖元一定要定義大小。

於組合件定義滑塊與滑軌距離＝0，這是可以的。距離 0 或重合雖然外觀一樣，系統會有不同解讀。設計過程，距離＝0 增加設計彈性。

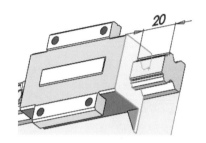

7-4-6 大眾化考量

SolidWorks 以機械加工為基礎的大眾化軟體，會以一次性幾何與實際加工來配合，例如：世界上沒有設備可以一次加工 1000 公尺零件，一定是分段製造。就以零件範圍±1000 公尺，對絕大部分產業已經夠用了。

程式運算採循環式，1 算到 100，和 1 算到 1000 計算時間一定不同。軟體定義容許範圍只要適當即可。若要討論到天文，地球實際大小 SolidWorks 就畫不出來只能示意，要設計這麼大的物體需求，這種人不多。

為了軟體運算效率只能採最多人使用的範圍，最重要還是來自硬體運算。若干年後，運算到下一境界，範圍當然就會加大。

電車

鐵軌

zh.wikipedia.org/wiki/File:A_maglev_train_coming_out_Pudong_International_Airport_Shanghai.jpg

7-4-7 超過運算額定時間

當系統運算超過一定時間，會出現沒有回應視窗，可以繼續等待或關閉程式。

這就是上節所述循環運算，很多人看到這畫面都說 SolidWorks 有問題，不能完全這麼解釋。

有些情況系統 BUG，運算到某個部分就當在那，或算到那尚未終止，都會出現沒有回應。

> **SOLIDWORKS 2016** ✕
> SOLIDWORKS 2016 沒有回應
> 如果您關閉程式，可能會遺失資訊。
> → 關閉程式
> → 等待程式回應

7-4-8 模型核心解析能力

　　SolidWorks 運算模型範圍限制在 1Km x 1Km 1Km 面積區域。雖然無法畫出超過 1000 公尺零件，到組合件可以排列超過 1000 公里，來突破零件範圍限制。

　　組合件空間計算方式以組合件原點和模型的距離，若超過**會出現**模型核心解析能力訊息。

7-4-9 積分演算法

　　軟體可以設計高運算精度的面積演算法，卻造成軟體效能降低。軟體公司會以效能優先，並盡量滿足極大用戶需求來設計系統。

　　橢圓長軸 100，短軸 50mm，SolidWorks 面積值＝3929.7429，而數學公式算出來值＝3926.9908，誤差大約 3 毫米平方。模型精度還是高過加工誤差，因此產品生產製造上並不存在此誤差的問題。

　　SolidWorks 以量測查詢面積，而非使用數學公式運算，這是用類似積分演算法，將總面積離散成非常多的小面積後再加總計算，該演算法與公式計算的誤差約 0.5%。

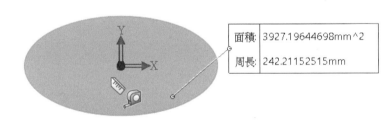

7-5 小於系統容許公差

　　旋轉填料 360 度讓花瓶無縫成形。0 至 360 度之間的連接位置同一處下，一般認知相連，不過系統內部計算是前後距離＝0 並非真為 0，應該說是小於系統容差，所以顯示 0。

　　本節以尺寸標註（人工方式），示意縫隙於特徵的解讀，系統會要求你改變方式，來完成特徵。

7-5-1 薄件特徵

尺寸標註大於 0.00001 縫隙（4 個 0），屬於開放輪廓，例如：0.05。系統會強制要求你薄件特徵，且無法使用所選輪廓。

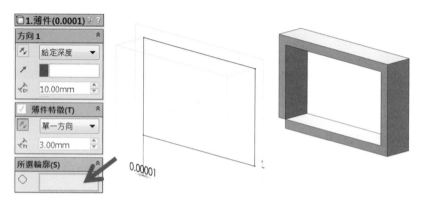

7-5-2 所選輪廓

尺寸標註大於 0.000001 縫隙（5 個 0），接近封閉輪廓。系統強制要求你所選輪廓，否則出現有重合但非合併的點訊息，薄件特徵無法使用。

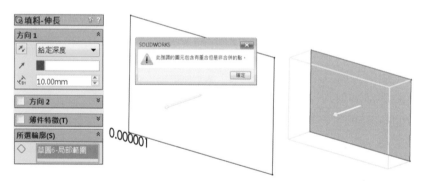

7-5-3 無法產生特徵

尺寸標註大於 0.0000001 縫隙（6 個 0），接近封閉輪廓。

很妙的是無法所選輪廓，也無法產生特徵。

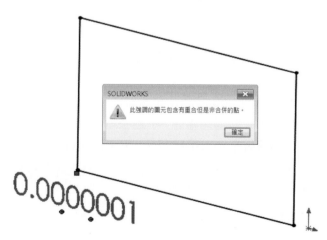

7-5-4 自動合併範圍

當縫隙大於 0.0001 屬於開放輪廓，於特徵成形時，系統要求你產生薄件特徵。當縫隙小於 0.00001 接近封閉輪廓，可以使用伸長特徵。

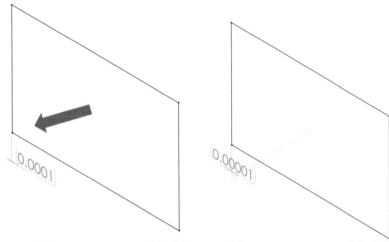

大於0.0001=薄件 小於0.00001=伸長

7-5-5 自動修復

系統在某範圍會啟動縫隙合併。對有無標註尺寸的縫隙，系統會產生不同反應。

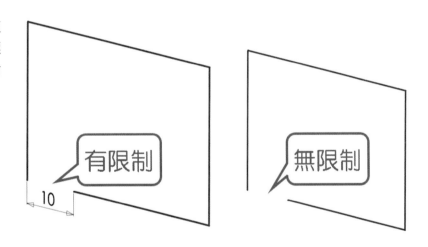

7-6 零厚度幾何

零厚度幾何（Zero Thickness Geometry），又稱非多樣性幾何（non-manifold geometry），圖元大小和圖元距離為零，進行後續作業會無法成形。本節先說明無法成形的原因，再說明解決方式。

立體方塊中，草圖圓與模型其中一邊線相切→⬜，會出現錯誤訊息：無法產生此特徵，將導致零厚度的幾何型態。

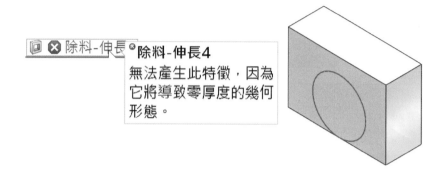

7-6-1 加入或移除材料

產生足夠的材料至零厚度幾何區域，作為補正作用，補正就是依經驗值進行參數調整，在草圖圓和模型邊線之間加入 0.1mm，俗稱用騙的加入材料。

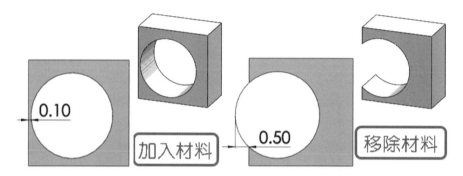

7-6-2 產生多本體零件

草圖圓與模型任 2 邊線相切→🗐，會產生多本體零件，例如：模型被切為 2 個實體。記得先前的零厚度幾何，將草圖圓和一條模型邊線相切的結果。

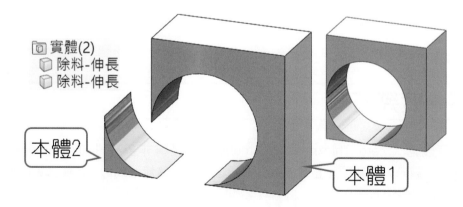

7-6-3 圓柱上加工

　　若要在圓柱側邊進行肋材填料，將草圖和邊線重合是合理做法，系統為多本體結構呈現，也與實務相同，試想這是焊接作業，多本體是合理的。有些人會將輪廓故意往圓柱內部增加，要讓肋材完整黏住。

　　早期螺紋繪製過程，將三角形輪廓與圓柱標註尺寸，我們教同學將三角形與圓柱邊線加入尺寸標註不能採取三角形邊線＋圓柱➜共線對齊，保證製作不出來，現在沒這問題了。

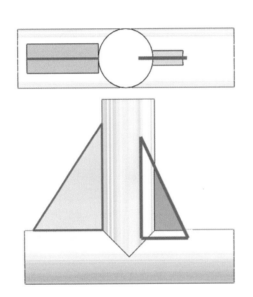 

7-6-4 曲面零厚度

　　基於實體邊線一定由 2 相鄰面相交而成，一樣的作法在曲面就不會出現零厚度幾何，因為曲面邊線不需要 2 面 2 相鄰面相交，不過還是會以多本體呈現，可以見到 2 個曲面本體。

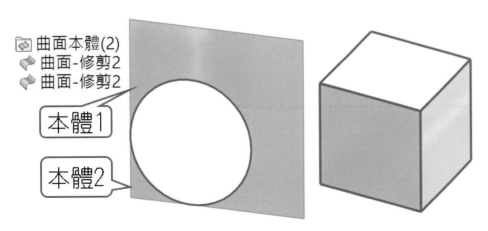

7-7 節點對應

特徵成形邊界節點（線段端點），系統會分配對應點，如果上下兩個輪廓的對應點數量相同（4邊→4邊），成形過程比較容易些。

萬一上下兩個草圖對應點數量不同（4邊→6邊），系統不容易分配。形成相交情況，要由人工拖曳定義對應組，相交面就容易形成破面。

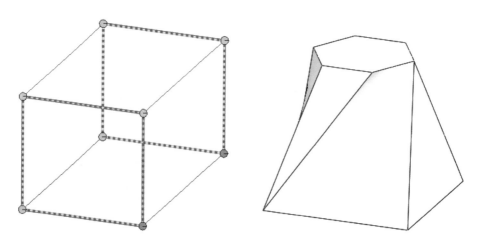

7-8 模型過度編修

建模過程避免補丁（Patch）應付完成模型，會造成模型資料不連續，資料量變大。所以簡化建模和修復手續是最好方式，這需要多年操作能力與技巧才可以勝任。

7-8-1 減少補丁面

零碎曲面會增加模型資料量，造成加工時刀具路徑產生問題。

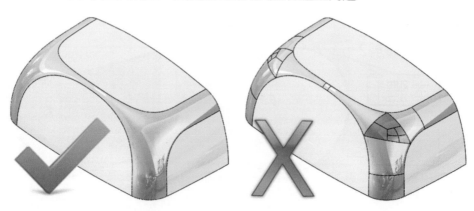

7-8-2 不正確建模方式

　　模型經過多人之手，遇到不負責任工程師，不以**編輯草圖**或**編輯特徵**進行模型設變，而以切除＋接續完成，讓後續接手工程師正確修改也不是，重畫也不是，只好也跟著應付了事。該模型資料會變得很雜亂，模型轉檔就很難維持正確性。

　　甚至為了避免後續麻煩，乾脆來個模型轉檔，再進行切除＋接續作業，這下害慘公司，模型會有多個版本。

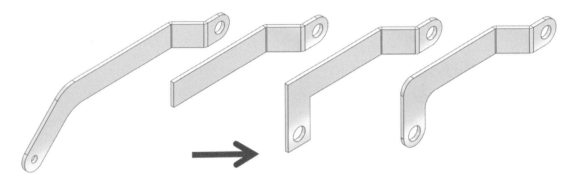

7-8-3 避免大量切割曲面

　　切割曲面後，系統會記錄原有的邊界和位置，如此資料量會大量增加。曲面建模過程似乎就要如此，好處是建模彈性，缺點就帶來大量的資料量。

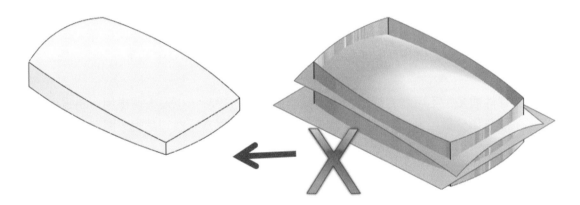

7-8-4 小圓角

　　圓角過多會造成資料量複雜，特別是交線導圓角後，形成圓角混成。

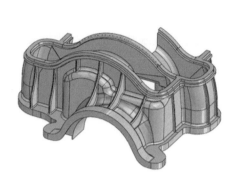

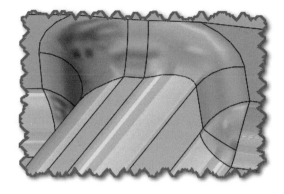

7-8-5 極大和極小圖形

太大或太小的幾何邊線、角度、圓角很容易影響系統運算。

極大和極小的 R 角同時存在，會影響到系統控制它們的精度，進而發生運算錯誤。

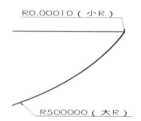

7-9 複雜圖形運算

零件特徵很多、組合件數量很多、工程圖線條很多，都屬於幾何過於複雜，要完全解析是很難任務，嚴重影響運算效能和結果。就像 1000 頁的文章要中翻英，又要翻譯正確，這很累人的。

汽車零件很多，不可能將整組汽車轉檔再交由對方設計，也沒人這樣用。為了避免這種情形，將汽車分模組轉檔或只要轉檔有需要的模型給對方。換句話說，將汽車輸出成線架構，圖形看來這麼複雜，這樣你就懂了。

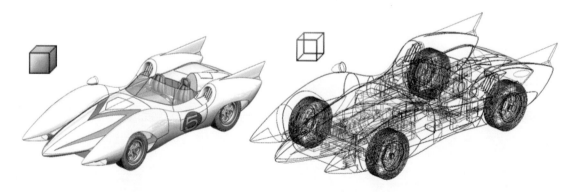

7-10 收斂面

收斂面就是三角面，相鄰面的交線匯集成頂點。避免這種情形可以在頂點上加入圓角。業界有個極端法則：4 邊面最好：3 邊是最差，原則上雙數邊會比單數邊來得好。

錐體頂點和底部由錐面匯集而成，在上方尖點和下方底部邊線加入小 R 角，避免匯集與縫隙。

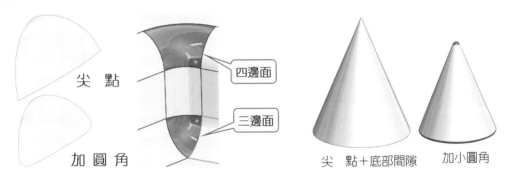

7-11 軟體對圖形定義認知不同

模型建構定義上都有獨特性，即使相同特徵在不同 CAD 軟體，結構定義不相同。換句話說一樣是花瓶，可以用掃出，也可以用旋轉完成，這兩者很明顯是不同特徵和架構，其內部資料型態不同，就是這道理。

掃出內有三個草圖完成花瓶，若轉成 IGES 這時可能會判斷成單一草圖。遇到這種情形不要緊，透過輸出選項將建構的草圖輸出，這樣對方就會讀取該特徵的 3 個草圖。

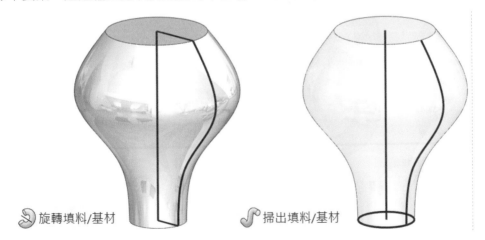

7-12 軟體無法配合

軟體不屬同一性質，互相讀取時無法配合，CorelDraw 為美工 CG、SolidWorks 為工程 CAD。雖然 CorelDraw 可以輸出 DWG，在曲線認知上無法輸出為不規則曲線，以多邊形平面得到近似不規則曲線。

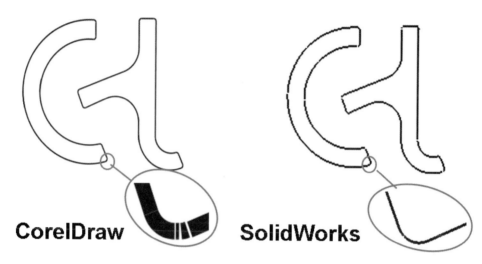

7-12-1 線段組合

Illustrator 圖形以拼貼而成，稱為拼貼路徑，由 6 圓弧可以看出，由於要填色必須將它們分別封閉起來，合併後就看到重疊狀態。於 SolidWorks 可以見到中間有 6 條直線。點選上方弧，為不規則曲線且分段，因為 SolidWorks 沒有 AI 檔輸入選項的公差設定。

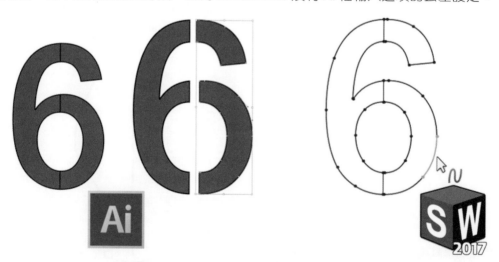

7-13 選項設定

破面是外部視覺化原因並非一開始解決，反倒是文件單位、選項公差或指令選項調整。內部沒問題後再解決外部問題才是標準程序。

部分指令擁有提高精度設定：1.物質特性、2.量測、3.文件屬性、4.展平曲面…等。可以發現提高精度和運算效能會有相對關係，並體會並非高精度＝最好，反倒適用最好。

7-13-1 文件單位

單位影響模型轉檔穩定度，單位選用要與來源文件一致。

輸出時能告知對方模型單位或知道那些格式可以設定選項單位，例如：ACIS、STL、VRML…等。

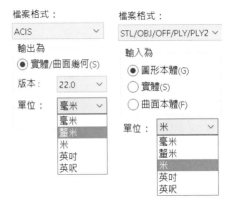

7-13-2 圖形表示法

選項定義圖形表示法，若定義對應不好容易產生邊界對應不相容情形，例如：IGES 選項的 Trimmed Surface、Bounded Surface 的對應，會產生圓角邊線相鄰面零碎。

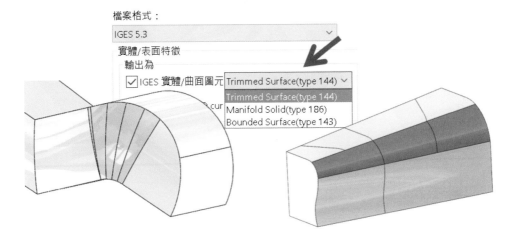

7-13-3 檔案格式版本配合不上

轉檔格式都有版本記錄，例如：Parasolid 28、ACIS 22.0、DWG 2013、IGES 5.3…等，每套軟體支援版本不一定。

依經驗法則某些軟體 Parasolid 18 版相容性會更好，這種 know how 方式不見得每個模型適用，且隨著環境會改變，所以聽聽就好。

隨著繪圖核心公司與標準格式協會，不斷定義出更完整的圖元類型，版本越高支援的圖元資訊或產業會越多。原則上越高版本功能越好，還是要確認對方軟體是否和你支援的版本一樣，還好可以向下切換讓對方相容。

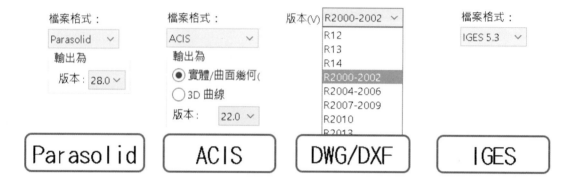

7-13-4 曲面品質

有造型的曲面模型，為了要控制曲線和曲面的連接平順，會利用工具判斷連續性，因為這些很難用肉眼查看結果。SolidWorks 提供了：1.草圖的**曲率梳形**、2.面的**斑馬紋**、3.面的**曲率**來檢查連續性。

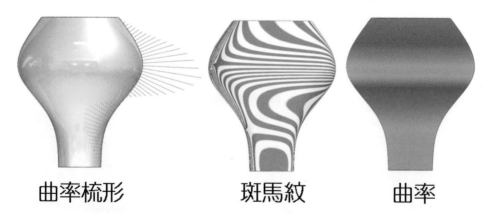

曲率梳形　　　　　斑馬紋　　　　　曲率

曲面指令中，設定邊線（箭頭所示）連續性，該設定就是 2 面之間連續情形：G0 接觸、G1 相切、G2 曲率連續，數字越高連續性越好，代表面之間不容易存在縫隙。

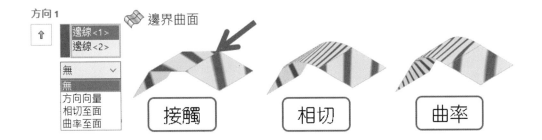

7-13-5 公差和精度設定

於指令中設定公差,或利用提高精度項目讓品質提升。至於物質特性、量測提高精度,僅顯示模型計算精度,不會影響模型轉檔,因為這些指令不是特徵。

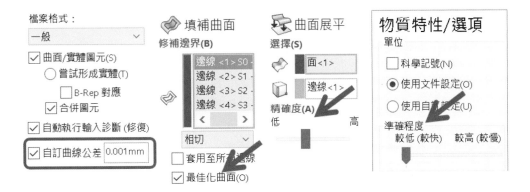

模型輸入

本章詳細說明檔案格式觀念，利用開啟舊檔右下方檔案類型清單，依序說明格式用處，直覺看出支援能力。

所有軟體這部分最簡單認識，即便在零件、組合件、工程圖，開啟舊檔清單全相同，不像另存新檔還有分不同文件，檔案類型清單會不一樣。

SolidWorks 支援格式不只在清單中，本章最後介紹額外的作業來增加輸入格式：附加、輸入幾何。

絕大部分的組合件輸入，皆為組合件形式，只有部分格式會以零件呈現，這部分才會特別說明。

每個檔案格式都有版本支援，統一整理到第 32 章 SolidWorks 輸出輸入附錄。

零件 (*.prt;*.sldprt)
組合件 (*.asm;*.sldasm)
工程圖 (*.drw;*.slddrw)
DXF (*.dxf)
DWG (*.dwg)
Adobe Photoshop Files (*.psd)
Adobe Illustrator Files (*.ai)
Lib Feat Part (*.lfp;*.sldlfp)
Template (*.prtdot;*.asmdot;*.drwdo
Parasolid (*.x_t;*.x_b;*.xmt_txt;*.xmt_
IGES (*.igs;*.iges)
STEP AP203/214 (*.step;*.stp)
IFC 2x3 (*.ifc)
ACIS (*.sat)
VDAFS (*.vda)
VRML (*.wrl)
Mesh Files(*.stl;*.obj;*.off;*.ply;*.ply2)
3D Manufacturing Format (*.3mf)
CATIA Graphics (*.cgr)
CATIA V5 (*.catpart;*.catproduct)
SLDXML (*.sldxml)
ProE/Creo Part (*.prt,*.prt.*;*.xpr)
ProE/Creo Assembly (*.asm;*.asm.*;*.
Unigraphics/NX (*.prt)
Inventor Part (*.ipt)
Inventor Assembly (*.iam)
Solid Edge Part (*.par;*.psm)
Solid Edge Assembly (*.asm)
CADKEY (*.prt;*.ckd)
Add-Ins (*.dll)

零件 (*.prt;*.sldprt)

開啟 ▼   取消

SolidWorks

8-1 SolidWorks 檔案（*.sldprt、*.sldasm、*.slddrw）

預設以 SolidWorks 零件、組合件及工程圖格式開啟，可以一次完整看出資料夾所有的 SolidWorks 檔案，軟體會將自家格式擺在首項。

8-1-1 快速濾器

適用資料夾有大量檔案，節省找尋檔案時間，不必由小縮圖查看為模型的組合。

於開啟舊檔視窗下方，以按鈕形式分別過濾：零件、組合件、工程圖和最上層組合件。例如：按下過濾組合件，僅顯示組合件來顯示它們。

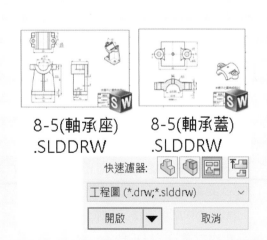

8-2 零件（*.prt、*.sldprt）

僅顯示 SolidWorks 零件格式，方便過濾並提高找尋效率。

PRT 、 SLDPRT 並列出現， PRT 為 SolidWorks 1995-1997 格式，保留先前格式讓未來版本可以讀取。

開啟 PRT 檔案後，儲存檔案副檔名維持 PRT，除非另存新檔才會為 SLDPRT。

8-3 組合件（*.asm、*.sldasm）

僅顯示 SolidWorks 組合件格式，方便過濾並提高找尋效率。

ASM 、 SLDASM 並列出現， ASM 為 SolidWorks 1995-1997 格式，保留先前格式讓未來版本可以讀取。

開啟 ASM 檔案後，儲存檔案副檔名維持 ASM，除非另存新檔才會為 SLDASM。

8-4 工程圖（*.drw、*.slddrw）

僅顯示 SolidWorks 工程圖格式，方便過濾並提高找尋效率。

ASM 、 SLDASM 並列出現， DRW 為 SolidWorks 1995-1997 格式，保留先前格式讓未來版本可以讀取。

開啟 DRW 檔案後，儲存檔案副檔名維持 DRW，除非另存新檔才會為 SLDDRW。

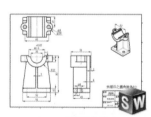

8-5 DXF（*.dxf）

　　DXF（Drawing Exchange Format）圖形交換格式，副檔名*.DXF。由Autodesk自行開發交換格式，由於市占率高，坊間軟體可以雙向 DXF 輸入和輸出，所以互通性不用懷疑。

　　DXF 擁有跨版次優點，不像 DWG 有版本相容性問題。所有軟體商無不想辦法提高 DWG 相容性，隨著軟體演進，DXF 使用率因這方面就大大降低。

　　DXF 也可以是 2D 或 3D。2D CAD 完成的 3D DXF，SolidWorks 輸入就為 3D 模型，很可惜由 DXF/DWG 副檔名看不出是 3D 還是 2D 格式。

1(軸承座).DXF

　　本節簡單說明 SolidWorks 對 DXF/DWG 互通，換句話說 SolidWorks 和 DraftSight 的整合互通。

　　關於 DXF/DWG，將於《SolidWorks 專業工程師訓練手冊 [12]-逆向工程與特徵辨識》中介紹。

8-5-1 DXF/DWG 輸入精靈

　　開啟會出現 DXF/DWG 輸入視窗，又稱 DXF/DWG 輸入精靈，一步步引導輸入至 SolidWorks 零件或工程圖中。

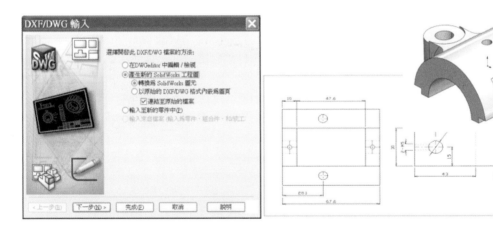

8-5-2 插入圖塊

拖曳 DXF/DWG 到零件繪圖區域，會以插入圖塊呈現，將圖塊放置指定的模型平面或基準面，若沒有選擇面將以前基準面放置。

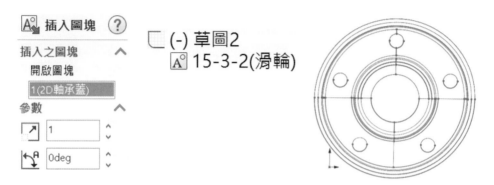

8-5-3 複製貼上 DXF/DWG

在 DraftSight 將圖形複製→直接貼到 SolidWorks 草圖或工程圖中。對於已繪製過的圖形，不必由 SolidWorks 重新繪製。

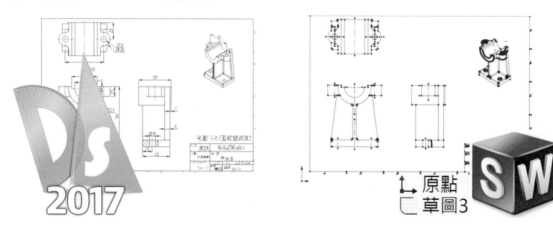

8-5-4 插入 DXF/DWG 檔案到零件

將完整檔案，插入至零件平面或工程圖，常用於 2D 轉 3D 作業或模型面上產生特徵。

步驟 1 零件點選要插入 DXF/DWG 平面，例如：前基準面

步驟 2 插入→DXF/DWG

步驟 3 於開啟舊檔視窗選擇要插入的檔案→↵

步驟 4 進入 DXF/DWG 精靈→完成

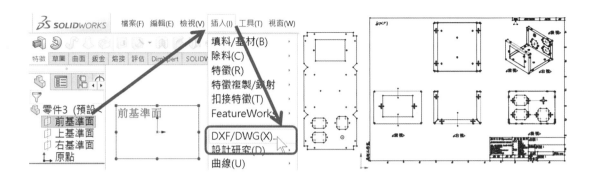

8-5-5 DXF 3D

開啟 DXF 檔案過程,利用 DXF/DWG 輸入精靈,1.輸入至新零件→2.3D 模型→3.完成。從 DXF 抽取 ACIS 資訊輸入至零件,讓 DXF 為 3D 模型呈現。

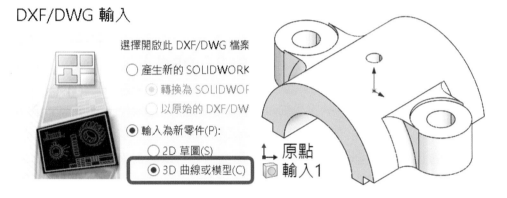

8-5-6 DXF 資料結構

DXF 結構分為 ASC II 和二進位格式,可以透過記事本來觀看並修改。

8-5-7 DXF 支援

SolidWorks 支援最舊版 DXF/DWG R12,若 DWG 檔案版本過舊而無法輸入,使用 DraftSight 開啟。

8-6 DWG（*.dwg）

AutoCAD 為全世界使用率最高的軟體，所產出 DWG 最廣為應用。DWG 為 1970 年代 Interact CAD 軟體，Autodesk 於 1982 年取得版權為 AutoCAD 檔案格式，DWG 已成為 CAD 數據交換標準。

所有競爭對手皆以 DWG 作為數據交換格式，使用的函數庫為 Open Design Alliance（ODA），非營利協會對 DWG 進行逆向工程得到技術與反托拉斯法的保護，對於 DWG 的支援是可以的。

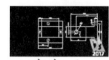

1(底座).dwg

關於 ODA 說明於 DraftSight 書中介紹，DWG 說明與上節 DXF 相同，不贅述。

8-7 Adobe Photoshop Files（*.psd）

PSD 為 Photoshop 圖片格式，是 CAD 整合 CG 最好的證明。未來請別人設計 Logo 或型錄，除了請對方轉成圖片檔（JPG、TIF）之外，記得把 PSD 或 AI 原始檔要回來。

比較特殊的必須在零件先指定基準面或模型面，才可以輸入 PSD 檔案。PSD 輸入過程可以選擇圖層，選擇過程可以看到預覽，選擇單層或多圖層輸入，圖層觀念和工程圖相同。輸入後 PSD 會附加在草圖之下，成為草圖圖片。

8-7-1 零件輸入 PSD

於零件將 PSD 檔案套入指定面，草圖必須為平面，若選擇曲面無法開啟 PSD 檔案。

步驟 1 選擇基準面或模型面

步驟 2 開啟舊檔選擇 PSD

步驟 3 選擇圖層（如果有的話）

步驟 4 草圖圖片中，設定大小

步驟 5 看到 PSD 在模型面上

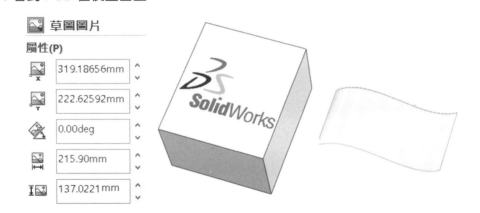

8-7-2 工程圖輸入 PSD

在工程圖本身就是平面環境，可以直接用開啟舊檔開啟 PSD 檔案，非常簡單。

8-7-3 PSD 支援

SolidWorks 2008 開始支援 PSD 輸入與輸出。零件或組合件開啟 PSD 檔案前必須先選面，工程圖就不必選面，因為工程圖就是 XY 平面。

8-8 Adobe Illustrator Files（*.ai）

AI 為 Illustrator 向量格式，支援 AI 輸入是 CAD 整合 CG 最好證明。將 AI 圖形輸入至 SolidWorks 草圖中（預設放置在前基準面），進行後續特徵，通常是圖案或 LOGO。

未來請別人設計 Logo 或型錄，除了請對方轉成圖片檔（JPG、TIF），記得把 PSD 或 AI 原始檔要回來。AI 檔開啟和 PSD 不同，PSD 可指定面作為輸入位置，AI 不行，可以把 AI 操作如同開啟 STEP 模型來想。

8-8-1 AI 支援

要安裝 Illustrator CS3 以上版本才可輸入 AI 檔，否則會出現提示視窗。安裝後必須啟動 Illustrator 才可以用 SolidWorks 開啟 AI 檔。有些版本 SolidWorks 開啟 AI 檔案，系統會自動啟動 Illustrator。

如果打不開 AI 檔，那代表 SolidWorks 或 AI 版本不支援，可以在儲存 Illustrator 過程降低 Illustrator 版本。目前最新版本的 Illustrator CC，SolidWorks 2017 不支援。

若無法開啟 AI 檔或開啟後需要更好的圖形，由 Illustrator 轉存（不是另存新檔，也不是存檔）功能，將 Illustrator 轉換成其他格式，例如：DXF。

由 SolidWorks 輸入過程，看能不能透過 DXF/DWG 輸入選項，將圖形調整良好狀態。

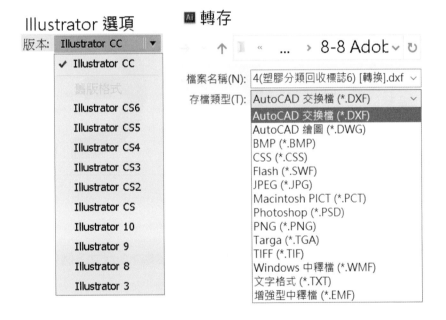

8-9 LiB Feat Part（*.lfp、*.sldlfp）

SLDLFP（Library Feature Part）是 SolidWorks 特徵庫格式，LFP 取英文單字縮寫。將一個或一組常用特徵，儲存於資料庫方便日後重複使用。製作好的特徵庫，於特徵下方會出現 L 圖示，代表該特徵已轉為特徵庫。

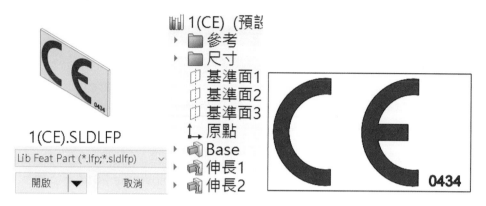

特徵庫就像圖塊一樣，該檔案沒有限定儲存位置，只要拖曳特徵庫到零件面上即可，會在特徵管理員出現類似書架圖示。

8-9-1 特徵庫應用

特徵庫產生過程可看出控制範圍：1.位置、2.模型組態、3.尺寸，例如：鑰匙孔很常使用，將它製作特徵庫，未來就不要重新繪製。

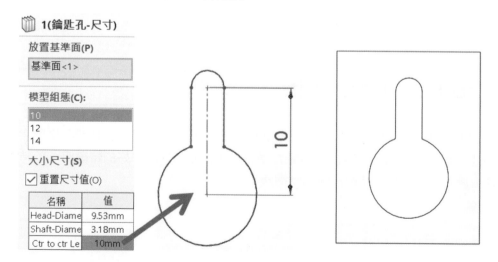

8-9-2 特徵庫預設位置

由開啟舊檔切換 LiB Feat Part 後，系統會自動帶到預設位置：C:\ProgramData\SOLIDWORKS\SOLIDWORKS 2016\design library，你不想這麼麻煩可以在選項指定特徵庫位置。

8-9-3 特徵庫存取

特徵庫有 2 個地方存取：1.檔案總管、2.工作窗格之 design library，系統內建許多特徵庫。

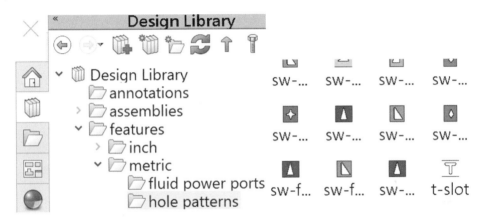

8-9-4 SLDLFP 支援

特徵庫為獨立且依附在模型，在新版軟體使用特徵庫並儲存模型，不會將特徵庫檔案轉換為目前版本。例如：特徵庫為 SolidWorks 2010 建立，在 SolidWorks 2017 零件使用該特徵庫，該零件存檔後，特徵庫還是 2010 版本。

為了穩定、效率、功能性，建議將特徵庫升級為新版本，新特徵庫有新功能，既然你已經想到用特徵庫，代表要的是節省時間，相信你願意強化特徵庫。

特質庫無法插入特徵庫，否則會出現訊息：特徵庫的特徵，無法插入在特徵庫零件之中。

8-10 Template（*.prtdot、*.asmdot、*.drwdot）

Template 是 SolidWorks 範本，DOT（Document Template）縮寫，範本包含零件、組合件和工程圖，導入 PDM 的必備文件。會用開啟舊檔來開，都是用來修改，實務上很少開它，通常由開啟新檔直接載入範本來編輯，之後另存新檔為範本。

以零件範本製作為例，1.原點打開→2.等角視→3.單位＝毫米，這 3 項作業最常使用，所以完成以上作業後→另存新檔，儲存為零件範本。

8-10-1 選擇 SolidWorks 預設範本

開新檔案進入新 SolidWorks 文件視窗，選擇預設的零件、組合件以及工程圖範本。

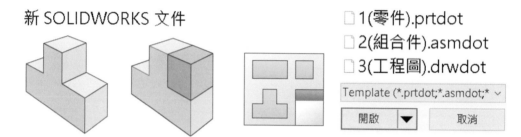

8-10-2 編輯範本

範本記憶文件屬性設定，依不同文件有所差異，編輯範本可以提高效率、維持文件穩定、多樣性。

工程圖範本是比較常討論的議題，常用來維持製圖原則。

8-10-3 指定預設範本位置

於系統選項設定預設範本檔案位置，預設位置是 SolidWorks 範本，當你修改後，記得另存為不同路徑，以組織你的範本。

8-11 Parasolid（*.x_t、*.x_b、*.xmt_txt、*.xmt_bin）

Parasolid 是 SolidWorks 繪圖核心，支援格式有 4 個，又分成兩組：1.X_T、X_B、2.XMT_TXT、XMT_BIN。

這因應有些軟體轉出的格式不見得是 X_T 而是 XMT_TXT，SolidWorks 也可開得起來，比較常見的為 X_T。

8-11-1 Parasolid 資料結構

Parasolid 結構分為 ASCⅡ和二進位格式，可透過瀏覽器觀看並修改。

```
**ABCDEFGHIJKLMNOPQRSTUVWXYZabcdefghijklmnopqrstuvwxyz***
**PARASOLID !"#$%&'()*+,-./:;<=>?@[\]^_`{|}~0123456789***
**PART1;
MC=x86;
MC_MODEL=x86 Family 6 Model 23 Stepping 10, GenuineIntel;
MC_ID=unknown;
OS=Windows_NT;
OS_RELEASE=unknown;
FRU=Parasolid Version 21.0, build 275, 11-13-2009;
APPL=SolidWorks 2010-2010018;
SITE=;
USER=unknown;
FORMAT=text;
GUISE=transmit;
KEY=8-12(SW Square);
FILE=8-12(SW Square).x_t;
```

8-11-2 Parasolid 組合件輸入

Parasolid 組合件是一個檔案，這代表未來遇到組合件要轉檔，不必一個個零件分別轉。自 SolidWorks 2015 開啟組合件轉檔模型，輸入效能有很大改善，開啟過程不會儲存零件至磁碟中，而是記錄在電腦記憶體中，換句話說不會再見到產生檔案視窗。

好處可避免開啟過程不斷儲存，最後只是看看又不要時，很浪費時間的。絕大部分看過後再決定是否要存檔，若要儲存，檔案位置就會和你所開啟的 Parasolid 組合件相同。

於特徵管理員看出模型皆為固定，因為模型轉檔過程，已經把組合件的結合條件移除，如果要讓它運動必須重新組裝，不然就要等未來 Parasolid 版本是會支援這部分。

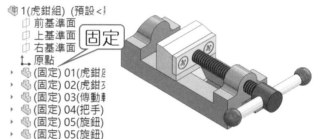

8-11-3 保留模型名稱

組合件中的模型名稱輸入時均被保留，可以看出當初的檔案命名。特別是有檔案命名原則，它可以用來溝通的識別。

01(虎鉗座).sldprt

1(虎鉗組).SLDASM

02(虎鉗夾).sldprt

03(傳動軸).sldprt

04(把手).sldprt

8-12 IGES（*.igs、*.iges）

IGES 是最常見的共同格式，支援副檔名：IGS、IGES，相信經常切會到這裡的選單。

開啟這些轉檔格式觀念有很多相同，STEP 組合件輸入和 Parasolid 一樣，本節不贅述。

1(泡棉).IGS

8-12-1 IGES 資料結構

IGES 結構分為 ASC II 和二進位格式，可以透過觀看並修改。

8-12-2 IGES 報告檔

輸入 IGES 正確會產生報告檔 RPT（Report），不論處理成功或失敗都會有這份報告。該檔案與輸入同一資料夾，列出 IGES 處理資訊，可以刪除這份報告，不會影響關連性。

報告檔可以由記事本或 IE 瀏覽器開啟，內容相當具有參考價值，幫助你看出 IGES 內容與資料。只有 IGES、STEP、ACIS 或 VDAFS 才會產生報告檔。

報告檔分成：標題、一般資訊、圖元處理資訊、圖元摘要以及結果摘要，本節簡單說明。

A 標題

於報告檔最上端，記錄處理 IGES 程式名稱，有問題無法處理也會在標題下方顯示。例如：看到 SolidWorks 版本。

B 一般資訊

看出 IGES 檔名、轉檔系統、接收系統、單位...等。

傳送系統產品 I.D.：六角螺帽-M8.SLDPRT

接收系統產品 I.D.：六角螺帽-M8.SLDPRT

檔案名稱：D:\第 03 章模型轉檔觀念\3-11-1(六角螺帽).IGS

傳送系統：SolidWorks 2010

Preprocessor Version：SolidWorks 2010

檔案產生日期：100219.143652

模型產生日期：100219.143652

單位：MM

模型空間比例：1

C 圖元處理資訊

記載有效位數、與原點的最大距離...等資訊。

Precision analysis of IGES file：

Most prevalent number of significant digits：10

Highest number of significant digits：10

Average number of significant digits：6.35784

與原點的最大距離：1005.59

D 圖元摘要

說明圖元名稱、轉換與實際轉換數量，看出哪種圖元在轉換過程中遺失，讓心中有底。

類型名稱	轉換的數量
100 Arc	20 20
110 Line	60 60
116 Point	8 8

E 結果摘要

在報告尾端，得知 SolidWorks 特徵類型與數量，以及處理的時間。

SolidWorks 特徵類型	數量
實體特徵	1
曲面特徵	0
曲線/草圖特徵	0
開始時間: 星期五, 二月 19, 2010 17:36:07	
完成時間: 星期五, 二月 19, 2010 17:36:07	
處理時間: 0 days, 00 hours, 00 mins, 00 secs	

1(虎鉗組).rpt

8-13 STEP AP203/214（*.step、*.stp）

STEP 是常見格式，支援副檔名：STEP、STP。STEP 資料結構和轉換能力較 IGES 嚴謹，開啟時支援 AP203/214。

依 STEP 模型內部 AP 碼為開啟轉換依據，所以檔案類型並不需分開讀取 AP203 或 AP214。

STEP 組合件輸入和 Parasolid 一樣，本節不贅述。

1(軸承蓋).STEP

8-13-1 STEP 資料結構

STEP 結構分為 ASCⅡ 和二進位格式，可以修改。

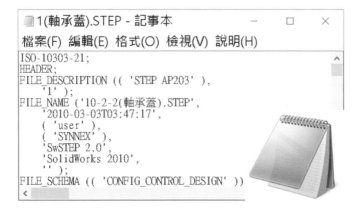

8-13-2 STEP 錯誤報告檔

開啟 STEP 時如發生錯誤，會產生報告檔案*.ERR。STEP 僅有錯誤報告檔，不像 IGES 無論轉換結果為何都有轉換報告。

8-13-3 STEP 支援

AP214 可以支援色彩，實務上常轉 AP214 給對方，至少給對方感覺是彩色的。

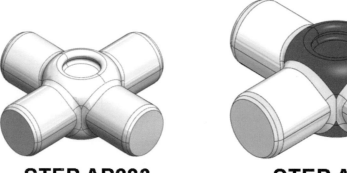

STEP AP203　　　　　　　**STEP AP214**

8-14 IFC 2x3（*.ifc）

IFC（Industry Foundation Classes）工業基礎分類，將模型根據 BIM（Building Information Modeling）建築資訊模型進行轉換。就像零件、組合件、工程圖轉 DWG 為機械工程的標準。

IFC 由 buildingSMART 制定和維護，將 IFC 註冊成為國際標準 ISO 10303-21，目前 IFC 有 2 種常用格式：IFC2X3、IFC4。由記事本看出 IFC 內部資訊，IFC 2x3 支援簡單投影或特徵小平面或曲線資料，但不支援 Brep 資料。

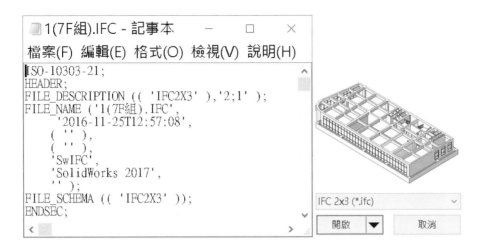

8-14-1 IFC 版本

於 1997 年 1 月發布 IFC 1.0，隨後陸續發布了幾個更新版本。

IFC4 ADD2（2016 年 7 月）、IFC4 ADD1（2015 年 10 月）、IFC4（2013 年 3 月）

IFC2x3（2006 年 2 月）、IFC2x2（2003 年 7 月）、IFC2x（2000 年 7 月）…IFC1.0（1997）

8-14-2 buildingSMART

buildingSMART 於 1994 年成立，定義 IFC 標準的非營利組織，集合供應商制定開放的國際標準，讓供應鏈有效率協同作業，完成產品生命週期。2005 年部分成員感到 IAI 名字太漫長，故改名 buildingSMART。

該組織由 2 個小組進行認證流程：1.模型支持小組（Model Support Group，MSG）、2.實行支持小組（Implementation Support Group，ISG）。

buildingSMART，前身為國際交換聯盟（International Alliance for Interoperability，IAI），宗旨在建築業的產品資料交換，制定 IFCS 中立標準讓用有 BIM 建築資訊模型的軟體商使用。

關於 buildingSMART，請上www.buildingsmart-tech.org。

8-14-3 何謂 BIM

在產品生命週期中，CAD 模型呈現建築所需資訊的一種技術。用 SolidWorks 把建築物畫出來，該模型提供充分的建築計算工程資料依據。

BIM 包含多種表達型式：建築的平面、立面、剖面、詳圖、立體視圖、透視圖、材料表、計算每個房間採光照明效果、所需要空調通風量空調電力消耗等等。

其實 BIM 不僅用在建築工程，最早由機械、設備、加工製造導入成功。3D 模型資訊與軟體相關應用，多年來已經發展成熟，但在營造業雖有進展卻相對緩慢。

8-14-4 檔案屬性

於 SolidWorks IFC 模型中，進入檔案→屬性→自訂，可以見到 IFC 資料。

摘要資訊

摘要　　自訂　　模型組態指定

	屬性名稱	類型	值 / 文字表達方式	估計值
1	Description	文字	IFC2X3	IFC2X3
2	ImplementationLev	文字	2;1	2;1
3	Name	文字	1(7F組).IFC	1(7F組).IFC
4	TimeStamp	文字	2016-11-25T12:57:08	2016-11-25T1
5	Author	文字		
6	Organization	文字		
7	PreprocessorVersio	文字	SwIFC	SwIFC
8	OriginatingSystem	文字	SolidWorks 2017	SolidWorks 20
9	Authorization	文字		
10	SchemaIdentifiers	文字	IFC2X3	IFC2X3

8-15 ACIS（*.sat）

ACIS 是 AutoCAD、MasterCAM、MicorStation...等繪圖核心格式，SolidWorks 支援格式為 SAT、SAB，SAB只是沒寫出來。

依經驗法則，Pro/E 檔案對 SolidWorks 相容性不好時，轉 SAT 給 SolidWorks 讀取是解決方案。

這些轉檔格式觀念有很多相同，ACIS 組合件輸入和Parasolid 一樣，本節不贅述。

1(彎管).SAT

8-15-1 ACIS 資料結構

ACIS 結構分為 ASC II 和二進位格式，可以觀看並修改。

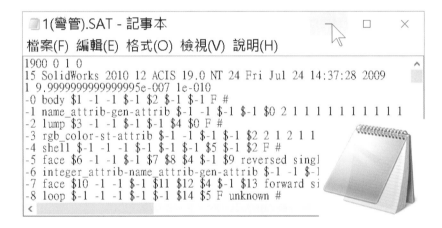

8-15-2 ACIS 錯誤報告檔

開啟 SAT 時如發生錯誤，會產生報告檔案 ERR，列出所發生的錯誤或不支援的圖元。

8-16 VDAFS（*.vda）

VDAFS（Verband Der Automobilindustrie / Flächenschnittstelle）德國汽車工業協會，該協會定義曲面交換檔案格式。

1986 年成為德國（DIN）國家標準，但 1990 年由 STEP 所取。VDAFS 也有人稱 VDA-FS 或 VDA，不過 VDA 比較多人稱呼。

特色是應用領域較窄，只處理曲面數據交換，不支援組合件、工程圖，SolidWorks 對 VDAFS 資訊並不多。

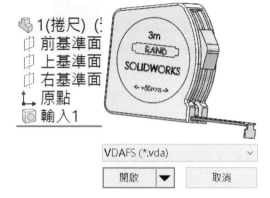

8-16-1 VDA 資料結構

VDA 結構分為 ASCⅡ和二進位格式，透過記事本觀看並修改。

8-16-2 VDAFS 錯誤報告檔

開啟 VDA 發生錯誤，會產生報告檔案 ERR，列出所發生的錯誤或不支援的圖元。

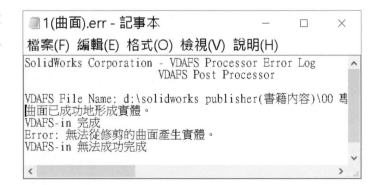

8-17 VRML（*.wrl）

　　VRML(Virtual Reality Modeling Language)虛擬實境模型語言，副檔名*.VRML、*.WRL、*.WRZ。VRML 是網路 3D 圖形開放格式（WEB 3D）是 ISO 標準，屬 ASCⅡ形式與現在流行的 VR 所支援格式相同。

　　VRML 非 CAD 用途，所以沒有起伏曲面，所有面都是平坦構成，有點像網格。現今網路頁面 HTML 幾乎為圖片和文字所構成，近年來 Flash 動畫來將圖片轉成動畫型式，以及線上影音在網頁上播放動態效果。

　　VRML 也可以讓 RP 快速成形機讀取，製作出實體來，與 STL 都是由多邊形網格資料所建構完成，可和 RP 設備進行交換。

　　所輸入都為圖形僅能檢視，若要實體可為工程應用，在輸入選項設定-實體。VRML 轉換程式嘗試將多面體縫合成一個實體。

8-17-1 VRML 資料結構

　　VRML 結構分為 ASCⅡ和二進位格式，可透過記事本觀看並修改。

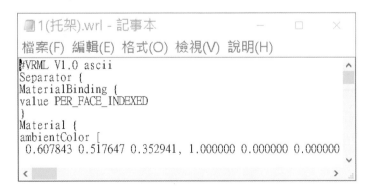

8-17-2 VRML 檔案皆為零件

就算是組合件轉換 VRML，輸入皆為零件。

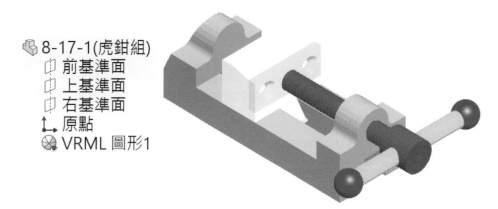

8-17-3 檔名加上格式

開啟後的檔案名稱會加上 WRL，例如：1(頭骨).wrl➔1(頭骨).wrl.sldprt。如果要看網格效果，VRML 可以表現出來。

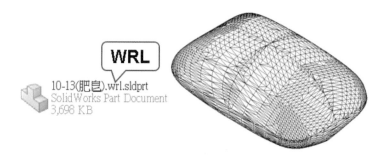

8-17-4 WEB 3D 應用

取代以往靜態圖片以及平面動畫，藉由互動 3D 介面開發衍生性應用：電子商務、虛擬實境、電影以及軟體操作（直接捏塑模型）…等。

目前最夯的觸碰螢幕透過直覺式的點選，將網頁上 3D 模型直接把玩，大部份 3D 軟體可以將所建構模型輸出成 VRML 格式，讓編寫程式人員進行額外處理。

SolidWorks 有許多與 VRML 類似格式，例如：3D XML、HOOPS、HCG…等，它們共通性不需要實體模型結構和準確度，只在於圖形表達，當然執行速度會跟著提高。

圖片來源：YouTube

8-18 Mesh Files（*.stl、*.obj、*.off、*.ply、*.ply2）

輸入含網格資料的掃描檔案。自 SolidWorks 2017 開始無需使用 Scan to 3D 附加程式，可以輸入網格檔：OBJ、OFF、PLY、PLY2，Scan to 3D 為 SolidWorks Professional 內的模組。換句話說 SolidWorks Standard 可直接輸入掃描檔案，因應 Windows 8.1 帶來 3D 列印的 3D Builder 軟體支援格式相通。

SolidWorks 2017 之前於開啟舊檔的檔案格式為 STL，且*.obj、*.off、*.ply、*.ply2 本章後面還有介紹，本節以 STL 為主介紹。

STL(Stereo Lithography)立體平版印刷，副檔名 *.STL、*.STP。STL 以三角網格切割模型，應用在快速成形 RP、逆向工程掃描、CAE 分析…等逆向工程設備。三角網格不容易破面、沒有色彩資訊、材質和紋路定義，所以讀取速度快，缺點：資料大。

STL 為 3D 印表機協會訂下的格式，近來 3D 列印專利解禁，裝置的應用大量冒出，3D 列印設備大量普及，STL 關注度也被重視。早期並不太說明 STL，因為大家幾乎接觸不到這些機器，現在說明 STL 格式，同學反應已經不一樣了。

8-18-1 STL 資料結構

STL 結構分為 ASCⅡ和二進位格式，可透過記事本觀看並修改。STL 由三角面構成，每面以 1 個向量（Normal）及 3 個頂點（vertices）座標表示。由以下資料得知，面向量座標以及三角形每一個頂點的 X、Y、Z 座標值。

每個三角面都有法線向量與頂點座標，好的三角面法線向量朝外且頂點接頂點，這樣的 STL 絕對沒問題。對 STL 結構有興趣，於維基百科輸入 STL 關鍵字，本書不再說明。

```
■ 1(斜座).STL - 記事本                        —    □    ×

檔案(F)  編輯(E)  格式(O)  檢視(V)  說明(H)

solid 5-9-2(斜座)~練習
    facet normal 5.000000e-001 8.660254e-001 4.930381e-032
        outer loop
            vertex 1.060358e+002 4.615626e+001 6.872728e+001
            vertex 1.033977e+002 4.767935e+001 6.465451e+001
            vertex 1.089510e+002 4.447313e+001 1.090684e+002
        endloop
    endfacet
```

8-18-2 STL 信任憑證圖示

STL 會有憑證信任清單 crypto shell extension 圖示 。Win 7 以前呈現信任憑證圖示，Win 8、Win10 以 3D Builder 代替。

10-14(肥皂).STL
憑證信任清單
9 KB

8-18-3 3D Builder

Windows 8.1、10 內建 3D Builder（3D 列印設計軟體），具有模型視覺化圖形處理與列印設定，可以列印到相容 Windows 3D 印表機，支援以下格式：STL、OBJ、3MF、WRL、PLY。

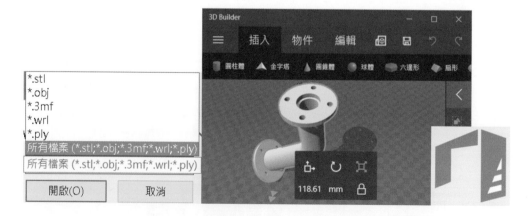

8-18-4 附加 Scan to 3D 的增加格式 📷

雖然 SolidWorks 2017 開始不需透過附加 Scan to 3D 就能得到 OBJ、PLY、OFF，不過附加 Scan to 3D 可得到更多的格式：3DS、XYZ、TXT、ASC、IBL。

8-18-5 STL 支援

輸入效能比以往大幅提高，若遇到大檔案輸入過程，系統會警告可能需要較長時間，可讓您選擇取消，可以輸入最多包含 500,000 個面塊。

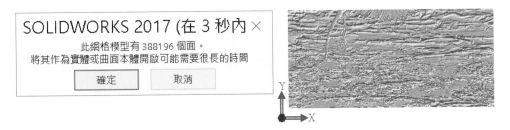

8-19 3D Manufacturing Format（*.3MF）

3D Manufacturing Format（3D 製造格式），3MF 是以製造為重點的附加檔案格式，搭配坊間 3D 印表機。Dassault 身為 3MF Consortium 創始會員，提供輸入及輸出 3MF，以 Windows 10 內建的 3D Builder 為例，於使用者\3D Objet 中有很多 3MF 檔案。

8-20 CATIA Graphic（*.CGR）

CatiA Graphics 是 CATIA 圖形檢視格式，CGR（Compressed Graphics Record）。能在 CATIA、CATweb、DMU Navigator 檢視，CGR 圖形比 STL 和 VRML 格式還平滑，動畫軟體常用它來溝通。CGR 為圖形檔僅能檢視，無法工程應用：量測、物質特性、剖面…等。

CATweb、DMU Navigator 這 2 種檢視器資訊相當貧乏，建議知道就好。

STL   **CGR**

| CATIA Graphics (*.cgr) | ∨ |
| 開啟 ▼ | 取消 |

8-20-1 CGR 檔案皆為零件

就算是組合件轉換 CRG，輸入皆為零件。

↳ 原點
🌀 CGR 圖形

8-21 CATIA V5（*.CATPART、*.CATPRODUCT）

SolidWorks 2017 可開啟 CATIA V5 的 CATPart（零件）、CATProduct（產品檔案＝組合件）。CATIA 為達梭系統 PLM 管理平台的核心，為最重要的軟體產品，常用於汽車、航太產業。

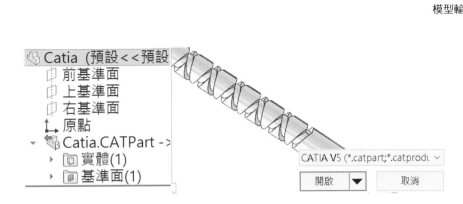

8-21-1 CATPRODUCT

CATIA 產品檔案如同組合件一樣，包含組合架下的零件才可以被開啟。

8-22 SLDXML（*.sldxml）

SLDXML（SolidWorks XML），將 SolidWorks 與 3DEXPERIENCE 3D 程式間互通，XML 可以在網路上協同設計交流。

3DEXPERIENCE 代表 SOLIDWORKS Industrial Designer（SWID），SolidWorks 工業設計師。該軟體為 SolidWorks 雲端產品，2015 年開放測試，於 2017 年 1 月截稿為止還無法進入該雲端軟體。

圖片來源：GoEngineer

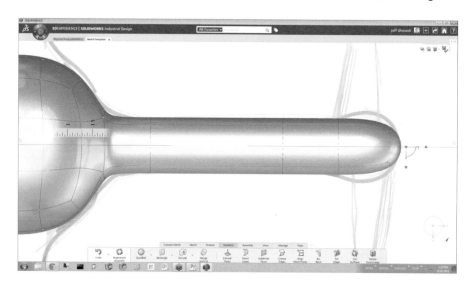

8-22-1 SLDXML 支援度

SLDXML 格式於 SolidWorks 2014 開始支援，SLDXML 選項於 SolidWorks 2017 支援。至 2017 年 1 月截稿為止，無法開啟 SLDXML 屬於 BUG，你可以由 eDrawings 開啟 SLDXML 檔案。

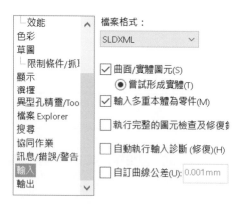

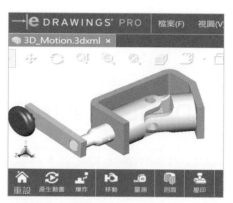

8-23 ProE/Creo Part（*.prt、*.prt.、*.xpr）

Pro/E Part 是 Pro/ENGINEER 或 CREO 零件檔案，支援副檔名：*.PRT、*.PRT.、*.XPR。PRT.X，X 為衍生版本序號，例如：Base.prt.1、Base.prt.2，都可被 SolidWorks 開啟，模型色彩可被轉檔辨識。

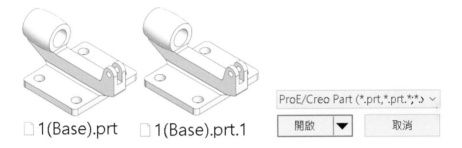

☐1(Base).prt　☐1(Base).prt.1

ProE/Creo Part (*.prt,*.prt.*;*.> ∨

| 開啟 | ▼ | | 取消 |

8-23-1 XPR

XPR 為零件瞬時加速器（Instance Accelerator）。Pro/E 零件使用族表（Family Table）必須包括 XPR，才可以在 SolidWorks 開啟。Pro/E 族表就像 SolidWorks 設計表格，可控制模型組態尺寸，例如：外六角螺絲規格都用設計表格控管。

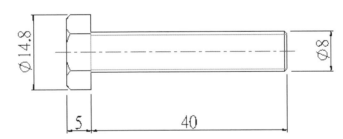

外六角螺絲 標稱尺寸▽	厚度 H@草圖1	螺栓外徑 D@草圖1	螺栓長度 L@草圖1	父子關係 $Parent	備註(成本) $COMMENT
M05	5	5	19		NT:1
M05*0.8P*012	5	5	19	M05	NT:1
M05*0.8P*025	3.5	5	25	M05	NT:1
M06	4	6	12		NT:1
M06*1P*012	4	6	12	M06	NT:1
M06*1P*015	4	6	15	M06	NT:1
M06*1P*016	4	6	16	M06	NT:1
M06*1P*025	4	6	25	M06	NT:1
M06*1P*030	4	6	30	M06	NT:1

8-23-2 Pro/E 專用轉檔程式

開啟 Pro/E 檔案會出現專用 Pro/ENGINEER 至 SolidWorks 轉換視窗，除了開啟檔案外，更能協助辨識 Pro/E 特徵至 SolidWorks 中。轉換視窗將於《SolidWorks 專業工程師訓練手冊[12]-2d to 3d 逆向工程與特徵辨識》中介紹。

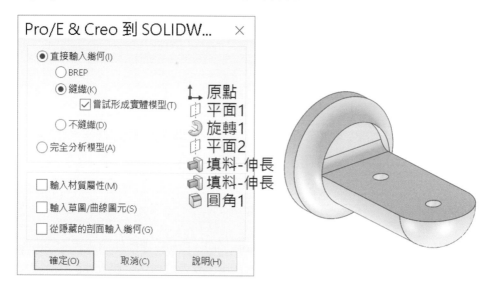

8-24 ProE/Creo Assembly（*.asm、*.asm.、*.xas）

Pro/E Assembly 是 Pro/ENGINEER 組合件檔案，支援 Pro/E *.ASM、*.ASM.、*.XAS。次組合件也可以支援，模型色彩都可辨識。

ASM.X，X 為衍生版本序號，例如：Clamp.asm.1、Clamp.asm.2。輸入 Pro/E 組合件必須包含 Pro/E 零件否則無法輸入，觀念組合件都一樣。

圖片來源：PTC 參數科技

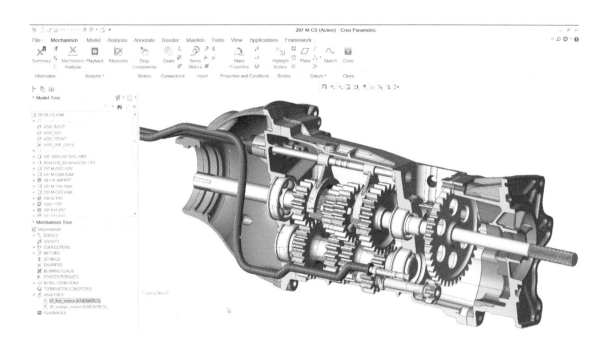

8-24-1 Pro/E 專用轉檔程式

　　開啟 Pro/E 檔案會出現專用的 Pro/ENGINEER 至 SolidWorks 轉換視窗，除了開啟檔案外，更能協助辨識 Pro/E 特徵和組合件的結合條件至 SolidWorks 中。

　　轉換視窗將於《SolidWorks 專業工程師訓練手冊[12]-2d to 3d 逆向工程與特徵辨識》中介紹。

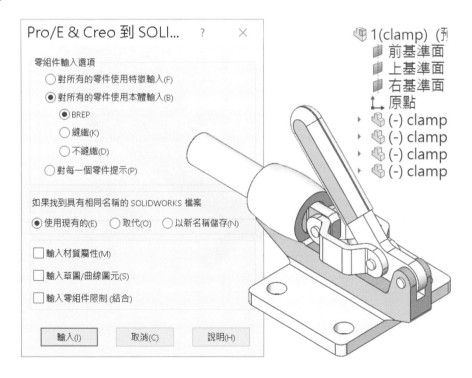

8-25 Unigraphics/NX（*.prt）

UG II 是 Unigraphics II 檔案，PRT 可以為零件或組合件，在副檔名無法區分零件或組合件。UG 改名為 NX 源自美國麥道波音航太公司，為資深 CAD/CAM/CAE 系統，許多知名汽車大廠及航太工業界等高科技產業所肯定，自 2007 年西門子公司收購 NX。

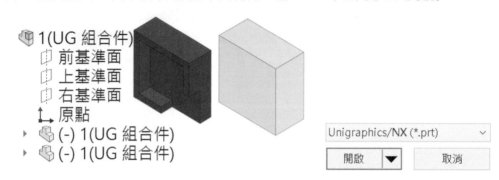

圖片來源：YOUTUBE Roman Legostayev

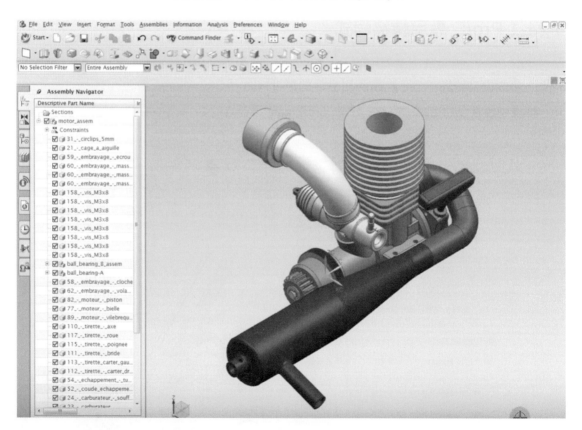

8-26 Inventor Part（*.ipt）

Inventor 零件可由 SolidWorks 直接輸入。Inventor 為 AutoDesk 公司推出，將原本 AutoCAD MDT 發展的 3D CAD 軟體。原則上要安裝 Inventor 主程式才能開啟模型檔案，簡單的說安裝 Viewer 可以開檔案、安裝主程式可辨識特徵。

8-26-1 Inventor View 檢視器

若你不方便安裝主程式，安裝 Inventor View 即可。到 Autodesk 官網找 Inventor View，安裝後不需執行該程式，就可以在 SolidWorks 開啟 Inventor 11 版以後的檔案。

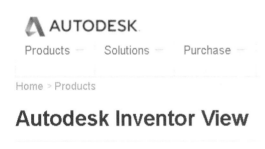

8-26-2 Inventor 轉換程式

電腦安裝 Inventor 主程式，開啟 Inventor 零件過程會出現 Inventor 至 SolidWorks 轉換程式，提供特徵和本體辨識。

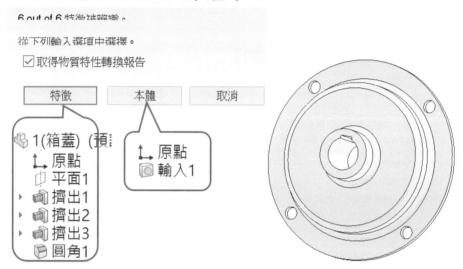

8-26-3 物質特性報告

轉換後會提供物質特性報告，分析：質量、體積、表面積的差異。原則上模型轉檔這些資訊都會掉，這就是誤差。

驗證先前所說，很多公司不願意用轉檔方式進行加工設計，要求統一軟體就是避免誤差發生，特別是精密工業。

SolidWorks 物質特性。

輸入的檔案：　　　　back flange.ipt

	SolidWorks	AutoDesk Inventor
質量	9.969609 Kg	10.044483 Kg
體積	0.001394 meter^3	0.001405 meter^3
表面積	0.186891 meter^2	0.187541 meter^2

8-27 Inventor Assembly（*.IAM）

Inventor Part 是 Inventor 組合件檔案，可由 SolidWorks 直接輸入。系統自動開啟組合件內部所有模型，並儲存在同一資料夾，不會問模型存放位置，組合件模型皆為浮動狀態。

Inventor 組合件說明和上一節相同，不贅述。

資料來源：mostafA besheer

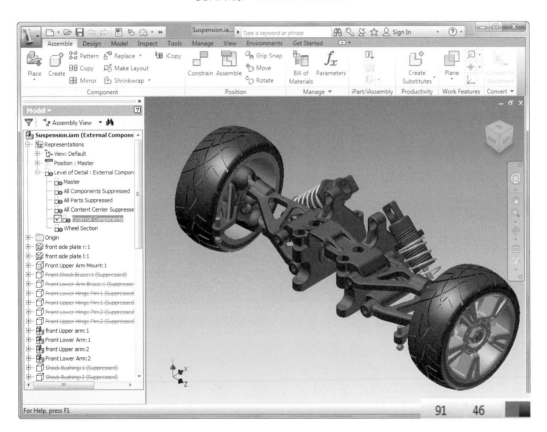

資料來源：http://cadsetterout.com/

8-28 Solid Edge Part（*.par、*.psm）

Solid Edge Part 是 SolidEdge 零件檔案，其中*.PSM 為 Solid Edge 鈑金零件。近日來 SolidEdge 是西門子的 CAD 軟體，該軟體佔有率逐漸提升，檔案格式也被廣泛詢問，將來會常遇到開啟這類檔案的需求。

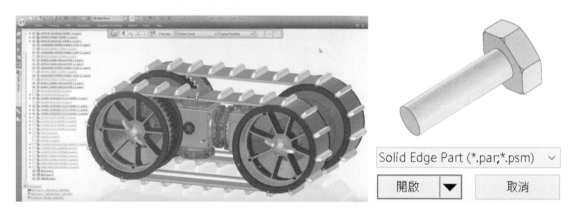

圖片來源：**Solid Edge** 敦擎科技

8-29 Solid Edge Assembly（*.par、*.psm）

Solid Edge Assembly 是 Solid Edge 組合件檔案。系統自動開啟組合件內部所有模型，並儲存在同一資料夾，不會問模型存放位置，組合件模型皆為浮動狀態。Solid Edge 組合件說明和上一節相同，不贅述。

8-30 CADKEY（ *.prt、*.ckd ）

由 SolidWorks 直接輸入 CADKEY 的 CKD 零件或組合件檔案。CADKEY 市面上不多見，常用在汽機車夾治具和 Pro/E 同一時期的產物。最初發布於 1984 年，可用於DOS，UNIX和Microsoft Windows等多種作業系統。

2003 年 10 月被日本 Kubotek 公司收購，CADKEY 發展為KEYCREATOR，第一個版本被運於 2004 年初。

圖片來源：https://i.ytimg.com/vi/7AB_45FpUeI/maxresdefault.jpg

8-31 Add-Ins（ *.dll ）

Add-Ins（附加程式）為資料庫 DLL（Dynamic Library Link），又稱外掛（插件）模組，將寫好的程式編譯成 DLL 後，利用開啟舊檔開啟 DLL 與 SolidWorks 整合在一起。

常遇到網路下載檔案，沒有 SETUP 或 INSTALL 安裝檔會以為檔案不完整，利用開啟舊檔來載入 DLL 還真沒想到。例如：開啟 GearTrax 2010.DLL，將該齒輪程式附掛在 SolidWorks 之下。

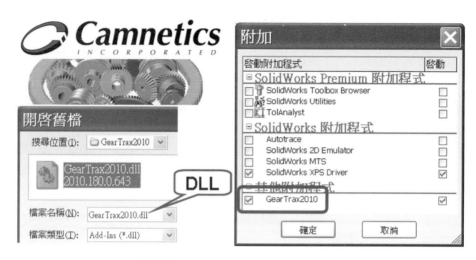

資料來源：http://www.camnetics.com

8-31-1 啟動附加程式

附加視窗的位置（工具→附加），☑SolidWorks Toolbox Brower Library→↵。在工作窗格的 Design Library 可以看到 Toolbox 被啟用。

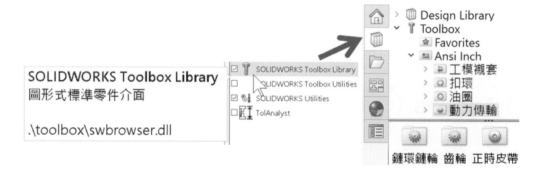

你也可以試試開啟 SwBrowser.dll（C:\Program Files\SOLIDWORKS Corp\SOLIDWORKS\Toolbox），出現載入訊息，就是用附加視窗☑SolidWorks Toolbox Brower Library 的結果相同。

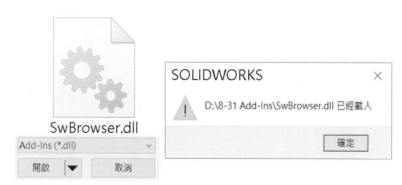

8-31-2 Add-Ins 支援

資料庫 DLL 也有版本之分，原則上對應版本才可以被開啟，例如：SolidWorks 2008 無法開啟 GEAR 2010.DLL 模組。

GEAR 2010.DLL　　無法啟動附加模組

8-32 IDF（*.emn、*.brd、*.bdf、*.idb）

IDF（Intermediate DatA Format）中繼檔案格式，不是經國號戰機呦。IDF 於 1992 年開發出來，因應 CAD 與 ECAD 電子電路整合，PCB 檔案可以由 SolidWorks 直接開啟。

PowerPCB、OrCAD、PSPICE、UltiCAP…等程式的檔案格式，SolidWorks 開啟*.EMN 時會自動搜尋電路板上模型檔，並以特徵形式可供編輯。SolidWorks 支援 IDF 電路格式，不難看出和電子電路的整合以下了功夫。

開啟 EMN 檔案過程會出現 CircuitWorks Lite IDF 輸入是床，提醒 CircuitWorks 會比 CircuitWorks Lite 功能還多，CircuitWorks Lite＝簡易版。

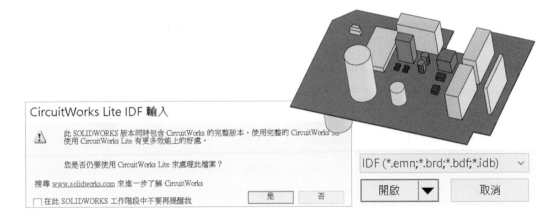

8-32-1 IDF 是文字檔

透過記事本可開啟 IDF，看出是由哪套軟體所轉出的 IDF。

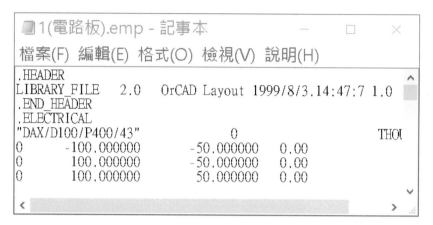

8-32-2 IDF 支援

CircuitWorks 的 IDF 只支援零件輸入。CircuitWorks Lite 提供輸入 IDF 2.0 及 3.0 檔案輸入，相較於完整版的 CircuitWorks 支援性會有所不同。

由於 CircuitWorks Lite 只提供上百件處理能力，500 多件模型輸入會花相當多時間。除非安裝 SolidWorks Premium 並附加 CircuitWorks 模組，處理效能才會加快。

8-33 Rhino（*.3DM）

Rhino 是 Rhinoceros 軟體（俗稱犀牛），SolidWorks 支援 3DM，常用於 CAID 工業設計、自由造型產品外觀模型的設計與製作。

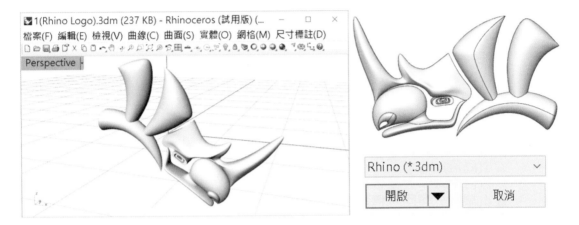

8-33-1 Rhino 支援

輸入 Rhino (*.3dm) 會產生多本體零件檔案，隨著版本演進，這些透過附加進來的格式會有所變化。例如：SolidWorks 2008，Rhino（*.3DM）必須透過附加才可被使用，於 2010 就當成預設格式。Rhino Logo 為 Rhinoceros 程式圖形，www.rhino3d.com/tw。

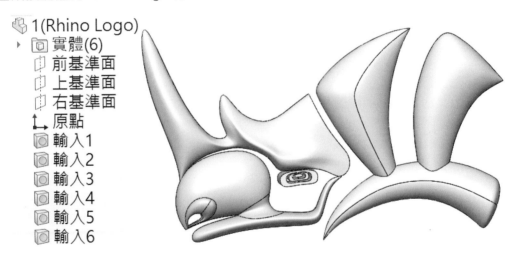

8-34 所有檔案

　　一次檢視所有格式，想看目前資料夾有哪些檔案，類似檔案總管環境，否則預設被 SolidWorks 檔案過濾當然就看不到了。

　　實務上會用 SolidWorks 開啟舊檔，點選要開啟的檔案，就沒用檔案總管以節省時間，或是誤以為資料夾沒有 PDF 檔案，利用所有檔案來顯示，甚至只是看小縮圖。

筆記頁

輸入選項

本章進行輸入選項作業，針對轉檔格式優化設定。有很多專業術語不容易理解，別擔心一定要全會，先看過一遍有概念就好，不清楚再回來翻閱就好。

轉檔發生問題誰會第一個想到設定問題，也不是所有格式都有選項可設定。其實輸入選項不難懂，要知道自己需求是什麼，例如：要實體、曲面或提高精度…等。模型輸入至 SolidWorks 後，系統會判斷模型結構並依輸入選項處理，這些設定將影響得到的模型資料。

為了講解方便，所有練習檔案皆為 IGES，避免使用多種格式造成講解混亂。除非有特別的輸入項目：STL/VRML、IDF 和 Rhino，才以該格式進行。

由於 SolidWorks 2016 和 2017 輸入選項在介面上有很大變革，還好內容沒有很大變化，本章說明之間差異，未來本章會獨立開來，不再集中一章講解。

9-0 輸入選項概論

本節強調輸入選項共通性，快速領讀並提高閱讀效率，避免每一節共通性重覆講解造成閱讀不便。比較重大的是 SolidWorks 2017 將輸入選項整合到系統選項中。

9-0-1 輸入選項標題

輸入選項擁有多項標題：一般、STL、VRML、Rhino...等，每個標題各自控制項目，由於 STL、VRML、IDF 設定項目很多類似，只要重複就不多介紹。

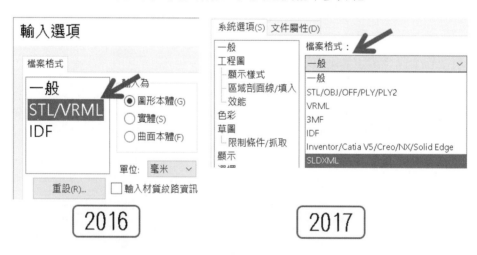

9-0-2 部分項目

Rhino 是獨立顯示，必須在開啟舊檔點選 Rhino→選項，才會有 Rhino 選項。

希望它能整合到轉檔格式，不過 2017 已經移除 Rhino 選項。

輸入選項

檔案格式

Rhino	在隱藏的 Rhino 圖層上的曲面/實體
	◉ 忽略
	○ 輸入為抑制的特徵
	○ 輸入為特徵

9-0-3 搜尋

利用右上方搜尋欄位找尋功能，例如：IGES，有時會忘記項目在哪，這太方便了。

9-0-4 重設

於輸入視窗左下角，按下重設鈕，將所有或目前選項回復到原廠預設值，迅速排除輸入設定問題，或要和對方使用相同設定，這是很好技巧。

實務上常用在：1.選項設定壞掉、2.以前轉檔好好的不知為何怪怪的、3.迅速指導對方回到預設會比較好。

9-0-5 一般選項快速領讀

分成 3 大區塊學習：1.實體曲面圖元、2.任意點/曲線圖元、3.其他。曲面/實體圖元與任意點/曲線圖元可以同時存在，可以其中一組存在，不能都不存在，否則無幾何輸入是無意義的。

☑ 曲面/實體圖元(S)
 ◉ 嘗試形成實體(T)
  ☐ B-Rep 對應
 ○ 縫織曲面(K)
 ○ 不縫織(D)
 ☐ 合併圖元

☐ 任意點/曲線圖元(F)
 ◉ 輸入為草圖(I)
 ○ 輸入為 3D 曲線(A)

☐ 輸入多重本體為零件(M)
☐ 執行完整的圖元檢查及修復錯誤
☐ 自動執行輸入診斷 (修復)(H)
☐ 自訂曲線公差(U): 0.001mm

單位
◉ 檔案指定的單位(F)
○ 文件範本指定的單位
IGES
 ☐ 顯示 IGES 層級(W)
STEP
 ☐ 對應模型組態資料(C

1   2   3

9-0-6 曲面/實體圖元和任意點/曲線圖元

控制模型為實體、曲面、任意點或曲線的輸入，這 2 者可以同時、擇一使用，不能同時關閉，同時關閉毫無幾何輸入，是無意義的。

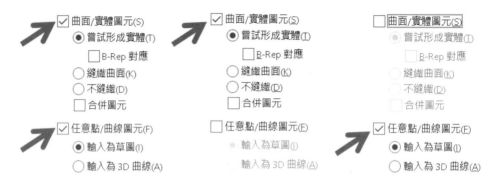

9-1 一般：曲面/實體圖元（預設開啟）

控制模型為曲面或實體輸入，強化模型品質，使用率最高的設定。

進行 2 大類控制：1.實體、2.曲面，2 者可擇一使用，不能同時關閉。同時關閉就毫無幾何輸入，無意義。

9-1-1 嘗試形成實體（預設開啟）

曲面模型為封閉狀態，系統會形成實體模型輸入。也可以設定是否 B-REP 對應，強化模型結構對應，若不了解 B-REP 對應，於輸入過程開啟或關閉看出結果即可。

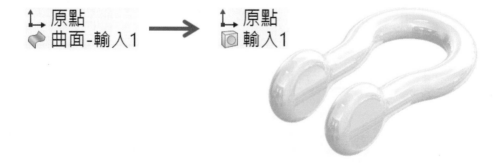

A B-REP 對應

使用 B-REP 邊界對應輸入模型，強化面之間連接（對應）關係，B-REP 對應會比縫織曲面處理速度還快，特別是複雜模型。不一定 B-REP 對應，輸入品質就會比較好或比較差。

9-1-2 縫織曲面（預設關閉）

強制模型為曲面輸入，並以縫織曲面將多個曲面合併成一個，會得到一整片面，讓模型精度提高，但不會由曲面形成實體。

曲面模型好處是速度快，對於分析或是加工來說都是蠻常用的。很多人希望模型為曲面，本項目提供良好的解決。

以前接案子要見客戶等待過程，先到的同行故意用 NB 在選項設定☑縫織曲面，告訴客戶這曲面很難改要花很長時間，客戶也同意這說法。後來筆者見客戶時，內心有掙扎一下，沒和客戶說這情形，避免擋人財路。

常遇到工程師不知選項設定，總認為模型開起來就是結果，長時間進行模型處理，就是公司沒人懂 CAD 或組織失能，這需要教育訓練來解決。

9-1-3 不縫織

強制模型輸入為不縫織的零碎曲面，對補破面最理想方式。常利用刪除面⊠，將不要的面靈活處理。實務上，模型無法開啟或有破面，不縫織讓模型先被開啟再說。

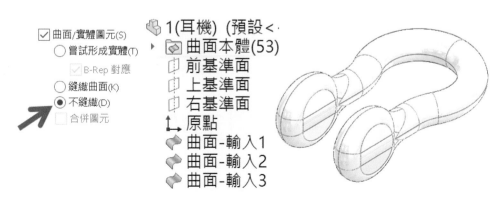

9-1-4 合併圖元

是否合併具有相同類型的面，特別是圓柱/圓弧面。與輸出選項 IGES5.3 的☑分割循環的面觀念相同。☑不縫織，無法控制合併圖元。

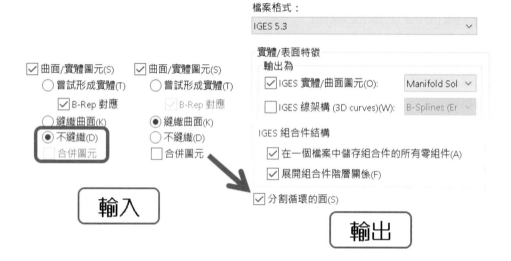

🅰 ☑合併圖元

得到一整片面，方便孔或圓柱邊線選擇。這部分很多人問，為何轉出來的模型無法得到完整的圓柱，這時就要在這裡設定。

🅱 □合併圖元

提高孔精度將圓柱面分割，得到 2 片圓柱面，常用在 CAE 網格分割如果剛好要該邊線的參考，這個選項是相當好的。

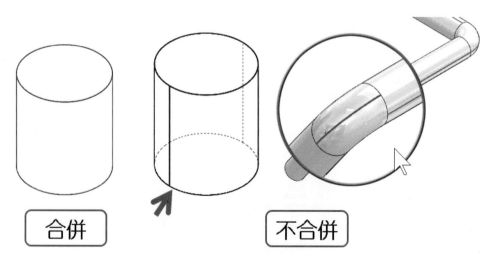

9-1-5 曲面/實體圖元支援

若輸出☐IGES 實體/曲面圖元,於輸入☑曲面/實體圖元,進行豐富設定無意義的。

9-2 一般:任意點/曲線圖元

控制模型是否包含草圖或 3D 曲線輸入,僅能選其中一個。本設定是需求,並非模型都需要草圖或曲線資料輸入。草圖或曲線輸入要包含模型,必須☑曲面/實體圖元。

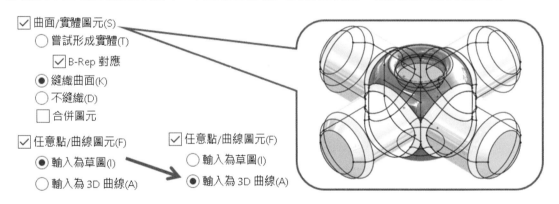

9-2-1 輸入為草圖

將有特徵的草圖和模型輪廓輸入為 2D 或 3D 草圖,就像線架構。線架構草圖常用在曲面模型的補面參考,或加工路徑線。線架構模型擁有運算速度快,結構簡單也沒有破面問題,唯一缺點沒有識圖能力有點不習慣。

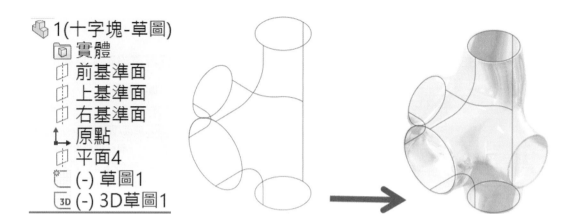

A 輸入為草圖支援

必須來自輸出選項☑輸出草圖圖元，否則☑輸入為草圖，功能出不來。

9-2-2 輸入為 3D 曲線

承上節，輸入為 3D 曲線，3D 曲線可以加強軟體辨識。市面上有些軟體不支援輸入草圖，以 3D 曲線作為輸入辨識。

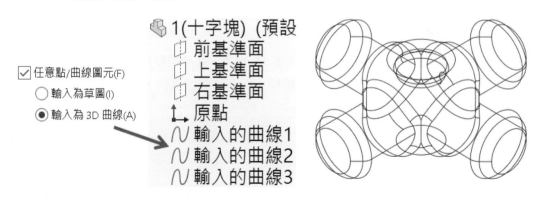

A 輸入為 3D 曲線支援

必須配合輸出選項☑IGES 線架構 (3D 曲線)，否則☑輸入為 3D 曲線無意義。且輸入過程會出現：此檔案沒有輸入選項中…，你是否要輸入實體/曲面代替……→是，模型將會強制輸入為實體或曲面。

9-3 一般：輸入多重本體為零件

以多本體輸入為零件或組合件。多本體為零件術語，照字面不容易理解應該為：輸入多重本體為零件→輸入多本體為個別零件。

本項設定僅針對：IGES、STEP、UG、ACIS。

■ 執行這項作業必須☑曲面/實體圖元

■ 為了教學與輸入效能考量☐任意點/曲線圖元

9-3-1 ☑輸入多重本體為零件

將多本體零件為個別零件並以組合件開啟，好處不必重新組裝。本項設定結果和產生組合件指令（插入→特徵→產生組合件）一樣，用於多本體產生組合件。

在由下而上就是多本體設計，零件多本體要成為組合件，很多人把本體分別儲存為零件後→再到組合件組裝，是很沒意義的事，因為多本體紀錄本體間位置。

以下範例零件多本體設計完成後→1.輸出 STEP→2.輸入 STEP，3.可見到組合件開啟。組合件中的零件與開啟檔案儲存同一個資料夾。

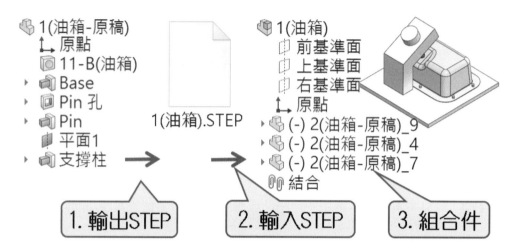

A 組合件輸入

本節說明盾牌組.SLDASM（組合件下每個零件都有 2 個本體），轉檔為盾牌組.STEP演練。開啟盾牌組.STEP 得知每個零件為次組件出現，有些人希望組合件 STEP，輸入 STEP能自動將個別零件成為次組件分類。

很多人不知道有這手段，事後將零件以人工方式製作次組件。

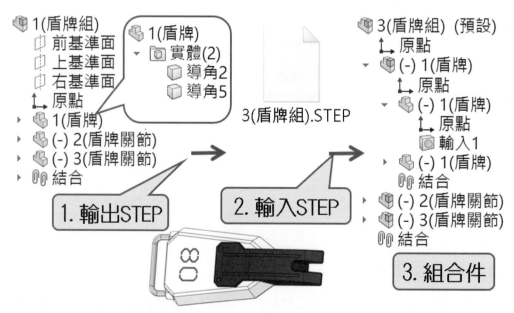

9-3-2 □輸入多重本體為零件

　　將多本體零件為多本體零件開啟。以下範例零件多本體設計完成後→輸出 STEP→輸入 STEP，可見到零件開啟。

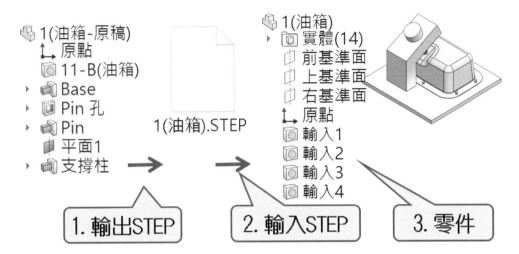

A 組合件輸入

　　開啟盾牌組.STEP 得知和先前組合件架構一樣，有些人希望組合件 STEP，輸入 STEP 就要為組合件開啟。

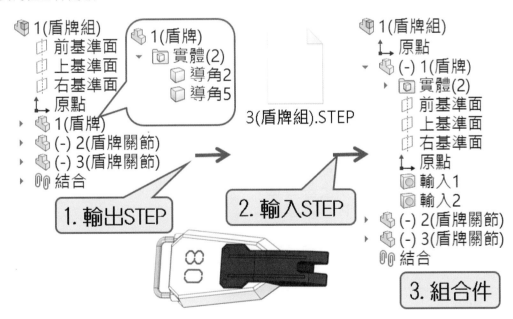

9-4 一般：執行完整的圖元檢查及修復錯誤

模型**輸入過程系統自動執行檢查圖元指令**◎（無效的面、無效的邊線、短邊線、間隙…等）**並執行輸入診斷**◎指令，嘗試形成實體一起作業，不過無法見到執行過程。

輸入模型若發生錯誤，由系統提高或降低精度範圍，得到較佳模型。並非提高精度就是最好，有時候降低精度反而得到較好模型。

若不會分辨，就開啟或關閉本項設定得到你要的模型。

本項設定僅針對：SAT、IGES、STEP 和 VDAFS 才有效。本節與☑嘗試形成實體搭配設定。

- ☑ 曲面/實體圖元(S)
  - ● 嘗試形成實體(T)
    - ☐ B-Rep 對應
  - ○ 縫織曲面(K)
  - ○ 不縫織(D)
- ☐ 任意點/曲線圖元(F)
  - ☐ 輸入為草圖(I)
  - ● 輸入為 3D 曲線(A)
- ☐ 輸入多重本體為零件(M)
- ☑ 執行完整的圖元檢查及修復錯誤

9-4-1 ☑執行完整的圖元檢查及修復錯誤

SolidWorks 預設精度 10-8 次方米，輸入效能慢，因為軟體要花時間檢查及修復，得到實體◎模型。若模型本身沒錯誤，這項設定不要開啟，否則浪費時間且無意義。

9-4-2 ☐執行完整的圖元檢查及修復錯誤

直接輸入模型，不執行圖元檢查及修復錯誤，得到的曲面掛勾。系統會降低精度範圍（10-5 至 10-8 次方）讓圖元完整呈現，得到曲面◆模型。

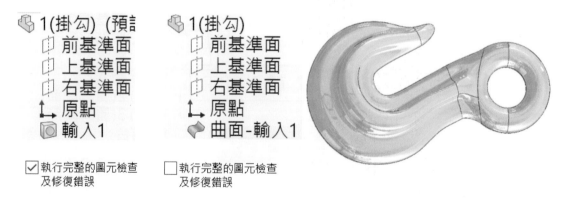

🧊 1(掛勾) (預設
　├ 前基準面
　├ 上基準面
　├ 右基準面
　└ 原點
　◎ 輸入1

☑ 執行完整的圖元檢查
　　及修復錯誤

🧊 1(掛勾)
　├ 前基準面
　├ 上基準面
　├ 右基準面
　└ 原點
　◆ 曲面-輸入1

☐ 執行完整的圖元檢查
　　及修復錯誤

對於有些模型在主體和裙帶對應上有縫隙，提高精度反而無法讓模型有較佳品質。

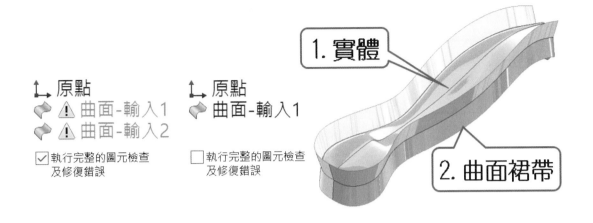

↳ 原點
🔹 ⚠ 曲面-輸入1
🔹 ⚠ 曲面-輸入2
☑ 執行完整的圖元檢查
　及修復錯誤

↳ 原點
🔹 曲面-輸入1
□ 執行完整的圖元檢查
　及修復錯誤

1. 實體

2. 曲面裙帶

9-5 一般：自動執行輸入診斷（修復）

　　輸入模型時，是否執行輸入診斷🖭。可以修復有錯誤的曲面、縫隙，並縫織曲面轉換成實體，這部分後面有專門章節詳盡介紹。

　　通常會和☑嘗試形成實體、☑執行完整的圖元檢查及修復錯誤，同時開啟。本節以有破面的模型進行設定，查看設定前後結果。

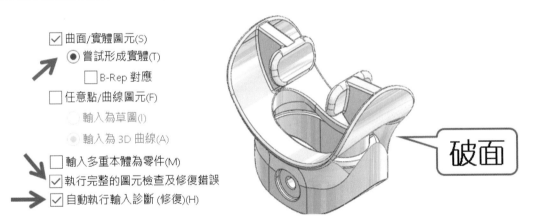

☑ 曲面/實體圖元(S)
　◉ 嘗試形成實體(T)
　　□ B-Rep 對應
□ 任意點/曲線圖元(F)
　◎ 輸入為草圖(I)
　◉ 輸入為 3D 曲線(A)
□ 輸入多重本體為零件(M)
☑ 執行完整的圖元檢查及修復錯誤
☑ 自動執行輸入診斷 (修復)(H)

破面

9-5-1 ☑自動執行輸入診斷

　　輸入轉檔模型時自動執行🖭→嘗試修復全部，系統不會有任何詢問。通常不會這麼做，因為不是每個模型輸入都要修復，多半開啟後看模型結果，事後再決定進行哪種修復方式，建議關閉來節省時間。

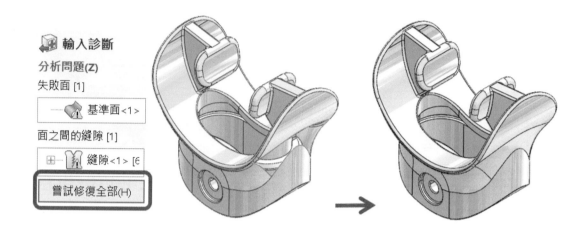

9-5-2 □自動執行輸入診斷

對每一個輸入詢問是否要執行 。

□不要再次顯示，將來不再出現該視窗。

9-6 一般：自訂曲線公差（預設 0.001mm）

模型有非常小的圖元（1.0-6～1.0-7 米）時，可自訂公差。提高公差精度可解決破面或這類小模型，缺點會增加轉檔時間。

雖然改變公差可讓間隙接起來，不過效果有限，也影響後續作業：加工路徑與模型整體精度。依需求設定合理誤差值，越小和較高精度會減低運算效能，還要確認對方是否能接受較精確公差，萬一不行該公差會變得沒意義。

很多軟體有這類調整，SolidWorks 給使用者自行調整項目相當少，內定足以滿足 99 %以上需求，主要考量大部分使用者不知怎麼調整，亂調轉檔失敗牽拖 SolidWorks。

話說回來，是否讓使用者能調整公差與軟體策略有關，標榜容易上手的 SolidWorks 就不太讓使用者容易看到調整系統內部設定。

通常會和以下設定同時開啟

☑BREP 對應

☑合併圖元

☑執行完整的圖元檢查及修復錯誤

☑單位

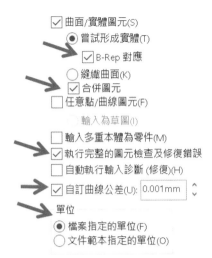

9-6-1 ☑自訂曲線公差

在方塊中輸入公差，公差介於 0.01~0.00001mm，否則出現提示視窗，例如：設定 0.00001mm 可以開啟極小模型。

9-6-2 □自訂曲線公差

使用 SolidWorks 內部公差設定（依據資料的精確度套用公差），避免不當公差讓模型無法輸入或影響輸入品質，特別是很小的模型。

□自訂曲線公差   ☑ 自訂曲線公差

9-6-3 IGES 公差要一致

不是公差訂得越高越精密就是最好，比較不會錯或最專業，這是很嚴重迷思。訂公差是拿捏，拿捏地恰到好處或適時放寬公差才是專業做法，絕對會得到意想不到效率。

要避免誤差，最好在轉檔前設定公差值和單位，這要雙方討論協議出公差範圍，業界也有界定該公差範圍來達到曲面要求（標準）。

輸入 IGES 前問對方公差設定多少，作為自訂曲線公差參考，通常為一致。

例如：Rhino 輸出 IGES 可以設定 IGES 公差。

IGES 匯出進階選項

IGES 類型：

預設值 ∨	編輯類型(Y)...

IGES 公差(T): 0.001

IGES 單位(U): 公釐 ∨

9-7 一般：單位

輸入模型時，設定套用單位的方式：1.檔案指定的單位、2.文件範本指定單位。若輸入檔案為零件，就套用 SolidWorks 零件範本，輸入的檔案為組合件或和工程圖亦同。

要知道轉檔流程是一樣的，輸入模型過程 SolidWorks 會先套用範本，範本包含單位。總之輸入模型前為了要維持模型穩定度，最好問對方該模型單位。很多軟體輸出以米作單位，因為米是 ISO 標準單位。

假設 SolidWorks 模型為 mm，輸出 IGES 會以米為單位，對方輸入 SolidWorks 模型，是否換算選項設定，這部分是待確認的地方。

單位轉換常出現問題，會有系統精度誤差，輕者物質特性偏差，重者產生破面。早期要同學問對方模型單位，來決定設定。不過有多少人轉檔會問對方單位呢？當然 SolidWorks 提供的設定，避免單位轉換問題。

9-7-1 檔案指定的單位

以輸入的模型單位為主，並套用（改變）SolidWorks 範本單位。實務上我們不知道模型單位為何，藉由輸入至 SolidWorks 後再查看即可。例如：IGES 單位米，輸入後就會以米開啟，這樣可提高模型穩定度。

很多人誤以為輸入的檔案單位有問題，而不知有些 CAD 系統輸出過程會以米為單位，認為該模型單位有誤。若單位不是你要的，在 SolidWorks 更改單位即可。

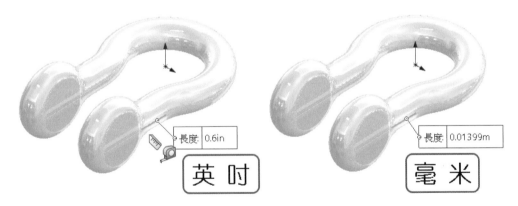

9-7-2 文件範本指定單位

輸入時直接套用 SolidWorks 範本單位，SolidWorks 對輸入單位自動轉算數值，例如：模型為英吋，SolidWorks 範本為 mm，輸入後單位就會改為 mm。

輸入前是 1 英吋，輸入後為 25.4mm，所以不必擔心資料被放大倍數。範本位置在系統選項的預設範本，就是輸入檔案時套用的範本位置。

9-7-3 加入單位標示

轉檔的模型在檔名看不出單位為何，問對方該模型的單位或模型檔案右鍵→內容→自訂，加入單位標示。

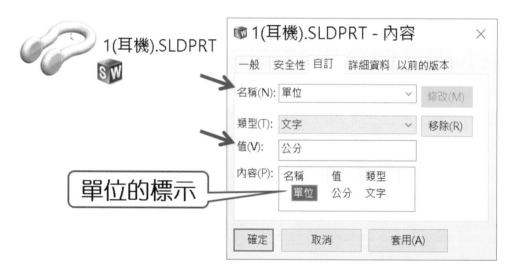

單位的標示

9-8 一般：IGES－顯示 IGES 層級

輸入 IGES 過程顯示IGES 輸入曲面、曲線、與層級視窗，進行更詳盡的設定。該視窗得知目前輸入的資訊，並且與上方選項設定呼應。

換句話說，IGES 模型輸入過程有訊息可以看，並決定是否包含曲面或包含曲線，設定後會改變 IGES 輸入選項上方的設定。

可以同時開啟包含曲面和包含曲線，擇一，但不能同時關閉，因為輸入無幾何，就顯得無意義。

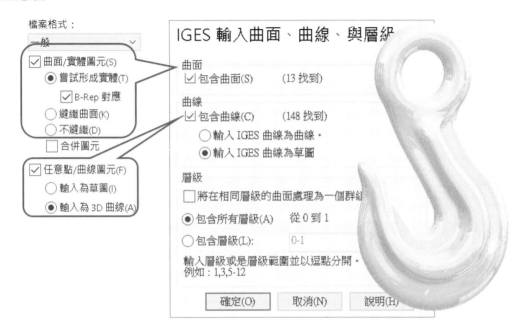

9-8-1 包含曲面

被曲面/實體圖元所控制，☑嘗試形成實體，輸入就為實體、☑縫織曲面輸入，就為曲面。

A 沒有實體或曲面圖元

IGES 模型沒有實體或曲面圖元，系統會強制你輸入曲線或草圖。輸入過程出現：此檔案包含輸入選項所不要的自由曲線/點.....視窗→是，出現 IGES 輸入曲面...視窗。

□包含曲面無法使用（方框所示），這是僅能選擇輸入 IGES 曲線或 IGES 草圖（箭頭所示）。選擇否，退出 IGES 輸入。

9-8-2 包含曲線

控制 IGES 輸入為曲線或草圖，可以看到被找到的曲線數量。無論是否開啟任意點/曲線圖元，都不影響包含曲線設定。

A 包含曲線的支援

IGES 輸出選項☑IGES 線架構、☑3D 曲線特徵、☑輸出草圖圖元，都影響輸入的曲線數量，否則無法設定包含曲線。

9-8-3 層級

層級(Level)就像是圖層，用來分離組合件或 IGES 圖元類型。IGES 層級用數字編號，不用文字，IGES 有標準的圖層設定。

SolidWorks 輸入 IGES 的圖層名稱和層級編號為預設對應，目前無法參與也不可見，所以無法得知 IGES 圖層型態，希望 SolidWorks 能改進。其他 CAD 軟體就有對應圖層與層級的顯示功能，例如：Rhino。

虎鉗組有 12 個本體，輸入時可以看到 0-11 層級，本節說明以下 3 個設定，因為教學考量□包含曲線。

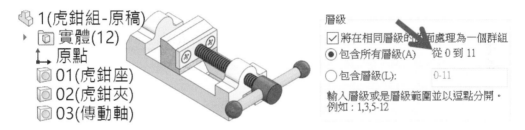

A 將在相同層級的曲面處理為一個群組

將相同層級的曲面放置在同一個資料夾，僅支援曲面。

B 包括所有層次

輸入所有本體。

C 包括層級

指定要輸入本體，例如：0-3，可見共 4 個本體。

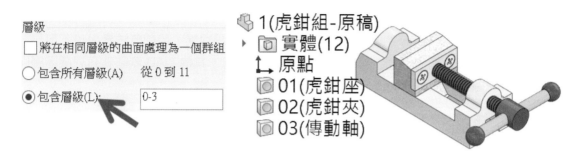

9-8-4 顯示 IGES 層級支援度

並非輸入每個 IGES 都會出現顯示 IGES 輸入曲面...視窗。必須將上方設定 Trimmed Surfacec、Bounder Surface、IGES 線架構，否則不會出現 IGES 層級視窗。

9-9 一般：STEP－對應模型組態資料

SETP 有檔案屬性可以被輸入進來，沒有組態資料，僅輸入幾何資料。我們無法得知 STEP 是否有組態資料，只能在輸入後由檔案→屬性→自訂，才可以得知。

摘要資訊

	屬性名稱	類型	值 / 文字表達方式	估計值
1	205_product_id	文字	1(有組態資料)	1(有組態資料)
2	205_product_n	文字	1(有組態資料)	1(有組態資料)
3	205_product_d	文字		
4	79_product_def	文字	UNKNOWN	UNKNOWN

9-9-1 STEP 輸入選項支援度

要有組態資料，必須在輸出 STEP AP213 選項中 ☑設定 STEP 組態資料。

9-10 STL/OBJ/OFF/PLY 輸入選項

輸入STL、OBJ、OFF、PLY 時，可設定**圖形本體**、**實體**和**曲面本體**，並調整模型單位。這些格式特性會大量移除模型顏色與紋路，以網格方式呈現，以下介紹以 STL 為主。

STL 會有三角形數目上限，輸入為實體，限制為 2 萬個三角形。輸入為曲面本體，限制為 10 萬個，輸入為圖形本體就沒這限制。於 SolidWorks 2016 以後可以輸入最多 5 萬個面塊。

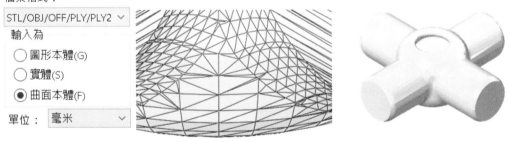

9-10-1 圖形本體（預設開啟）

僅輸入圖形（Graphic）資料，在特徵管理員帶有像電視的圖示 🖥，於 SolidWorks 2017 改為網格圖示🕸。圖形本體看得到摸不到，無法工程應用：量測、剖面、物質特性以保護模型機密性，也不能編輯模型。

由於預設圖形本體，且很多人沒有到選項設定，往往得到不是工程應用，相信在 2017 選項設定的位置變更為系統選項，這部分會大大改善。

 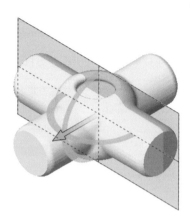

A 無法輸出實體幾何

圖形檔無實體資料，無法輸出 IGES、
X_T、SAT...等，輸出 IGES 過程出現：

經由 IGES 無有效圖元可進行。無法儲
存，就算可以儲存也無法開啟。

B 輸出 STEP 無法開啟

圖形檔案輸出成 STEP，看起來可以輸出
不過無法開啟，開啟時出現：檔案中不含實
體資料。

C 輸出後開啟是空的

輸出為 Pro/E 零件，系統會警告：不支
援輸出幾何，所產生檔案將是空白的。

> SOLIDWORKS
> ⚠ 不支援您嘗試輸出的幾何。
> 所產生的 ProE 檔案將是空白的

9-10-2 實體

將STL輸入為實體（Solid）可使用工程資訊。很多人不知道有輸入選項設定，在論壇
中常遇到很多人問這類問題。

9-10-3 曲面本體

將STL輸入為曲面，輸入過程很花時間運算，這部分比較少人用。

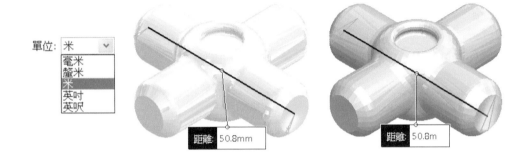

9-10-4 單位

設定輸入可用單位：毫米、釐米、米、英吋及英呎。不過單位不會轉換屬於外部單位是大災難，經測試結果對於毫米和米會這樣，英吋就會自行轉換。

例如：模型為 50.8mm，輸入改為米就放大為 50.8M。

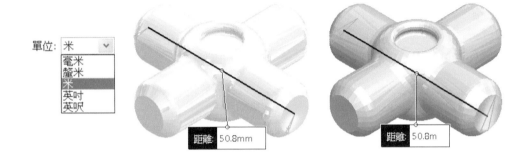

9-11 VRML 輸入選項

STL、VRML 不是針對 CAD 使用設計，主要用途是圖形呈現與檢視，公差比常用格式大得多。VRML 設定與 STL 一樣，都有圖形、實體、曲面，多了材質紋路資訊。

預設模型輸入為塗彩，分別將 VRML 實體或曲面網格檔案開啟帶邊線塗彩，由於邊線很多，對後續作業造成系統負擔。

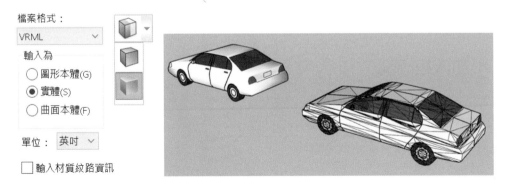

圖片來源：Google SketchUP

9-11-1 輸入材質紋路資訊

是否將材質紋路和色彩輸入,若模型開啟為圖形檔,材質無法被改變。

9-12 3MF 輸入選項

3MF 於 SolidWorks 2017 新增,輸入項目與 STL 相同,相信未來這格式普及後會越來越多可以設定。

9-13 IDF 輸入選項

輸入 CircuitWorks Lite 的 IDF 檔案設定。

9-13-1 加入板鑽孔

將電路板的鑽孔將出現在零件中,適用工程師機構孔位和電子元件插件位置,不過大量的孔邊線會造成效率低落。

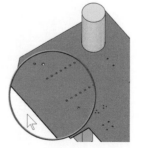

9-13-2 反轉底邊的零組件

IDF 資料導致模型不正確方向放置時,它可以改正模型或特徵的錯誤放置。

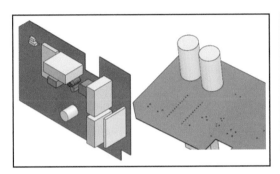 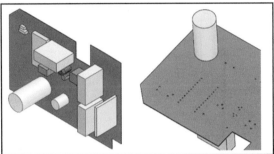

9-14 Rhino 輸入選項

將隱藏在 Rhino 圖層上的曲面或實體,進行忽略、抑制特徵。Rhino 輸入選項必須在開啟舊檔點選 Rhino 才會有 Rhino 選項。

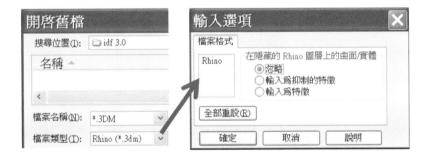

Rhino 檔案中有四個圖形分別在相對的圖層中,已經將方形、球、圓柱圖層抑制,讓讀者進行 Rhino 檔案輸入的控制。

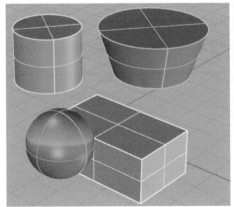 

9-14-1 忽略

忽略被隱藏的模型的輸入，只有錐模型被顯示。

9-14-2 輸入為抑制特徵

將被隱藏的模型輸入為抑制的特徵，只有錐模型被顯示。

9-14-3 輸入為特徵

將所有模型輸入。

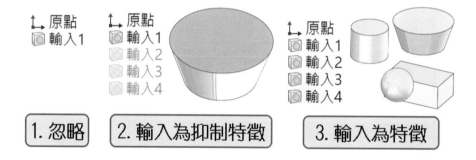

9-14-4 編輯 Rhino 檔案

將輸入的本體開啟 Rhino 並編輯它們。在特徵管理員的輸入項目右鍵→於 Rhino 中編輯。Rhino 會被開啟且 SolidWorks 被停用。

編輯後結束 Rhino，在 SolidWorks 輸入的 Rhino 模型會被更新。相信這部分會整合到 3D Interconnect 中。

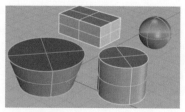

9-15 Inventor/CatiA V5/Creo/NX/Solid Edge

於 SolidWorks 2017 **零件或組合件環境下**，可直接開啟 CAD 以下原始檔案：Inventor/CatiA V5/Creo/NX/Solid Edge，相信以後會有更多格式加入，可連結並更新它們。基於核心提升 CAD 廠商在極度競爭壓力下，致力發展外部檔案可連結技術。

只能說當初沒有想到要這樣，以往軟體限定自家文件才可以用，最近幾年軟體技術提升，想法逐漸開放，不再限定檔案格式並互通作業。當有廠商開始支援互通格式，再搭配現有趨勢語言，例如：工業 4.0、VR、AR、創客，其他廠商也不得不跟進下，形成風潮。

早期因為保護主義，軟體間想辦法不能互通，現在想辦法要互通，當初的保護措施現在看來就覺得不協調。然而 SolidWorks 很早就內建：**輸入幾何**、插入零件、**取代零組件**、取代模型，這些指令用來抽換以及連結原始零件，雖然各有特色卻也難以學習，例如：有些可以支援外來格式、有些只能支援 SolidWorks 格式。早期軟體功能不齊全，想到要什麼功能就加什麼指令，還沒想到要整合它們，且軟體變化也沒現在這麼快。以現在的角度，相信 **3D Interconnect 將整合上述指令。**

本項目支援如標題所示：Inventor、CatiA V5、Creo、NX、Solid Edge，這項功能於 SolidWorks 2017 SP0 以 BETA 形式推出，預計 SolidWorks 2017 SP3.0 會有更完整功能，自截稿為止（SolidWorks 2017 SP1）無法詳盡和各位說明，未來會在論壇說明這項完整技術。

若要測試它們的功能，有沒有安裝主程式、SolidWorks 中英文版本交叉測試，本節以容易取得的 Inventor 講解 3D Interconnect，可以到 Autodesk 官方網站申請試用版，這部分筆者要給 Autodesk 讚賞。使用該功能之前，必須在選項下方☑3D Interconnect，你會發現選項功能可以使用外，並出現許可協議書→接受，就可使用本功能。

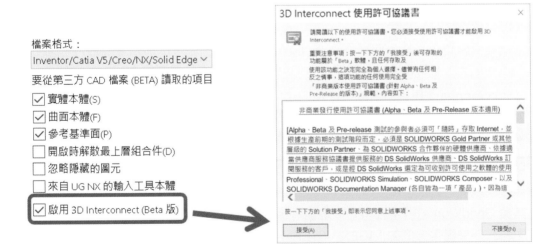

A 延續關聯性

當你輸入這些 CAD 原始檔案，進行關聯性延伸性修改，原始 CAD 檔案更新資料，可以保留 SolidWorks 產生的下游特徵。要有這功能開啟順序很重要，要先由 Inventor 開啟 1(箱蓋).IPT 模型→再由 SolidWorks 開啟 1(箱蓋).IPT。

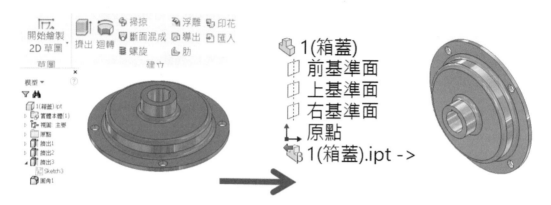

當 Inventor 模型被設計變更，在模型上鑽孔。在 SolidWorks 特徵管理員模型圖示會改變🗂→🗂，於圖示上右鍵→更新模型🔄，同步得到最新資料。

B 組合件加入轉檔模型

以往外來模型必須輸入並儲存為 SolidWorks 檔案，才可以加入至組合件。有了 3D Interconnect 讓你不需要轉檔，直接加入 CAD 原始檔案進行模型組裝和設計連結。

3D Interconnect 標榜組合件下使用的功能，於組合件中使用插入零組件🗂→瀏覽，由開啟舊檔得知 2016 和 2017 差別，2016 必須為 SolidWorks 格式，2017 可以為模型原始檔案。

以上看起來很欣喜，最好還能加上轉檔格式：Parasolid、ACIS、STEP、IGES。因為模型開啟轉檔資料，還是要儲存為 SolidWorks 檔案，2017 僅支援 CAD 原始檔案。

其實 SolidWorks 很早就有類似功能，稱為輸入幾何🗂，本章後面有介紹，它可以在零件中輸入外來檔案，例如：IGES、STEP 不需要轉檔，相信以後🗂會被 3D Interconnect 取代。

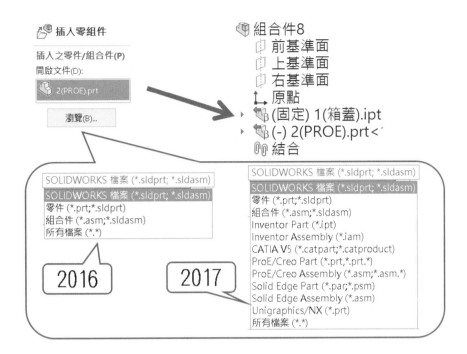

9-15-1 實體本體、曲面本體、參考基準面

輸入原始模型的實體、曲面或基準面。

要從第三方 CAD 檔案 讀取項目

☑ 實體本體(S)

☑ 曲面本體(F)

☑ 參考基準面(P)

🔩 1(箱蓋).ipt ->
　▼ 📦 曲面本體(1)
　　　🐚 1(箱蓋).ipt[2]
　▼ 📦 實體(1)
　　　📦 1(箱蓋).ipt[1]
　　📁 基準軸
　▼ 📦 基準面(3)
　　　📐 平面1
　　　📐 平面2
　　　📐 平面3

9-15-2 開啟時解散最上層組合件

開啟時解散最上層組合件（Dissolve top level assembly on open），字面上很難讓人理解，應該為：將組合件以新次組件呈現。本選項適用組合件。

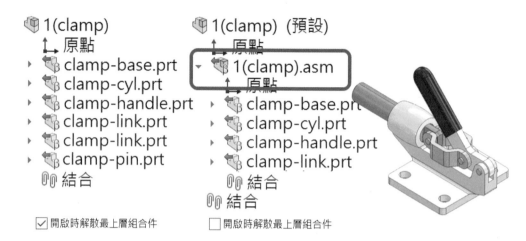

☑ 開啟時解散最上層組合件　　☐ 開啟時解散最上層組合件

9-15-3 忽略隱藏的圖元

是否輸入被隱藏的幾何，包含基準面、曲面。即使上方有☑方框所示的選項，系統會以本選項強制隱藏。這部分應該要修訂，因為選項不該是衝突設定。

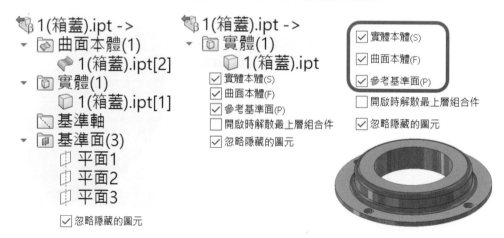

9-15-4 來自 UG NX 的輸入工具本體

是否輸入所有本體，否則僅輸入特徵管理員的最後一個本體。

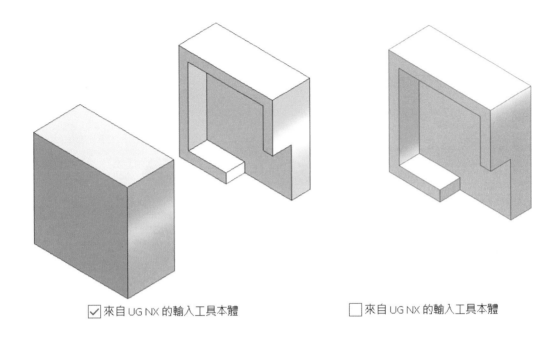

☑ 來自 UG NX 的輸入工具本體   ☐ 來自 UG NX 的輸入工具本體

9-15-5 啟用 3D Interconnect

將 Inventor、CatiA V5、Creo、NX、Solid Edge 以連結方式輸入至 SolidWorks，否則以本體輸入。本節說明 Pro/E 和 DWG/DXF 輸入不受本選項影響，皆出現專屬視窗，讓你更了解 3D Interconnect 重點在於連結性。

A ☑ 啟用 3D Interconnect

支援所輸入的 CAD 原始檔以關聯性連結方式進行。

B ☐ 啟用 3D Interconnect

輸入 CAD 原始檔套用一般選項，其特徵結構為格式化。開啟 Pro/E 檔案會出現 Pro/E 到 SolidWorks 輸入視窗。

原點
1(PROE).prt.1 ->

原點
輸入1

9-15-6 特徵管理員

本節說明特徵管理員出現圖示和常用的作業。輸入模型後於特徵管理員可見到專門圖示 🐌（B 為 BETA），目前為連結狀態。

A 切斷連結

在模型圖示上右鍵，可以斷開連結，斷開後無法復原，過程中會詢問你。

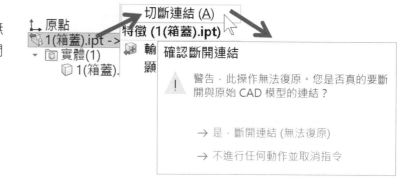

B 編輯特徵 🐌

可以見到原始檔案位置、軟體名稱與版次和下方轉移項目。轉移項目與選項對應，換句話說可以於模型輸入後，決定要輸入哪些。

9-15-7 3D Interconnect 支援度

本項目支援如標題所示：Inventor、CatiA V5、Creo、NX、Solid Edge，相信以後會有更多格式加入，以下標列所支援的版本資訊，本資訊於選項下方也有。

- Pro/E：零件和組合件，版本 16-CREO3.0

- Inventor：零件 V6-2016、組合件 V11-2016

- Solid Edge：零件、組合件、鈑金

- UG NX：UG11-NX10

- CATIA：V5R8-V5R2016

3D Interconnect 適用於下列格式：
- CATIA(R) V5：V5R8-5-6R2016 的 .CATPart、.CATProduct
- Autodesk(R) Inventor：V6-V2016 .ipt、V11-V2016 .iam
- PTC(R)：Pro/E 16 - Creo 3.0 的 .prt、.prt.*、.asm、.asm.`
- Solid Edge(R)：V18 - ST8 的 .par、.asm、.psm
- NX(TM) 軟體：UG 11 - NX 10 的 .prt

9-16 輸入幾何

在已開啟的零件插入轉檔格式，原則上零件中再插入模型，該模型必須為 SolidWorks 格式，這過程就是 SolidWorks 開啟轉檔格式再與儲存為 SolidWorks 檔案。

特色不需要開啟與儲存，直接開啟轉檔模型，乍聽之下好像僅少了開啟舊檔→儲存檔案作業，其實該指令真正效益在於抽換，或在該模型上設計並維持外來檔案的關聯性。

對高手而言，將外來檔案插入到零件，用以參考進行設計作業。由於可由另一個指令插入零件（插入→零件）取代，再加上指令使用率不高，所以很少人知道。

9-16-1 輸入幾何指令位置與支援

插入→特徵→輸入，必須在零件下使用，僅支援零件。

由開啟舊檔視窗下方選擇清單類型，支援的檔案格式：Parasolid、IGES、ACIS、STEP、VDAFS、VRML、STL、CATIA CGR、Rhino。

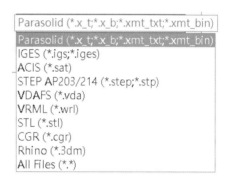

9-16-2 輸入選項

切換 IGES、STEP、STL 有選項按鈕可進入輸入選項。

開啟

9-16-3 輸入多個模型組裝

輸入多個模型時，模型原點和零件原點重合。常用在多本體或組合件分別轉檔，這些被轉檔的模型若要組裝回來，很多人在組合件進行，其實不必這麼麻煩。只要不斷使用，將先前轉檔模型輸入至零件即可，因為模型原點在同一位置。

分別輸入 2(SW Logo-1～5).x_t，可以看到原本是分開的 LOGO 被組合了。

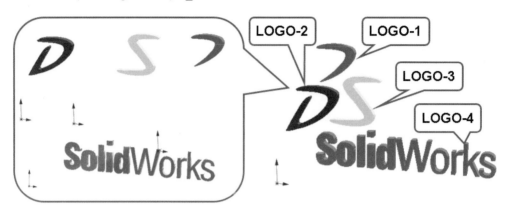

9-17 編輯輸入的特徵

本節呼應 3D Interconnect，在 3D Interconnect 還沒來臨之前，SolidWorks 2009（或更早）已經有這技術。編輯特徵如同 3D Interconnect 將 CAD 原稿更新，更棒的是可更新 Parasolid、IGES、ACIS…轉檔資料，這部分 3D Interconnect 目前辦不到。

特徵管理員的原點下方輸入圖示中◙→編輯特徵◙，出現開啟舊檔視窗，由右下角檔案類型清單看出支援：IGES、Parasolid、ACIS、STEP、VDAFS、VRML、Solid Edge、Inventor、Pro/E、Rhino、CATIA V5、SLDXML。

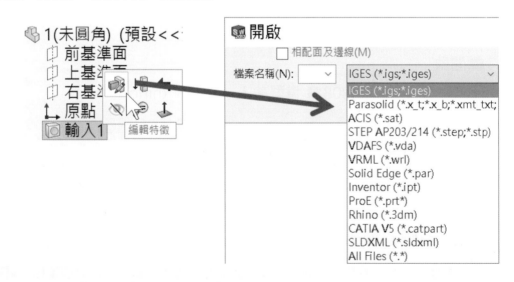

本節分別說明 X_T 和 Inventor 檔案關聯性更新，要完成練習需☐3D Interconnect。

差異在一個輸入◙，另個為關聯◙。

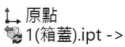

9-17-1 編輯 X_T 模型

將已開啟的轉檔模型，抽換為加上鑽孔和導角的模型。

步驟 1 開啟 1(未圓角).SLDPRT

步驟 2 點選輸入圖示◎→編輯特徵◈

步驟 3 開啟 2(加入圓角+孔).X_T

步驟 4 見到模型被抽換

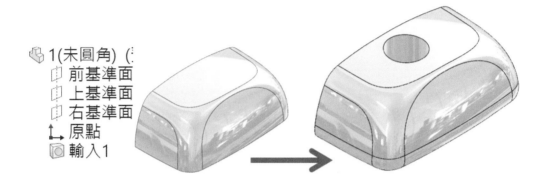

9-17-2 編輯 Inventor 模型

承上節，利用編輯特徵找尋 CAD 原始檔案，更新關聯。

步驟 1 開啟 1(箱蓋).IPT

步驟 2 於 Inventor 修改箱蓋模型

步驟 3 於 SolidWorks 點選輸入圖示◎→編輯特徵◈→開啟 1(箱蓋).IPT

見到模型被抽換 SolidWorks 模型被同步變更。

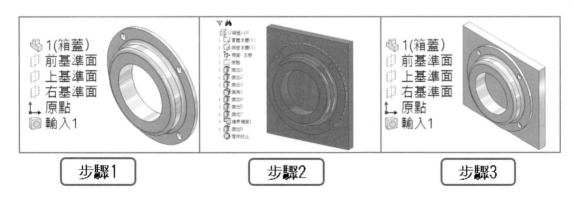

9-18 插入零件

在零件環境插入零件🐾進行多本體設計參考,當原稿模型修改,被參考的模型就會被更新。這技術常用在文武向零件,文武向為 2 個不同零件,例如:托架板-左、托架板-右。分別繪製外型一樣只是方向不同的托架板,很浪費時間,這時🐾可派上場。

1.先完成原稿模型,利用**模型組態**,管理左右拖架板呈現→2.開新零件,使用🐾→3.顯示外部參考,切換模型組態。

未來要設計變更,於來源零件設變後,另一零件會跟著變更。多人於一個零件下分別切換左和右的模型組態,這不利於工廠管理。相對的,將文武向零件分別為 2 個零件,這項才與工廠管理一致。

本節說明🐾使用進行關聯性作業,完成拖架板-左和拖架板-右,文武向模型。

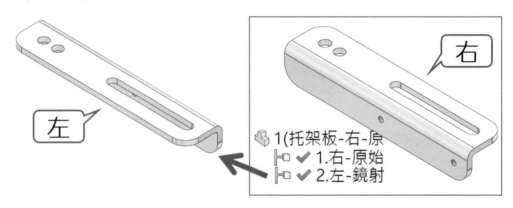

9-18-1 插入零件使用

本節說明如何使用🐾指令,並查看該指令的過程。

步驟 1 開新零件

步驟 2 插入→插入零件🐾

步驟 3 於開啟舊檔,選擇 1(托架板-右-原稿).SLDPRT

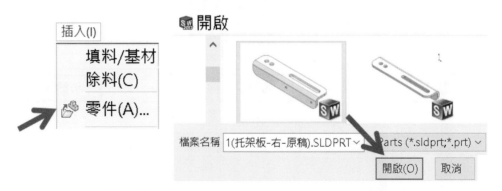

步驟 4 繪圖區域點選放置模型

插入零件過程，暫時不管屬性管理員支援項目，這時會看到原點下方有零件圖示 🖱。

步驟 5 先將模型存檔 2(托架板-左)

對公司而言就有托架板-右和托架板-左這 2 個零件，目前還是托架板-右的型態，模型圖示旁會出現組態名稱，接下來切換模型組態。

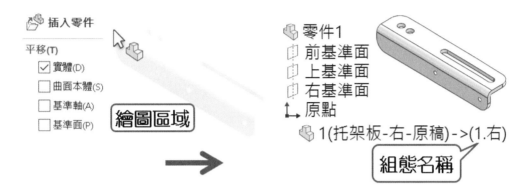

9-18-2 顯示外部參考

顯示外部參考是關聯性設計常見視窗，坦白說難度很高，適合進階者學習，若要詳盡解說一言難盡，本節利用它來切換模型組態。

步驟 1 於特徵管理員點選 🖱 右鍵→顯示外部參考

步驟 2 由外部參考視窗切換模型組態：左→↵

完成托架板-左的模型切換，模型圖示旁會出現組態名稱（2.左）。

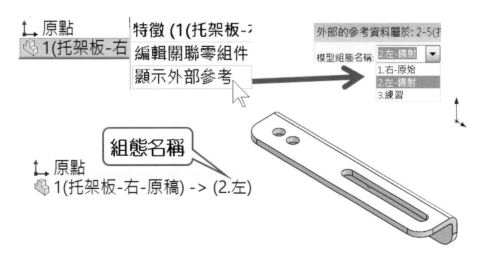

9-18-3 編輯關聯組件

編輯關聯組件類似開啟舊檔,將參考來源開啟,無須尋找。1.於特徵管理員點選 ✎ 右鍵→2.編輯關聯組件,系統會自動開啟托架板-右。

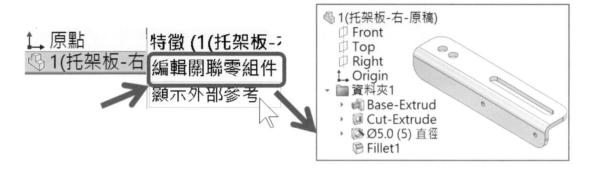

由於 ✎ 於特徵管理員沒有特徵,很多人開啟模型發現無法進行變動,束手無策或避免麻煩不再使用 ✎。

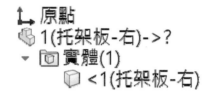

不必擔心開啟的是原稿還是 ✎ 的模型,若要修改來源模型往往不知模型位置,特別用在不是自己設計的,就算是自己設計也忘記當初是哪個零件為原稿,這時編輯關聯組件就派上用場。

9-18-4 工廠管理連結

文武向模型以工廠管理角度必須 2 個零件與 2 個工程圖,利用 ✎ 將圖面與工廠管理一致。反之,以單一零件利用模型切換文武向,就很難確保一個零件一張圖面的標準。

🔲 1(托架板-右).SLDDRW
🆂🆆 1(托架板-右).SLDPRT
🔲 2(托架板-左).SLDDRW
🆂🆆 2(托架板-左).SLDPRT

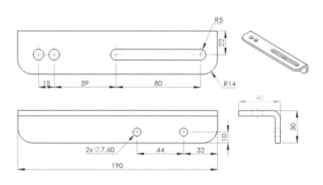

9-18-5 插入零件和輸入幾何不同處

插入零件📄和輸入幾何📄很類似，都是將模型插入零件中做為參考，只是輸入類型不同。📄可直接輸入轉檔格式、📄必須為 SolidWorks 零件格式才可被輸入。這 2 個指令必須在零件下執行。筆者相信未來這 2 個個指令一定整合，因為太像了。

9-19 取代零組件

於組合件特徵管理員管理員中，將模型抽換。

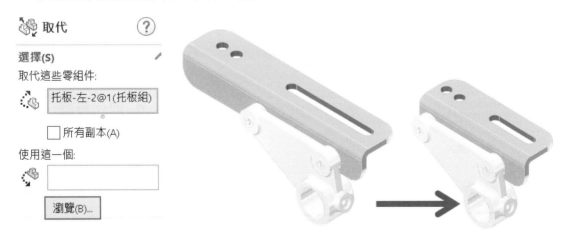

步驟 1 點選要抽換的模型右鍵→取代零組件🔩

步驟 2 由開啟舊檔點選要抽換的模型，2(托架板-短)→↵

由開啟舊檔視窗中，會發現僅支援 SolidWorks 零件或組合件，很多軟體這部分可以支援外來格式，相信未來🔩會以 3D Interconnect 取代。

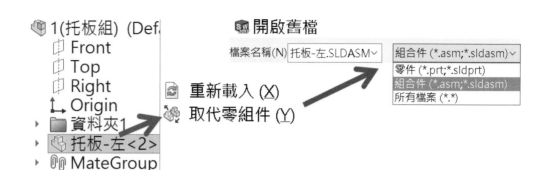

9-20 取代模型

將工程圖的模型取代，例如：將托架板-長，取代為托架板-短，僅支援 SolidWorks 文件，希望這部分功能可以更好。

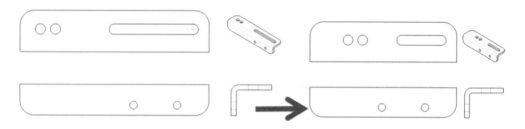

步驟 1 於工程視圖上右鍵→取代模型🖱

步驟 2 由開啟舊檔視窗中，會發現僅支援 SolidWorks 零件或組合件，很多軟體這部分可以支援外來格式，相信未來🖱會以 3D Interconnect 取代

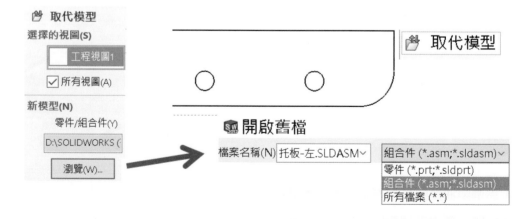

9-21 關聯性連結模型的功能差異

下表說明插入零件 🖑、輸入幾何 🖑、取代零組件和 3D Interconnect 這 3 個指令功能差異，相信未來🖑和🖑會合併。

	3D Interconnect	插入零件 🖑	輸入幾何 🖑	取代零組件
文件	零件、組合件	零件	零件	
關聯性	主動	主動	被動	
支援格式	CAD 原始檔	SolidWorks 格式	/轉檔格式 CAD 原始檔	

零件輸出

　　本章介紹零件另存新檔作業，認識零件輸出格式有哪些。零件、組合件或工程圖輸出的檔案類型清單會不同，避免同學在輸出格式混淆，將零件、組合件、工程圖輸出，分開章節以做區隔。

　　另存新檔在相同格式中，可分開儲存多樣副檔名，例如：轉檔為 Parasolid，可儲存格式分別為：X_T 或 X_B。STEP 可以為 STEP AP203 和 STEP AP214。

　　輸出格式數量不只在檔案類型清單中，透過附加還可增加額外檔案格式，這部分先前有說過。本章強調另存新檔共通性，快速領讀並提高閱讀效率，避免下一節遇到一樣的檔案格式又重覆講解，太過冗長且造成閱讀不便。

　　有很多檔案格式先前說明過，重覆部份本章不贅述，以下介紹的檔案格式排列依清單順序進行排列。於 SolidWorks 2017 有新格式加入，目前能找到的資料也不多，至少先有架構，讓未來改版可針對架構補充內容。

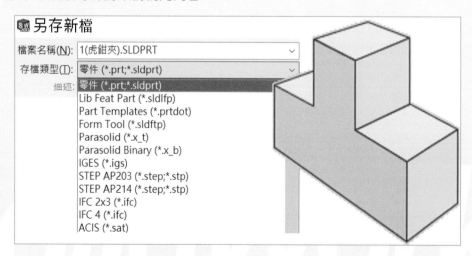

10-1 零件（ *.PRT、*.SLDPRT ）

另存零件常用來更改檔名、更新零件位置、製作另一個備份。只用來儲存零件而不更改檔名就多此一舉，為何這麼說，常遇很多人用另存新檔來更新文件（直接儲存檔案就好）。

開啟 SolidWorks 1995-1997 的 PRT，另存新檔後，PRT 會改為 SLDPRT。

10-2 LiB Feat Part（ *.SLDLFP ）

將所選草圖或特徵成為特徵庫讓後續模型引用，不需重複製作相同特徵。於特徵管理員點選要成為特徵庫的特徵，另存成 SLDLFP，儲存後特徵圖示旁有綠色 L 符號。

儲存 LiB Feat Part 時，系統會到預設位置 C:\ProgramData\SOLIDWORKS\SOLIDWORKS 2016\design library\features，實務上會把該檔案移到 D:\指定資料夾存放。

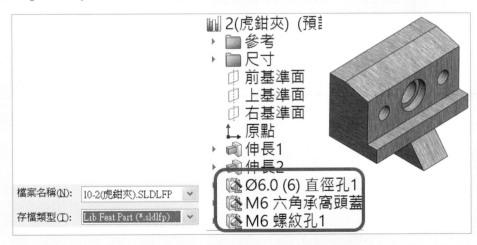

10-3 Part Templates（*.PRTDOT）

製作零件範本是必要的，很多人僅製作工程圖範本。例如：1.等角視、2.原點開啟、3.陰影關閉、4.常用材質，是常見範本設定，避免大量且重複作業。

儲存範本時，系統會到預設位置 C:\ProgramData\SOLIDWORKS\SOLIDWORKS 2016\templates，實務上會把該檔案移到 D:\指定資料夾存放。

10-3-1 Part Templates 應用

零件範本可以有特徵，不想每個新零件都要重複繪製，例如：鈑金素材，將**基材-凸緣**先做好儲存為範本。

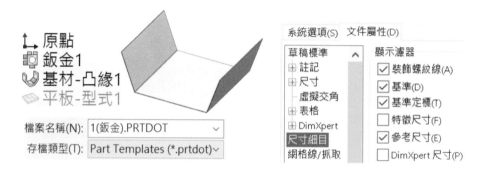

10-3-2 不允許加入組合件或工程圖

將零件範本加入組合件或工程圖，出現：**不能插入文件範本至另一文件中**。因為組合件和工程圖一定要為標準格式 SLDPRT。這是區隔，否則為何分零件和零件範本為不同副檔名。

10-4 Form Tool（*.SLDFTP）

　　鈑金成型工具格式，Feature Template Part（FTP）類似特徵庫，可以重複用在鈑金模型上，在特徵管理員繪出現成形特徵圖示 🐾。

　　儲存 LiB Feat Part 時，系統會到預設位置 C:\ProgramData\SOLIDWORKS\SOLIDWORKS 2016\design library\forming tools，實務上會把該檔案移到 D:\指定資料夾存放。

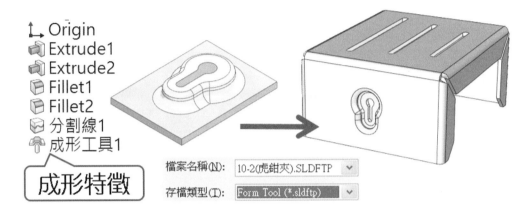

10-4-1 轉換成形工具格式

　　SLDFTP 是早期鈑金成形工具格式，製作過程相當繁複，放置在 Feature Plate（特徵調色盤），資深同學一定知道，後來 SolidWorks 將成形工具整合為零件格式，因為有成形工具指令🐾，讓你簡單製作簡化管理。

　　為了避免不必要誤會，甚至不知道這是什麼格式還要查資料，或以為這是 2 種不同文件，建議將早期製作 Form Tool（SLDFTP）轉換成 SLDPRT，方便檔案管理。

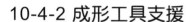

10-4-2 成形工具支援

成形工具一定用在鈑金模型，否則會無法使用。成形工具一定要放置在透過工作窗格 /Design Library▥環境，拖曳在鈑金零件上方即可成形。

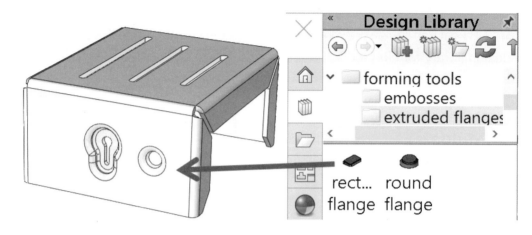

10-5 Parasolid（*.X_T）

Parasolid 是 SolidWorks 繪圖核心，用在 SolidWorks、INVENTOR、Pro/E、UG、CATIA… 等，X_T 是穩定且常聽到的轉檔格式，轉成 X_T 已經是業界轉檔的口頭禪，甚至引以為傲 的經驗。輸出必須包含實體，只有草圖，系統將出現無法輸出的視窗，不讓你轉出。

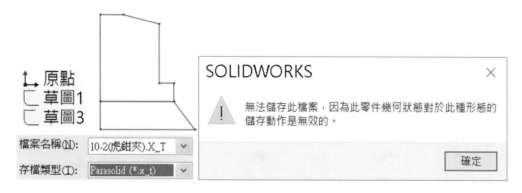

10-6 Parasolid Binary（*.X_B）

Parasolid 的 X_B 二進位格式，和 X_T 一樣只是很少人利用它。當轉檔遇到瓶頸，會 轉成 X_T 和 X_B 讓對方測試。

10-7 IGES（*.IGS）

最常見的共同格式，將零件存成 IGES 時，副檔名為 IGS、不是 IGES。無論實體或草圖 IGES 都可以輸出。

檔案名稱(N): 1(虎鉗夾-草圖).IGS ∨
存檔類型(T): IGES (*.igs) ∨

☐ 1(虎鉗夾-草圖).IGS
🗗 1(虎鉗夾-草圖).SLDPRT

10-8 STEP AP203（*.STEP、*.STP）

將零件存成 STEP 時，其副檔名為 STEP。STEP 儲存時不會分辨 AP 協定，如果要轉 AP203 和 AP214 就要分開儲存。

🗗 1(虎鉗夾).SLDPRT

1(虎鉗夾).STEP

10-10(虎鉗夾-AP203).STEP
STEP 檔案
50 KB

10-10(虎鉗夾-AP204).STEP
STEP 檔案
62 KB

10-9 STEP AP214（*.STEP、*.STP）

承上節，將存成 STEP AP214 可保留色彩資訊。

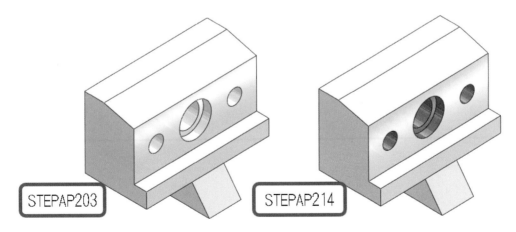

STEPAP203　　　　STEPAP214

10-10 IFC 2x3（＊.IFC）

將模型屬性：質量、面及體積，輸出至 IFC 2x3 檔案。這些屬性會與輸出檔案一併儲存，並且可供 IFC 檢視器使用，例如：SketchUP。

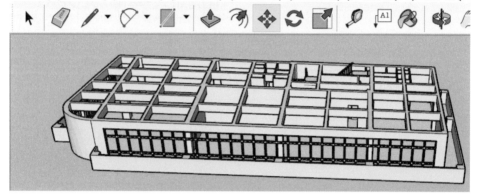

10-11 IFC 4（＊.IFC）

承上節，為了更容易與建築資訊模型(BIM) 系統共用設計資料，SolidWorks 支援輸出至 IFC 4.0。buildingSMART 公佈期待已久新IFC 4 規範，改進先前模型定義傳輸標準，例如：支援簡單的投影或掃出特徵、小平面和 Brep 對應，先前版本不支援。

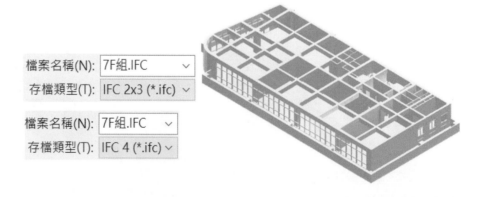

10-12 ACIS（*.SAT）

ACIS 是 AutoCAD、MasterCAM、MicorStation…等 3D 繪圖核心,如果對方用 ACIS 繪圖核心,將零件存為 SAT 是不錯的格式。將零件轉為 SAT 讓 2D CAD 輸入,才能得到 3D DWG。

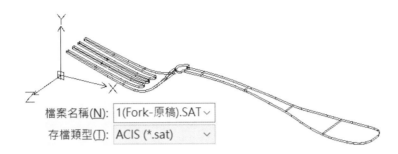

10-13 VDAFS（*.VDA）

VDAFS 是曲面幾何交換的檔案格式,不要誤會以為只有曲面才可轉成 VDA 格式。

10-14 VRML（*.WRL）

3D 網頁共同格式。模型用在虛擬實境場景架設,就轉成 VRML。

VR 語言可提供人性化的介面,彷彿走入虛擬世界。

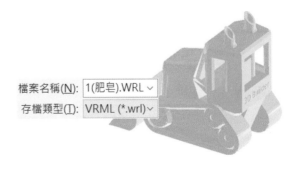

10-15 STL（*.STL）

STL 是常見三角網格模型格式，可以看見模型有明顯網格邊緣，常用在 3D 列印。可以輸入最多包含 50 萬個面，相當於二進位格式 24MB、ASCII 格式 138MB。

10-15-1 STL 支援

STL 不支援草圖輸出。

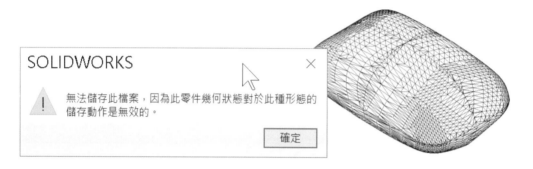

10-16 3D Maunfacturing Format（*.3MF）

3D Manufacturing Format（3D 製造格式），為 3D 列印量身訂做的文件格式，搭配坊間最流行的 3D 列印機器，包含 3D 列印需要的模型、色彩及材質，你會發現 3MF 還是以網格方式呈現。

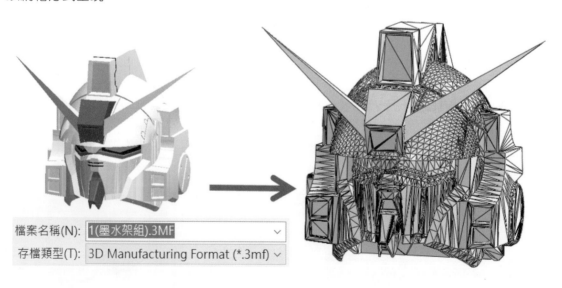

3MF 聯盟由多個企業聯合推出：微軟、Dassault 、PTC、HP、SIEMENS、Autodesk…等陸續增加中。目前 3MF 將模型以 XML 形式，是開放的文件，並以全新格式取代傳統 STL，關於 3MF 於 www.3mf.io。

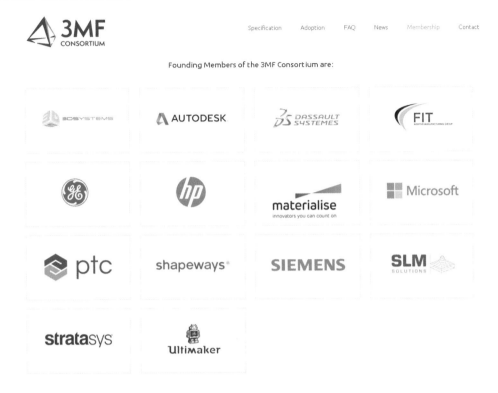

於 SolidWorks 建構的模型進行 3D 列印輸出，推薦使用 Cube 系列，快速、易用及性價比絕佳的彩色 3D 列印機，讓 3D 列印成為設計輸出和驗證工具，歡迎你到實威國際 www.swtc.com 尋求更多元 3D 列印設備。

10-17 Additive Maunfacturing File（*.AMF）

Additive Maunfacturing File（積層式製造檔案檔案）於 2009 年推出，在 2013 年成為 ISO 和ASTM（美國工業標準協會）定義成為一個聯合標準。AMF 為 XML 格式，說明與 3MF 相同。

檔案名稱(N):	零件3.AMF	⌄

檔案名稱(N): 零件3.AMF

存檔類型(T): Additive Manufacturing File (*.amf) ⌄

10-17-1 Print 3D

Print 3D（列印 3D，俗稱 3D 列印🖨️）檔案→列印 3D，進入列印 3D 管理員。SolidWorks 2015 開始可以於 Windows 8.1 直接使用 3D 列印指令。將檔案直接列印到 3D 印表機。於列印過程利用設定列印選項之後，包含列印台及列印台中模型位置的預覽，在執行 3D 列印工作之前修改設定。

自 SolidWorks 2017 起可直接在 Windows 7 之後版本使用 3D 列印指令。先前必須使用 Windows 8.1、Windows 10 才可以使用 3D 列印指令。

Print 3D 支援的輸出格式：STL、AMF、3MF。

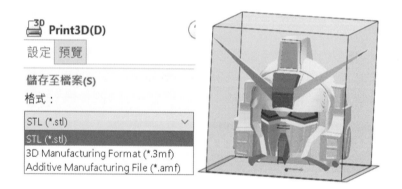

10-18 eDrawings（*.EPRT）

eDrawings 是 SolidWorks Viewer，最佳的搭配溝通程式，功能優於 PDF ，更重要的可以設定密碼、量測與剖面...等工程資訊。此部分將於《SolidWorks 專業工程師訓練手冊 [11]-eDrawings 模型溝通與管理》中介紹。

檔案名稱(N): 1(虎鉗夾).EPRT
存檔類型(T): eDrawings (*.eprt)

10-19 3DXML（*.3DXML）

3D XML（eXtensible Markup Language）電子交換語言，XML 已被全世界認定為電子資料交換標準。3D XML 沿用 XML 基準，已是純文字資料比一般檔案小，更利於網路上傳遞。3D XML 可透過 eDrawings 開啟，很可惜這格式很少人用。3D XML 是 CATIA 轉換格式，於稍後和同學介紹。

實際應用以 Virtools 最具代表性，Virtools 是個開發平台，用在虛擬實境、網站路行銷、模擬訓練…等。

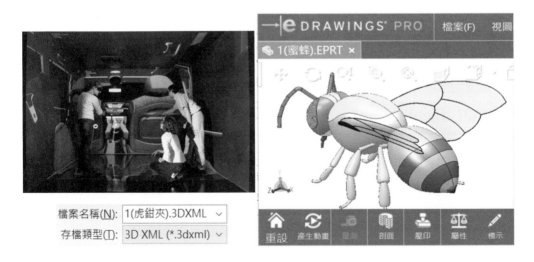

檔案名稱(N): 1(虎鉗夾).3DXML
存檔類型(T): 3D XML (*.3dxml)

圖片來源 www.3dvia.com/products/3dvia-virtools/

10-19-1 查看 3DXML 資訊

無法直接開啟 3DXML 否則會出現亂碼，透過以下方式查看 3DXML 內部資訊，這些是坊間常用伎倆，只是用在這裡罷了。

步驟 1 .3DXML 副檔名變更為 ZIP

步驟 2 解壓縮 ZIP 資料夾

步驟 3 進入資料夾將.3DXML 變更為 .XML

步驟 4 用記事本或瀏覽器開啟.XML

This XML file does not appear to have any style information associat

```
▼<Model_3dxml xmlns:xsi="http://www.w3.org/2001/XMLSchema-instance" xmlns=
  ▼<Header>
    <SchemaVersion>4.2</SchemaVersion>
  </Header>
  ▼<CATMaterialRef>
    ▼<CATMatReference xsi:type="CATMatReferenceType" id="0" name="Material_
      <PLM_ExternalID>Material_0</PLM_ExternalID>
```

10-19-2 3DXML Player

達梭有推出 3DXML Player，早期用在 3D Connect Central 網站中。達梭網站有 3DXML PLAYER 可下載，先前提供給 3D Connect Central 使用，後來於 2014 年支援 3DXML 檢視器，統一以 eDrawings 取代。

3DXML PLAYER 下載位置 www.3ds.com/products-services/3d-xml/

DOWNLOAD THE 3D XML PLAYER
THIS PLAYER IS FREE FOR DOWNLOAD AND USE BY END-USERS.

Get your 3D XML player here to visualize 3D XML content in a sta browser.

Operating system: Windows 7 64-bit, Windows 8 Desktop 64-bit

Web Browser: Internet Explorer 10 & Firefox ESR 24

Date posted: June 30, 2014

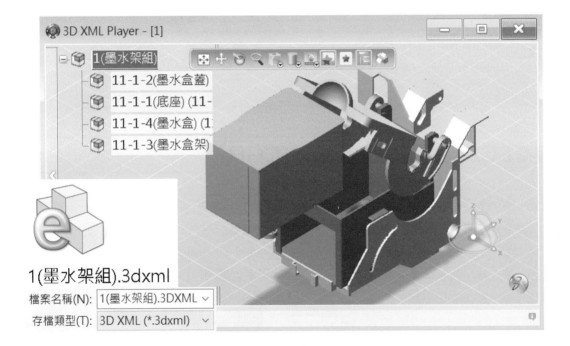

10-20 Microsoft XAML（*.XAML）

XAML（Extensible Application Markup Language）可延伸標記語言，以 XML 語言為基礎，可用於定義圖形資源、使用者界面或動畫等。

將零件存為 XAML 格式，再由 IE 瀏覽器開啟，開啟後以照片形式呈現。

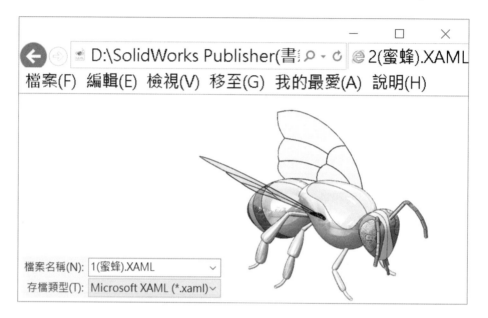

10-21 CATIA Graphics（*.CGR）

將零件輸出為 CATIA 的圖形檢視程式，檔案僅包含圖形資料，不能編輯與工程應用。

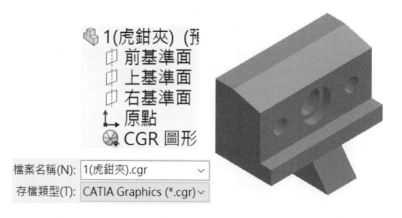

10-22 ProE/Creo Part（*.PRT）

將模型直接存成 Pro/E 零件檔案。檔名只接受 ASCII 字元，否則字元會被底線取代。CREO 有支援中文檔名，不過 SolidWorks 儲存 ProE/Cero 檔案會以 Pro/E 20 版定義。

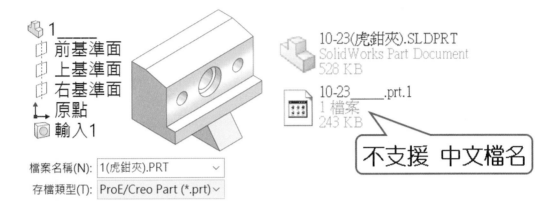

檔案名稱(N): 1(虎鉗夾).PRT

存檔類型(T): ProE/Creo Part (*.prt)

10-23 HCG（*.HCG）

HCG（Highly Compressed Graphics）高壓縮圖形，為 CATIA CATweb 的 HCG 檔案，適合網路傳輸。

很少人用 HCG，且 CATweb 找不到該程式，HCG 替代的 Viewer 更不好找，本節不說明。

檔案名稱(N): 1(Fork).HCG

存檔類型(T): HCG (*.hcg)

10-24 HOOPS HSF（*.HSF）

HOOPS HSF（Hoops Stream File）串流圖形檔案，顯示較大的檔案時非常有用。使用 HOOPS 檢視器來在 Internet 上檢視 HOOPS 檔案。

由於 HOOPS 3D Part Viewer for Acis 很冷門也不好找，本節不說明。

檔案名稱(N): 1(虎鉗夾).hsf

存檔類型(T): HOOPS HSF (*.hsf)

10-25 DXF（*.DXF）

零件轉 DXF/DWG 過程出現會出現 DXF/DWG 輸出管理員，設定要輸出項目。SolidWorks 2017 支援零件輸出 DXF/DWG，可省去到工程圖轉 DWG 過程以節省時間。

實務上零件轉 DXF/DWG 需求不高，多半是使用者不懂轉檔需求，常遇到零件只是要看看，只要轉 PDF 或 3D PDF 就好，若要看工程圖才有 DWG 的推論。

我們希望用複製→貼上方式完成圖形放置，你不能複製 SolidWorks 零件的草圖圖形→貼上到 DraftSight；但可以 DraftSight 複製 →SolidWorks，希望 SolidWorks 與 DraftSight 支援雙向複製與貼上。

會零件轉 DWG 都是高手，因為知道用途，例如：將該圖形放置 2D CAD 圖紙上，形成立體圖輔助。由於 DXF/DWG 輸出項目牽扯甚廣，於本章後續詳盡介紹。

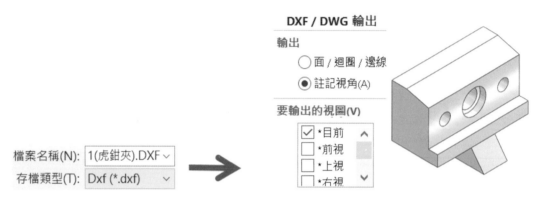

10-26 DWG（*.DWG）

DWG 相容性高，零件儲存為 DWG 會比 DXF 直接，DWG 與 DXF 說明相同，不贅述。

10-27 Adobe Portable Document Format（*.PDF ）

PDF（Portable Document Format）可攜式文件，1993 年Adobe 推出用於文件交換格式，2007 年 12 月成為 ISO32000 標準，成為大眾最能接受格式，然而免費 Adobe Reader PDF 閱讀軟體，更是人人必備。

自 2007 年 Adobe Acrobat 8 整合 STEP、IGES、Parasolid...等 3D 格式，跨平台整合 CAD/CAM，讓 PDF 可以檢視 3D 並用於工程資訊：量測、剖面、計算體積...等。

於零件轉 PDF 又稱 2D PDF，讓對方不需要繪圖軟體，直接看出模型長相，類似照片。

由於 SolidWorks 對 PDF 的支援由 Adobe Systems 提供，另存新檔稱為 Adobe Portable Document Format (*.PDF)，而不是 PDF (*.PDF)。

10-27-1 儲存之後檢視 PDF

儲存 PDF 後，系統自動開啟查看是否有問題，開啟過程會有等待時間。若要大量轉 PDF，□儲存之後檢視 PDF。

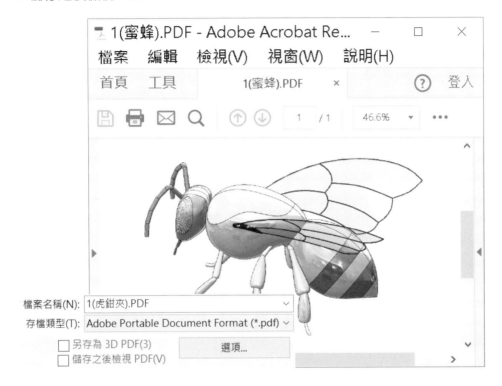

10-27-2 另存為 3D PDF

Adobe 在 2006 年 3 月推出 3D PDF 格式，模型轉換成可動態觀看和直覺溝通。對方 不需 CAD 軟體，直接旋轉模型看長相，這部分已取代 2D PDF，很可惜很多人不知道，當 我們轉這給客戶，客戶都覺得驚豔並凸顯專業。

所有 3D 軟體都有另存 3D PDF 功能，未來你可以要求對方轉 3D PDF 給你。對於零 件儲存為 2D PDF 就沒這必要，因為 3D PDF 就可以代表模型外觀，2D 和 3D PDF 接受度，還是 3D PDF 比較吸引人。

Adobe Reader 技術已經提升，甚至還可進行工程資訊：量測、剖面，適度了解這套 軟體是必要的。在另存新檔視窗下方 ☑3D PDF，第一次開啟 3D PDF 會要求確認這份文 件的安全性，於右上角點選：永遠信任此文件。

10-27-3 檔名區分

由於 3D PDF 與 PDF 副檔名相同,當你另存 3D PDF 會覆蓋先前所存的 2D PDF。

實務上會用檔名區分 2D 和 3D。

1(蜜蜂-2D).PDF

1(蜜蜂-3D).PDF

10-27-4 保持新版 Adobe Reader

必需透過 Adobe Reader 開啟 PDF,至 Adobe 官網下載 Adobe Reader,目前推出 DC 版,以最新版的 Reader 讓 PDF 功能提升。

10-28 Adobe Photoshop Files(*.PSD)

Photoshop 是美工軟體,將零件畫面存為 PSD 圖片格式。

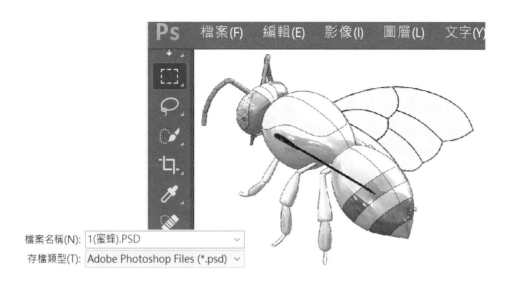

10-29 Adobe Illustrator Files（*.AI）

Illustrator 是美工軟體，將零件畫面儲存為向量線條，不過目前只能存成 AI 圖片檔案。要向量圖形必須到工程圖轉，或是零件存成 DWG 讓 Illustrator 輸入。

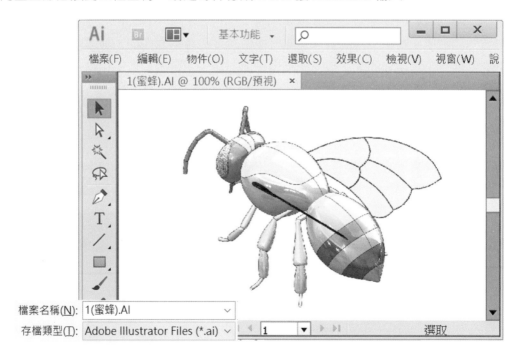

10-29-1 複製圖形至 Illustrator

複製零件圖形到 Illustrator，可用 2 種方式：1.**編輯➔複製圖形至 Illustrator**、2.**剪下或複製**。經測試不太能成功，應該是 SolidWorks 和 Illustrator 軟體版本不匹配，建議到工程圖完成此項作業。

10-30 JPEG（*.JPG）

將零件與背景畫面存為 JPG 格式。JPEG（Joint Photographic Experts Group）聯合圖像專家小組，優點：檔案小，但影像會失真。

有時為了方便，將模型轉成圖片是最方便做法，也讓對方好開，很多轉檔只是要看畫面，並非要進行工程用途的加工或 3D 模型細節討論。用螢幕截取不用轉檔，將部分畫面抓下來到 PowerPoint 是常見方式。

10-30-1 儲存之後檢視 JPG

於另存新檔視窗下方，☑儲存之後檢視 JPG，儲存之後系統以 Windows 相片檢視器開啟。

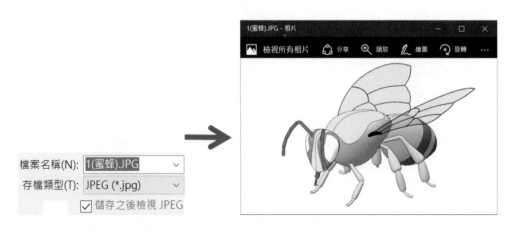

10-30-2 圖片輸出範圍

　　圖片輸出之前會將特徵管理員和工作窗格收起來後，來查看預覽範圍。圖面輸出範圍，包含：繪圖區域和特徵管理員。

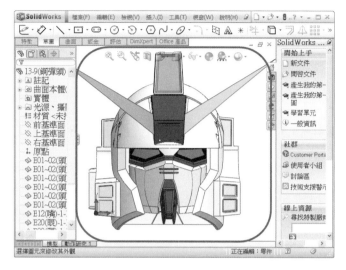

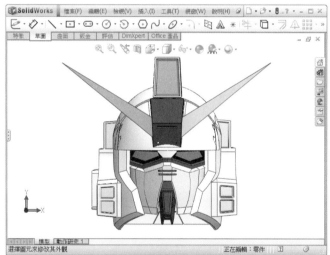

10-31 Portable Network Graphics（*.PNG）

　　PNG 可攜式網路圖形，是一種高壓縮、高品質的點陣圖圖形格式，常用於網路傳輸（放在網站上）。

　　品質與容量介於 TIF 和 JPG 之間，PNG 可以顯示去背的圖片格式，例如：蜜蜂和 SolidWorks 合成。

10-32 TIF（*.TIF）

TIF（Tagged Image File Format）或 TIFF 與 BMP 不同的是，不破壞檔案讓影像不失真，它會讓檔案比較大，適合大圖輸出。

10-33 Microsoft XML Paper Specification(*.EPRTX)

將零件輸出為 Windows XPS 文件格式，可以由 XPS Viewer 或 eDrawings 開啟，我們建議用 eDrawings 開，因為 XPS 很少人用。

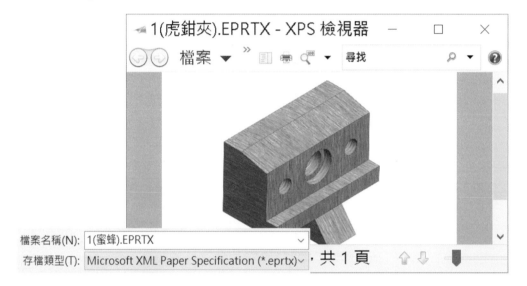

10-33-1 EPRTX 支援

必須附加☑SolidWorks XPS Driver，電腦也要安裝 XPS Viewer，還好 Windows 都內建 XPS Viewer。

10-34 DXF/DWG 輸出管理員

　　SolidWorks 2010 支援零件轉成 DXF/DWG 並擁有 DXF/DWG 輸出管理員，結合鈑金平板形式輸出，不必透過工程圖才可以轉 DXF/DWG。

　　標準做法：1.3D 模型→2.製作 2D 工程圖→3.轉成 DWG 工程圖。現在只要一個步驟，由零件轉 DWG/DXF。

　　在 2D 導 3D 作業中，本節是臨時配套作法，至少先讓 DWG 工程圖不僅只有 3 視圖，臨時加上 3D 立體圖，立即提升 DWG 工程圖識別能力，減少視圖判斷錯誤損失，例如：鈑金虛線和實線會影響彎折方向。

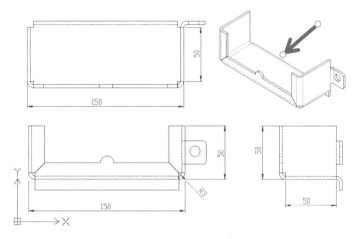

　　如果你不想理會這視窗，迅速將零件直接輸出 DXF。使用預設的☑註記視角、☑單一檔案（箭頭所示）→↵。自 SolidWorks 2017 為止，**DXF/DWG 輸出管理員僅支援零件**。

10-34-1 輸出－面/迴圈/邊線

　　將零件所選面輸出。選擇面/迴圈/邊線後，出現要輸出的圖元欄位。選擇模型平面、邊線迴圈或邊線圖元（可以重複選擇），這裡我們選擇前面，作為輸出選擇，以下介紹面/迴圈/邊線選擇限制。

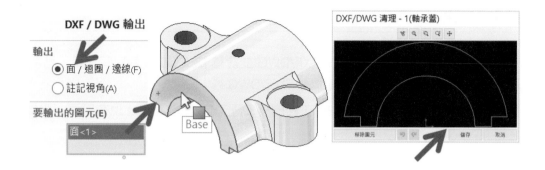

A 面必須為平坦

不支援曲面,為曲面不可被選擇。

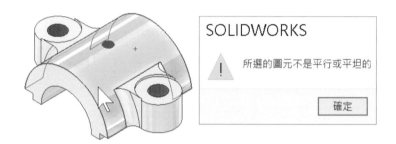

B 兩面之間必須平行

在 DXF/DWG 輸出管理員之中,非平行不可被選擇。要避免這情形,可以先選 2 個面,另存 DWG→這時 DXF/DWG 輸出管理員就可以讀取非平行面。

C 可以選擇迴圈

游標在邊線上右鍵→選擇迴圈。

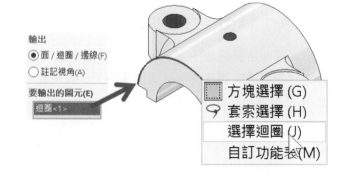

D 可以選擇邊線

用點選的方式——選擇邊線，不過邊線必須為線性，不得為曲線。

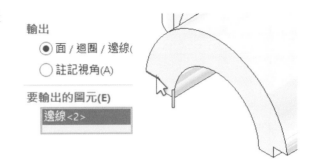

10-34-2 註記視角

承上節，輸出圖元有以上限制，你可以換另一個角度，將模型透過註記視角輸出，再修剪即可。

選擇註記視角，會出現要輸出的視圖欄位：目前、正視於、標準視角、自訂視角，也可以☑選擇全部。

標準視角系統用星號標註。標準視角包含 10 個視角：前視、後視、左視、右視、上視、下視、等角視、不等角、二等角、正視於，例如：☑目前和☑前視，輸出 DWG 後得到這 2 視圖。

預設☑目前，也是常用視角，有些人自行擺放要的視角，進行目前視角輸出。

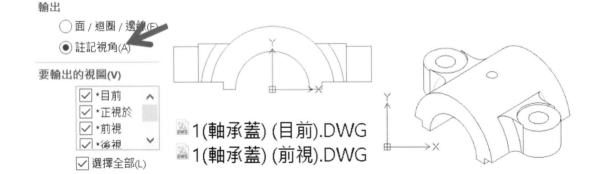

1(軸承蓋) (目前).DWG
1(軸承蓋) (前視).DWG

10-34-3 輸出對正

指定模型的座標，常用在加工基準需求，例如：加工機台設定左下角為原點。也可以不設定它，系統會以模型原點為輸出座標，不支援自行設定的座標系統（箭頭所示）。

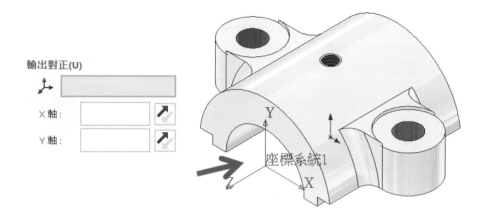

A 原點、X 軸、Y 軸

選擇模型點定義座標原點，這時三度空間座標就會顯示在所選的點上。選擇邊線定義 X、Y 軸放置。若座標表示的 XY 軸正好是你要的，不必再指定 X、Y 軸邊線也可以。

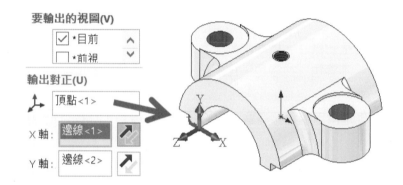

B 輸出對正的預覽

指定完輸出對正後，在預覽視窗以自訂座標為主要視角，並正視擺放。

不喜歡可以取消，系統會退回上一步。

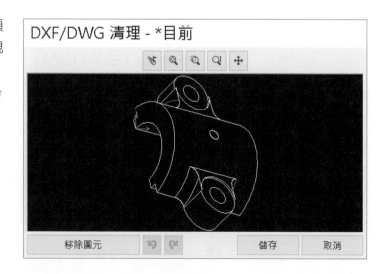

C 輸出對正支援

輸出對正與輸出選項的輸出座標系統原理
相同。

10-34-4 輸出選項

將所選的圖元或視角輸出為單一檔案或個別檔案。單一檔案：多圖頁；個別檔案：多
檔案呈現。

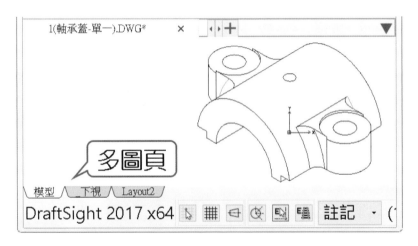

若要個別檔案，必須在要輸出的視圖中，指定多個識圖，例如：☑目前、□下視。

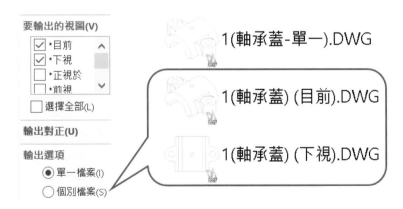

10-34-5 預覽視窗

以上的項目設定完後→DXF/DWG 清理視窗將會出現。由視窗預覽輸出的圖元或視角，對於複雜圖形拖曳視窗來控制視窗大小。

A 標準視角與配置

使用檢視指令檢查圖形結果，可透過滑鼠控制檢視指令。指定兩個以上的圖元或視角，透過配置●來觀看所指定輸出的設定畫面。

B 移除和復原圖元

點選或框選刪除不想輸出的圖元，可以用 Delete。復原或取消復原刪除的圖元。

C 儲存、取消

按下儲存成為 DWG 或 DXF 檔案，並完成轉檔作業。預覽不是你要的，按下取消→回到 DXF/DWG 輸出管理員的首頁。

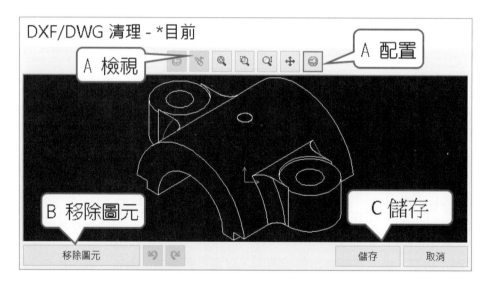

10-35 鈑金 DXF/DWG 輸出

將鈑金零件以平版型式（展開圖）輸出。有 2 種方法進入鈑金 DXF/DWG 輸出管理員：1.另存新檔 DXF 或 DWG、2.鈑金模型上方右鍵→輸出至 DXF/DWG。由管理員看到輸出項目多了與鈑金有關的圖元項目，接下來僅介紹不同處（箭頭所示）。

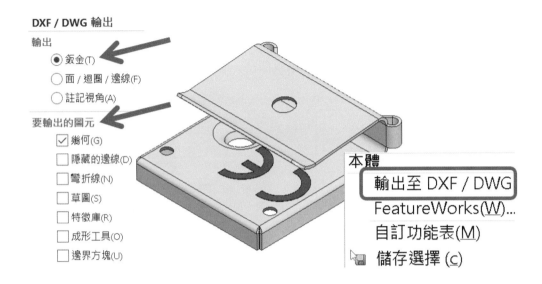

10-35-1 要輸出的圖元

點選鈑金可看到要輸出的圖元包含：1.幾何、2.隱藏的邊線、3.彎折線、4.草圖、5.特徵庫、6.成形工具、7.邊界方塊。

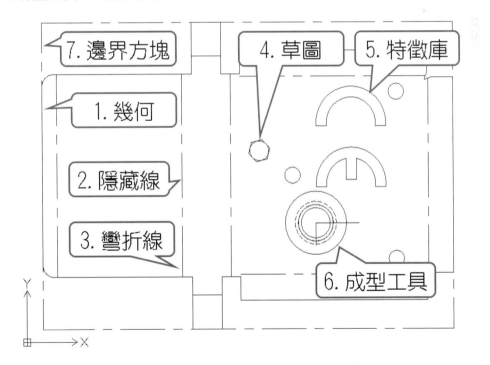

10-35-2 鈑金輸出支援度

鈑金輸出管理員僅針對平版型式（展開圖），如果還要其餘三視圖和立體圖，就要到工程圖再輸出成 DWG。若鈑金模型沒有特徵庫或成形工具，即使勾選也沒意義。

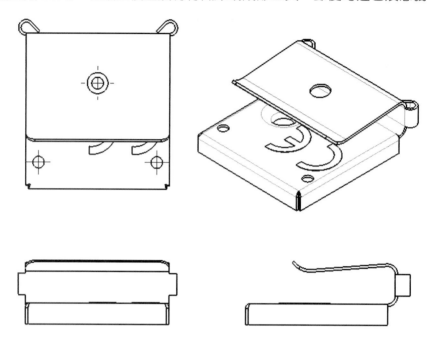

10-36 零件所選面與所選本體輸出

選擇模型部分輸出，不必整體輸出後再輸入刪除，或為了部分模型輸出，進行耗時的轉檔前置處理。另存新檔 X_T 會出現輸出視窗，指定：**所選面**、**所選本體**或**所有本體**。

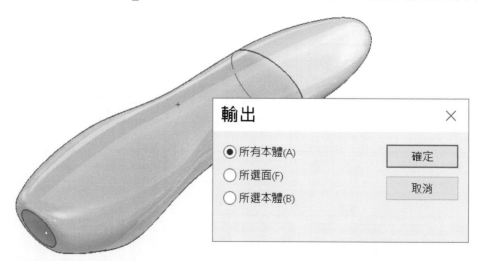

10-36-1 所選面

　　針對所選面輸出，輸入會以
曲面表示。不得點選特徵管理員
的本體。

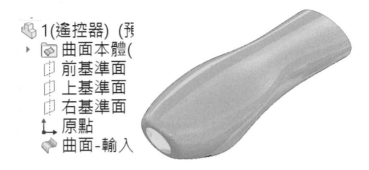

10-36-2 所選本體

　　針對該面所屬的本體進行轉檔，適合多本體輸出，例如：只為了輸出上方虎鉗夾，最
好在特徵管理員中指定本體，這樣比較好辨別。

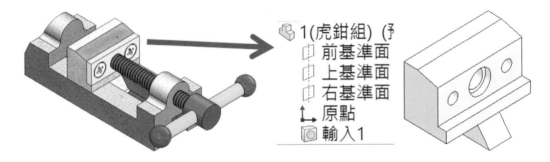

10-36-3 所有本體

　　針對所有本體轉換，其實不必出現輸出視窗也是所有本體進行輸出。

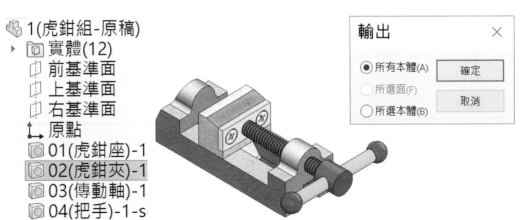

10-37 轉換為本體

承上節，將零件轉換為本體，重點是維持零件、組合件及工程圖參考，這是 SolidWorks 2017 新增功能。由於模型轉檔會遺失特徵，這項功能可以保留模型面和草圖資訊，當組合件和工程圖有參考到模型面或草圖時，將維持它們的穩定度。

例如：組合件的結合條件有將 2 圓柱面加入同軸心，或工程圖以模型面尺寸標註，模型轉檔後，還能維持它們參考。先前版本，只要模型轉檔這些面資訊會遺失，以新的幾何呈現。

本項功能可以省去轉檔過程，直接輸出為 SolidWorks 零件。轉檔過程：輸出 X_T→輸入 X_T→儲存 SolidWorks 零件。

本節僅說明零件轉換為本體與工程圖的穩定度，多本體與組合件的關聯於組合件輸出再介紹。若要詳盡說明可以參考 SolidWorks 線上說明的：將特徵轉換為本體和表面。

10-37-1 零件轉成本體製作過程

本節說明零件轉多本體，並查看☑保留參考幾何和草圖的項目差異。轉換為本體視窗中：另存新檔、另存副本並繼續、另存副本並開啟，這之間差異為檔案管理，將於《SolidWorks 專業工程師訓練手冊[11]-eDrawings 模型溝通與檔案管理》中說明。

步驟 1 於特徵管理員上方零件圖示☜右鍵→轉換成本體

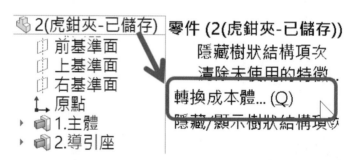

步驟 2 於轉換成本體視窗，點選右上方瀏覽

於另存新檔指定檔案儲存位置，因為副檔名相同，必須為不同檔名。

步驟 3 ☑另存副本並開啟、☑保留參考幾何和草圖→↵

轉換成本體

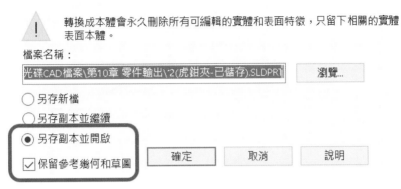

⚠ 轉換成本體會永久刪除所有可編輯的實體和表面特徵，只留下相關的實體表面本體。

檔案名稱：

光碟CAD檔案\第10章 零件輸出\2(虎鉗夾-已儲存).SLDPRT　　瀏覽...

○ 另存新檔
○ 另存副本並繼續
● 另存副本並開啟　　　　確定　　取消　　說明
☑ 保留參考幾何和草圖

步驟 4 查看儲存後結果

於特徵管理員可以見到草圖可以被保留（箭頭所示），無論實體或曲面，以🍥呈現模型幾何。

10-37-2 工程圖的幾何連結

先前已經利用尺寸標註，於工程視圖選擇模型邊線進行標註。由工程視圖得知原本的 1(虎鉗夾-原稿)→已經變更為 2(虎鉗夾)，尺寸標註不會遺失參考。

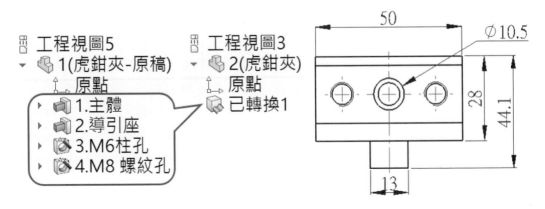

10-37-3 轉換為本體支援

本指令有幾項限制：1.模型必須為最新（需重新計算）、2.有特徵的模型、3.僅支援零件。

10-38 輸出至 AEC

AEC(Architecture Engineering and Construction)建築工程和製造。利用輸出至 AEC 精靈將模型輸出至建築軟體可以開啟的 SAT 格式，輸出過程透過精靈定義模型擺放位置，與簡化不要的特徵。

AEC 精靈類似簡化特徵（Defeature）＋轉成 SAT 格式。

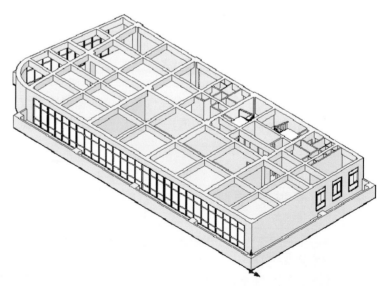

10-38-1 指令位置

工具→輸出至 AEC，進入指令後會出現屬性管理員，一步步引導完成作業。完成 3
大作業：1.類型與方位→2.指定輸出細節→3.最終步驟：預覽及儲存。

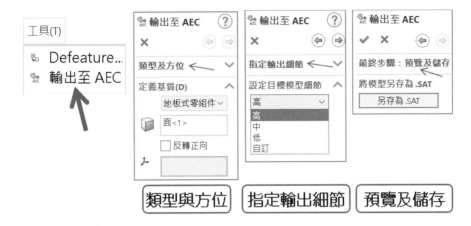

| 類型與方位 | 指定輸出細節 | 預覽及儲存 |

10-38-2 類型與方位

由清單定義定義零組件類型、選擇放置平
面、選擇放置點。零組件類型分別為：1.
地板式零組件、2.天花板/屋頂式零組件、3.壁
式零組件。

零組件類型會影響模型放置方位，選擇 Z
軸垂直所選面、選擇 Y 軸垂直所選面。

步驟 1 選擇壁式零組件點選模型底面

步驟 2 在模型上選擇參考點

步驟 3 下一步

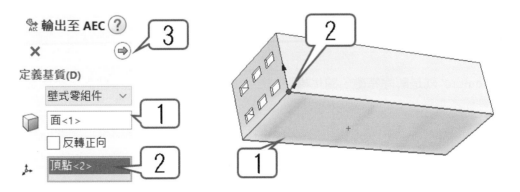

10-38-3 指定輸出細節

將模型移除細節並輸出，由清單設定：高、中、低或自訂並顯示預覽。

步驟 1 為了講解需要，點選低→產生預覽

系統自動視窗分割，旋轉模型可以同步見到移除細節的前後對照。

步驟 2 下一步

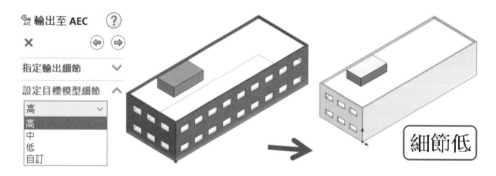

10-38-4 預覽及儲存

將模型儲存為 SAT，開啟 SAT 後看到結果。

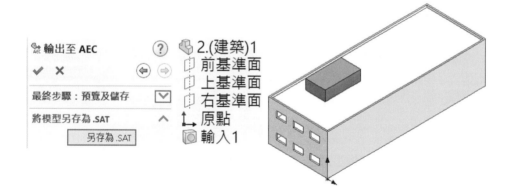

10-39 Defeature

Defeature 就是解除特徵，簡化模型特徵（移除細節），將結果儲存至新檔案。常用在設計細節不需要給對方，減少模型經抑制帶來的關聯性影響。

實務上也可以直接執行下一步➡，由系統自動演算，結果都還蠻接近想要的樣子。真的還有些要移除，再回到上一步◉設定細節。

Defeature 有 3 大特點：

1.　迅速移除外部細節：會自動移除模型外部鑽孔，除非指定保留。

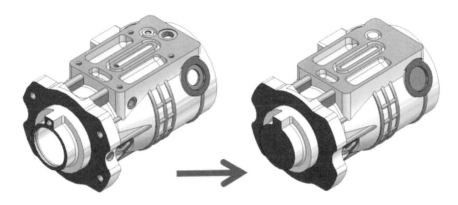

2.　模型轉檔唯一保有關聯性：模型轉檔不會保有關聯性，只有 Defeature 可以。

3.　分割視窗比對設定前後的結果：在還沒完成之前，你可以盡情設定。

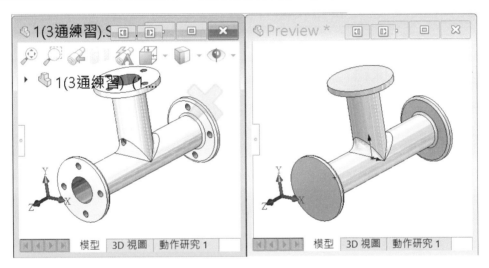

10-39-1 指令位置

　　工具➔Defeature，進入指令後會出現屬性管理員，一步步引導完成作業。完成 3 大作業：1.選擇要保持的特徵➔2.選擇要移除的特徵➔3.檢視結果與輸出。

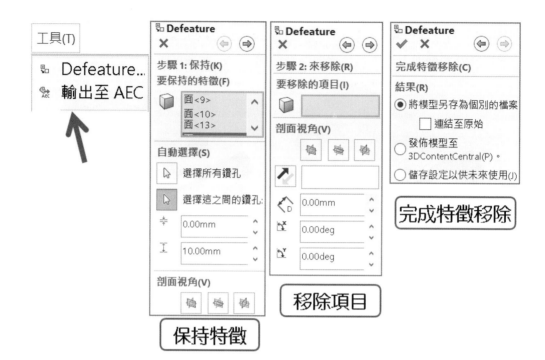

10-39-2 步驟 1.保持

本節說明：要保持的特徵、自動選擇、剖面視角。

A 要保持的特徵 ▣

於繪圖區點選要保持的特徵面，SolidWorks 會自動填料來填補內部細節，常填補的有：模型內部、小細節和鑽孔。你不必點選特徵的所有面，只要選擇特徵其中一個面即可，例如：選擇 3 通的 2 大圓柱面，SolidWorks 自動填補孔和鑽孔。實務上，孔特徵會保留，移除導圓角特徵。

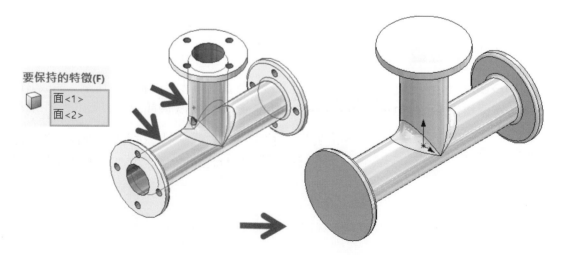

B 自動選擇

選擇要被保留的鑽孔,可以設定:所有鑽孔和選擇這之間的鑽孔(設定下方的孔徑範圍)。例如:3 通管的小孔 Ø6,大孔 Ø25,定義最小 7 最大 30。這時系統會排除小孔 Ø6,僅選擇大孔。

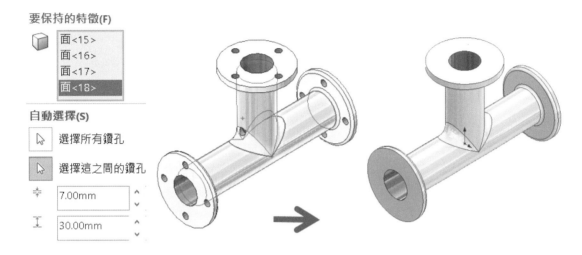

C 剖面視角

指定剖面來定義距離和角度查看模型內部,立即查看移除的預覽,該設定和剖面視角功能相同,不贅述。

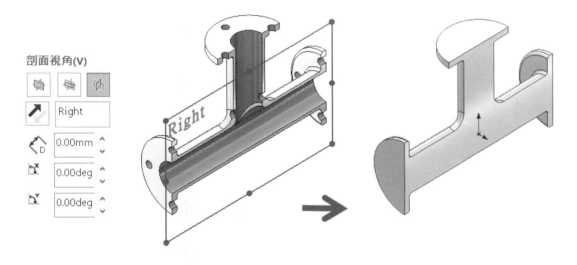

10-39-3 步驟 2.來移除

選擇要移除的特徵。和上節相反,上節要選擇保持的特徵。完成上節設定後→下一步 ⇨,系統計算移除特徵,本節和上節說明相同,僅簡略介紹。

點選圓角面作為移除特徵，於文意感應選擇特徵，會見到要移除的項目中，已經加入 Fillet2（箭頭所示）→下一步◉。

10-39-4 完成特徵移除

於結果欄位中進行下列 3 項設定，定義儲存結果，通常將模型另存為個別檔案。

A 將模型另存為個別的檔案

將模型儲存，並定義是否連結原始，當模型變更結果也會跟著變更。這時會出現另存新檔視窗，指定新零件位置，通常會更改檔名，例如：導管-完成。

開啟模型後，於特徵管理員可以見到解除特徵圖示。☑連結至原始，解除特徵旁出現外部參考圖示->。

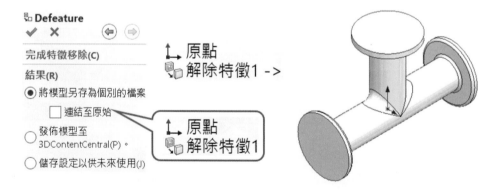

若要開啟原始模型，點選解除特徵→右鍵→編輯關聯零組件，編輯關聯零組件類似開啟舊檔。

B 發佈模型至 3D ContentCentral

將模型上傳至 3D 內容中心，上傳過程系統自動將模型為 zip 壓縮，且模型不得為中文。僅限定供應商（Supplier）才可以上傳，要註冊成為 3DCC 的供應商。

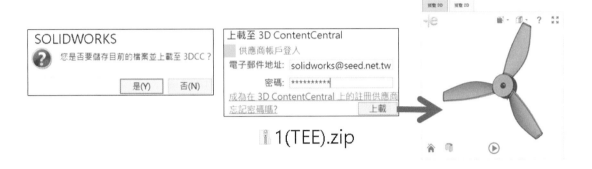

C 儲存設定以供未來使用

將先前的🔩設定以特徵管理員紀錄於原始模型中，以供未來使用（不儲存為另一份檔案）。

若要編輯🔩設定，點選 Defeature 右鍵→編輯特徵🔩，回到 Defeature 管理員。

也可以在快顯功能表下方，進行上述 3 項設定，不必回到 Defeature 管理員。

點選 Defeature，即可刪除。

10-39-5 更新解除特徵

當原始模型變更，於 Defeature 模型不會自動更新，這時會出現更新圖示🔩。於特徵管理員解除特徵圖示按右鍵→更新解除特徵。也就是☑連結至原始。

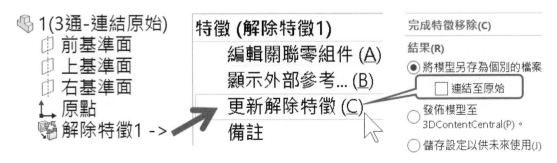

10-40 不再支援格式

以下的格式，SolidWorks 已不再支援，並說明原因。

10-40-1 Viewpoint MTX/MTS Files（*.MTS）

Viewpoint MTX/MTS，副檔名 MTX、MTS。Viewpoint 是 3D 網頁格式，透過 Viewpoint player 觀看檔案格式，運用在 SolidWorks 3D ContentCentral 和許多大型企業網站系統，例如：SONY、MISUMI 等。輸出 MTX/MTS 後，系統會自動轉出 MTX 和 MTS 這兩種格式。

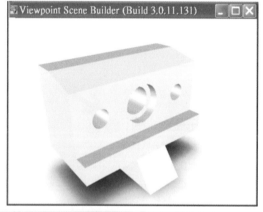

10-40-2 Universal 3D（*.u3d）

Universal 3D 是 Acrobat Professional Extended 檔案格式。在其中輸入 U3D 檔案，進行編排以分享和檢視互動式 3D 設計。Acrobat Professional Extended 不是 Acrobat Reader。

U3D 僅適用 32 位元，數年前由 PRC（Product Representation Compact）檔案取代。早期 SolidWorks 產生 U3D 發生記憶體不足錯誤和不穩定，這部分 SolidWorks 向 Adobe 反映多年。

PRC 3D 也適用 3D PDF，已成為 ISO-14739 標準，以 U3D 為基礎修正其缺點，更新幾何形狀定義：支援 NURBS 曲面、更好三角形網格壓縮、註解，PMI、大型組件...等。

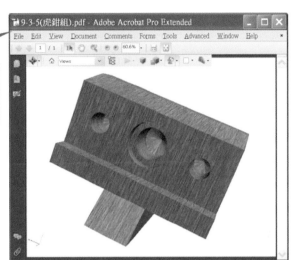

Acrobat Professional Extended

檔案名稱(N): 10-2(虎鉗夾).U3D

存檔類型(T): Universal 3D (*.u3d)

11

組合件輸出

本章介紹組合件另存新檔作業,認識支援的輸出格式有哪些。組合件轉檔最多人忽略,很多操作不知道可以這樣做,保證恍然大悟。本章重點在組合件轉零件,這部分很多人不知道,是協同設計的解決方案。

本章後面介紹:所選模型輸出、輸出至 AEC、Defeature、轉換為本體,這些都是業界少見的作業,與設計關聯性有關為大型組件關聯性技術,業界的解決方案。

很多格式轉檔後會儲存為一個檔案,不必一個零件分別轉出,除非你到輸出選項中設定。絕大部分格式前幾章已說明,不詳盡贅述,JPG、PNG、TIF 整合為一節說明,避免閱讀不耐。以下介紹的檔案格式排列依清單順序進行排列。

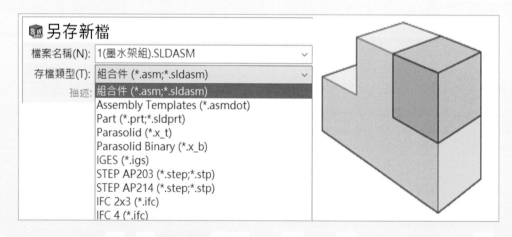

11-1 組合件（*.ASM、*.SLDASM）

另存組合件常用來更改檔名、更新組合件位置、製作另一個備份。只用來儲存組合件而不更改檔名就多此一舉，為何這麼說，常遇很多人用另存新檔來更新文件。

開啟 SolidWorks 1995-1997 的 ASM，另存新檔後 ASM 會改為 SLDASM。

CRANK-ASSY.SLDASM

CRANK-ASSY.ASM

檔案名稱(N): 1(墨水架組).SLDASM
存檔類型(T): 組合件 (*.asm;*.sldasm)

11-1-1 檔案關聯性

組合件由模型而來，不能僅給對方組合件檔案，要連同模型給對方（方框所示）。否則開啟組合件時，系統會詢問組合件內模型位置，若不給它，開啟組合件後內容是空的。

11-1-2 包括所有參考的零組件

另存新檔過程☑包括所有參考的零組件,可以連同組合件和參考的模型一同被複製。

11-2 Assembly Templates(*.ASMDOT)

製作組合件和零件範本是相同觀念,不贅述。製作範本過程不能有任何文件,會出現無法儲存為範本訊息。

11-3 Part(*.PRT、*.SLDPRT)

將組合件存為多本體零件,很多人不知道可以這樣,這是本章重點。由另存新檔下方選擇:1.外部面、2.外部零組件和 3.所有零組件。以電池盒組為例,內部包含電路板和電池。

組合件存成零件後，還要注意版本問題，例如：SolidWorks 2017 存成零件，該零件就是 2017。若你要查詢更詳盡資訊，於 SolidWorks 線上說明輸入：組合件儲存為多本體零件。

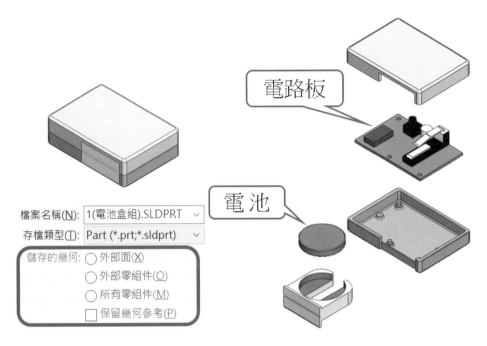

電路板

電池

11-3-1 外部面

將模型所有外部面儲存為曲面。儲存後發現電路板和電池不會被轉出，因為它們在模型內部。換句話說，將所有零件放置組合件中（不必組裝），就可以零件實體轉曲面，只是沒想到組合件可以用來轉檔之用，例如：1.零件放在組合件→2.存成零件→3.外部面。

常態想法組合件就要組裝，活用組合件就是你的專業。

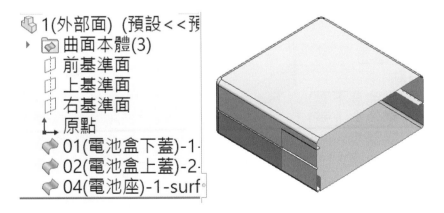

11-3-2 外部零組件

將外部模型儲存，得到實體零件，適用封閉機構。可以發現電路板和電池不會被轉出，因為它們在模型內部。例如：遙控器用這手法，把外殼儲存不必花時間抑制內部零件或擔心內部電路板被轉出。

組合件一定要為封閉模型，否則這項目無意義，例如：墨水夾所有零件都會被轉出。

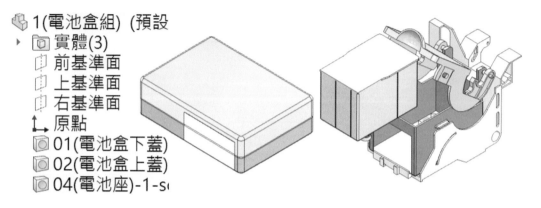

11-3-3 所有零組件

將組合件中所有模型儲存起來，無論模型為開放或封閉機構，會得到多本體零件，上方剖面為示意。有些人想要將組合件統一加入材質，目前組合件沒這功能，可以將組合件存為零件後，使用多本體零件加入材質後得到物質特性。

組合件中有隱藏或抑制的模型，不會被儲存出來，可以避免不必要的模型本體轉出，或事後於多本體零件刪除不要的本體。

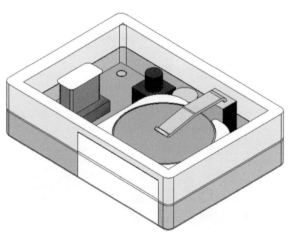

11-3-4 保留幾何參考

　　將次組合件儲存為多本體零件，並保留組合件結合條件，可以簡化組合件階層，特別用在大型組件。

步驟 1 於組合件開啟 2(支架組)次組件

步驟 2 另存為零件，☑所有零組件、☑保留幾何參考→存檔為 1(支架組-保留幾何參考)

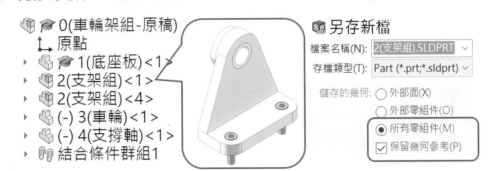

步驟 3 於組合件特徵管理員，點選 2(支架組)次組件右鍵→取代零組件

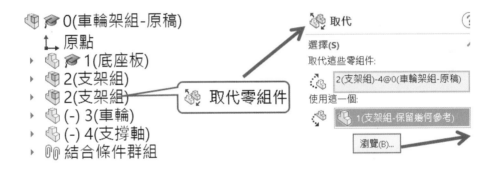

步驟 4 瀏覽找出 1(支架組-保留幾何參考).SLDPRT→↵

　　可以見到次組件被抽換為 1(支架組-保留幾何參考)，可以見到先前次組件的結合條件保留，並套用在多本體零件中。

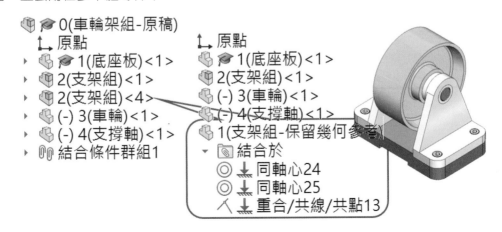

11-3-5 關聯與機密考量

　　將複雜或有機密的組合件儲存為零件傳送給客戶，不會危及機密性。另外大型組件不是一人可完成需要協同設計，假設分成 4 站，每站都要參考其他站，這時可以每站儲存為零件。

　　設計底部骨架的同事，將上方 3 站組合件另存為零件，與底部骨架組合件組裝，以查看之間關聯性。最大效益不需要其他站的組合件，組合件之間的關聯性最難維持。

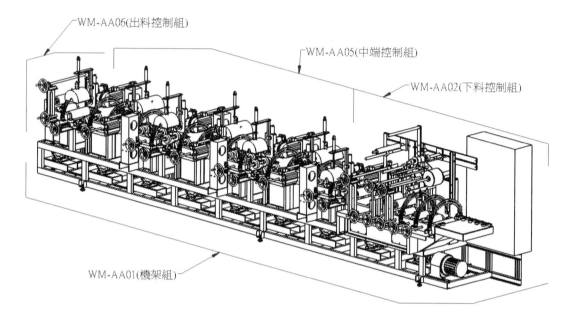

11-3-6 儲存 DWG 做準備

　　由於組合件無法轉 DWG，只能將組合件轉成零件後→再轉 DWG。3D，DWG 要由零件轉成 SAT，讓 2D CAD 軟體輸入。

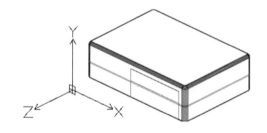

11-3-7 產生單一本體

　　組合件儲存為多本體零件過程，目前無法自動將它們自動合併為單一本體。可以於事後使用結合（插入→特徵）⬦，利用加入功能把多本體轉成單一本體。

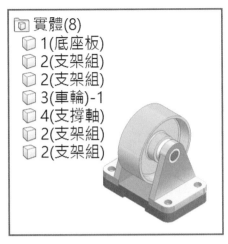

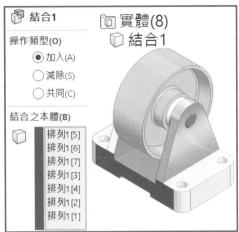

11-4 Parasolid（*.X_T）

組合件存成*.X_T會變成一個檔案，是最好儲存格式。

11-5 Parasolid Binary（*.X_B）

將組合件存為 X_B 二進位格式，會變成一個檔案，實務上轉成 X_T 和 X_B 讓對方測試。

| 檔案名稱(N): | 1(電池盒組-原稿).X_T ∨ |
| 存檔類型(T): | Parasolid (*.x_t) ∨ |

| 檔案名稱(N): | 1(電池盒組-原稿).X_B ∨ |
| 存檔類型(T): | Parasolid Binary (*.x_b) ∨ |

11-6 IGES（*.IGS）

將組合件存成 IGES 後會變成一個檔案。

| 檔案名稱(N): | 1(電池盒組-原稿).IGS ∨ |
| 存檔類型(T): | IGES (*.igs) ∨ |

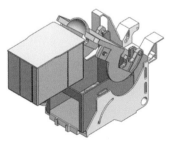

11-7 STEP AP203（*.STEP、*.STP）

常見的共同格式，將組合件存成 STEP 後會變成一個檔案。

11-8 STEP AP214（*.STEP、*.STP）

STEP AP214 支援色彩的輸入與輸出，使用方式與 STEP AP203 相同，不贅述。

| 檔案名稱(N): | 1(電池盒組).STEP | ∨ |
| 存檔類型(T): | STEP AP203 (*.step;*.stp) | ∨ |

| 檔案名稱(N): | 1(電池盒組).STEP | ∨ |
| 存檔類型(T): | STEP AP214 (*.step;*.stp) | ∨ |

11-9 IFC 2x3（*.IFC）

將組合件轉檔 IFC2x3，和零件說明相同，不贅述。

11-10 IFC 4（*.IFC）

將組合件轉檔 IFC4，和零件說明相同，不贅述。

| 檔案名稱(N): | 1(電池盒組).IFC ∨ |
| 存檔類型(T): | IFC 2x3 (*.ifc) ∨ |

| 檔案名稱(N): | 1(電池盒組).IFC ∨ |
| 存檔類型(T): | IFC 4 (*.ifc) ∨ |

11-11 ACIS（*.SAT）

ACIS 是 AutoCAD 3D 繪圖核心，若對方用 ACIS 繪圖核心，儲存為 SAT 是不錯格式，

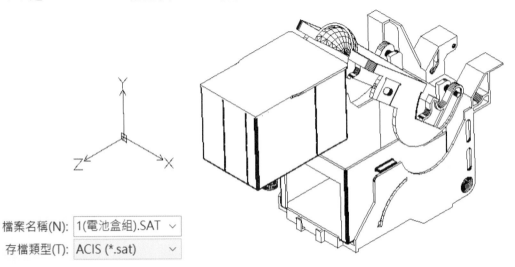

檔案名稱(N)：1(電池盒組).SAT

存檔類型(T)：ACIS (*.sat)

11-12 STL（*.STL）

STL 是常見的三角網格模型格式，儲存會以零件呈現，常用在 3D 列印。

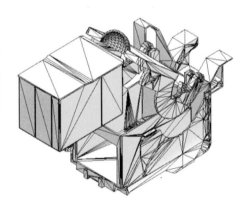

1(墨水架組)
▸ 實體(5)
前基準面
上基準面
右基準面
原點
輸入1
輸入2
輸入3

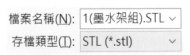

檔案名稱(N)：1(墨水架組).STL

存檔類型(T)：STL (*.stl)

11-13 3D Manufacturing Format（*.3MF）

這是 SolidWorks 2017 新支援的格式，於零件有說明過。

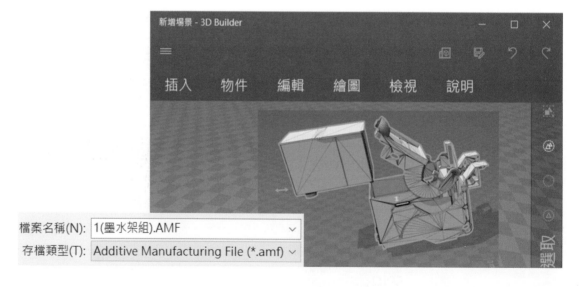

11-14 Additive Manufacturing（*.AMF）

SolidWorks 2017 新支援格式，由於 SolidWorks 不支援開啟 AMF，本節以 3D Builder 示意。

11-15 VRML（*.WRL）

3D 網頁共同格式，也是常見的三角網格模型格式。由於儲存時間很長，建議組合件儲存為零件後，再轉 VRML。

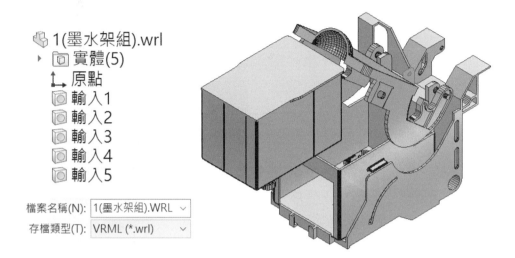

檔案名稱(N): 1(墨水架組).WRL

存檔類型(T): VRML (*.wrl)

11-16 eDrawings（*.EASM）

組合件儲存為 eDrawings，可得到組合件結構，進行工程作業。

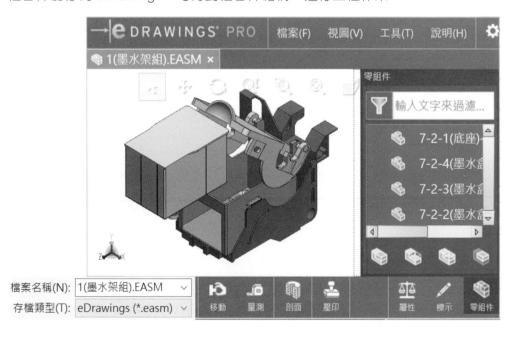

檔案名稱(N): 1(墨水架組).EASM

存檔類型(T): eDrawings (*.easm)

11-17 3D XML（*.3DXML）

　　SolidWorks 不支援 3D XML 開啟，可透過 eDrawings 開啟。

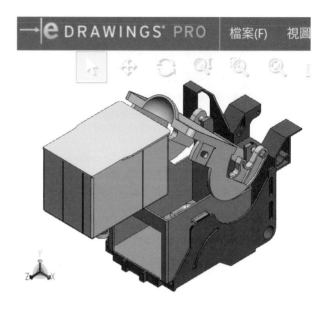

11-18 Microsoft XAML（*.XAML）

　　將組合件存為 XAML，由 IE 瀏覽器開啟，開啟後以照片形式呈現。

檔案名稱(N): 1(墨水架組).XAML

存檔類型(T): Microsoft XAML (*.xaml)

11-19 CATIA Graphics（*.CGR）

將組合件儲存會以零件呈現，檔案僅包含圖形資料，不能編輯與工程應用。

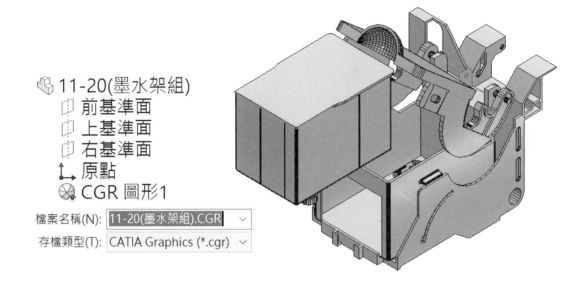

🗊 11-20(墨水架組)
　　🔲 前基準面
　　🔲 上基準面
　　🔲 右基準面
　　⤷ 原點
　　🌐 CGR 圖形1

檔案名稱(N)： 11-20(墨水架組).CGR ▾

存檔類型(T)： CATIA Graphics (*.cgr) ▾

11-20 ProE/Creo Assembly（*.ASM）

將模型直接存成 Pro/E 組合件檔案。檔名只接受 ASCII 字元，否則字元會被底線取代。CREO 有支援中文檔名，不過 SolidWorks 儲存 PROE/CREO 檔案會以 Pro/E 20 版定義。

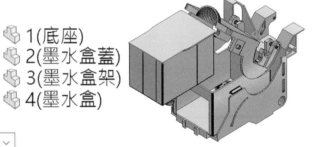

🗊 11-21_____ (預設)
　　⤷ 原點
▸ 🗊 (-) 2___black_ink<1>　　🗊 1(底座)
▸ 🗊 (-) 1_black_ink<1>　　🗊 2(墨水盒蓋)
▸ 🗊 (-) 4__black_ink<1>　　🗊 3(墨水盒架)
▸ 🗊 (-) 3___2d_layout<1>　🗊 4(墨水盒)
　　🔗 結合

檔案名稱(N)： 1(墨水架組).ASM ▾

存檔類型(T)： ProE/Creo Assembly (*.asm) ▾

11-21 HCG（*.HCG）

為 CATIA CATweb 的 HCG 檔案，很少人用 HCG 格式，零件說明過，不贅述。

檔案名稱(N): 1(墨水架組).HCG
存檔類型(T): HCG (*.hcg)

11-22 HOOPS HSF（* .HSF）

串流圖形檔案，很少人用 HCG 格式，零件說明過，不贅述。

檔案名稱(N): 1(墨水架組).HSF
存檔類型(T): HOOPS HSF (*.hsf)

11-23 Adobe Portable Document Format（*.PDF）

組合件另存新檔視窗 ☑3D PDF，讓組合件擁有動態觀看 3D PDF 格式。

2(墨水架組-3D).PDF - Adobe Ac...

檔案　編輯　檢視(V)　視窗(W)　說明(H)

檔案名稱(N): 1(墨水架組).PDF
存檔類型(T): Adobe Portable (*.pdf)
☑ 另存為 3D PDF(3)
☑ 儲存之後檢視 PDF(V)

11-24 Adobe Photoshop Files（*.PSD）

將組合件畫面存為 PSD 圖片格式。

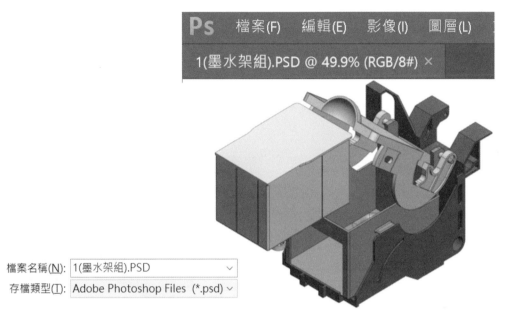

檔案名稱(N): 1(墨水架組).PSD

存檔類型(T): Adobe Photoshop Files (*.psd)

11-25 Adobe Illustrator Files（*.AI）

將組合件畫面存為 AI 格式。

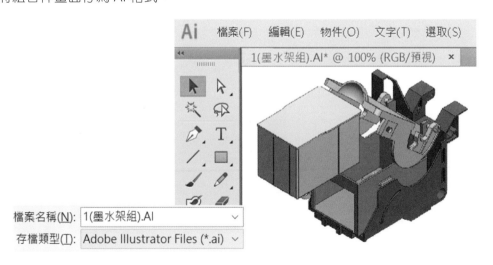

檔案名稱(N): 1(墨水架組).AI

存檔類型(T): Adobe Illustrator Files (*.ai)

11-26 Microsoft XML Paper Specification(*.EASMX)

將組合件輸出為 Windows XPS 文件格式，可以由 XPS Viewer 或 eDrawings 開啟，我們建議用 eDrawings 開，因為 XPS 很少人用。必須附加 SolidWorks XPS Driver 2017 才可以使用該格式。

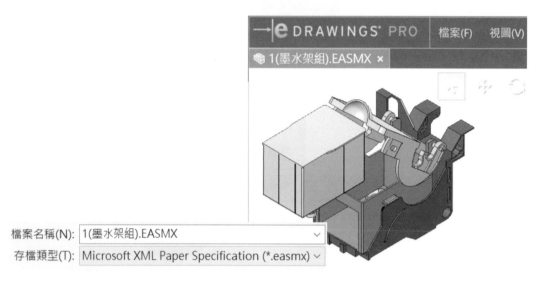

11-27 JPEG、PNG、Tif

將組合件畫面存為圖片格式。

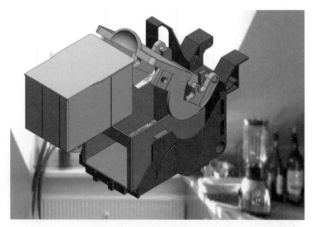

11-28 組合件所選模型輸出

組合件可指定某幾個模型輸出,例如:選擇 2(墨水盒蓋)→另存 IGES,會出現只要輸出所選物件,按下是:僅輸出 2(墨水盒蓋).IGES、按下否:整體輸出。

必須在特徵管理員中點選模型,不能點選模型面,否則無法指定所選物件,因為特徵管理員屬於整體選擇。

並非每個格式都支援輸出,例如:X_T、STL、VRML...等無法使用所選模型輸出,只有 IGES 可以。本節說明與零件輸出相同,差別在於零件是所選本體,組合件是所選模型,其餘相同。

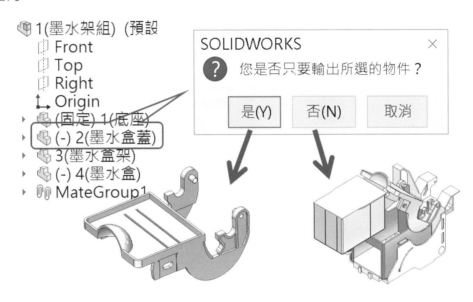

11-29 輸出至 AEC

組合件也和零件支援 AEC 輸出,操作和零件相同,不贅述。

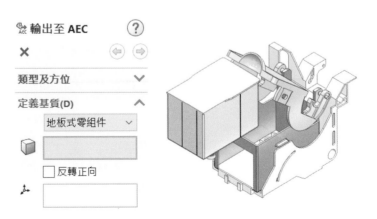

11-30 Defeature

組合件的 Defeature💬整合另存零件並簡化零件的呈現，唯一可以將組合件輸出另一份零件＋另一份組合件，並保有關聯性。

💬組合件比零件多了結合條件輸出，其餘操作與💬零件差不多，本節僅說明不同處。

11-30-1 指令位置

工具→Defeature💬，進入指令後會出現屬性管理員，一步步引導完成作業。完成 5 大作業：1.移除零組件→2.組合件動作→3.要保持的特徵→4.移除的項目→5.檢視結果與輸出。

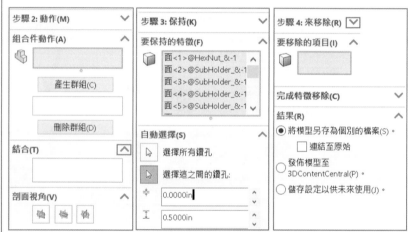

11-30-2 步驟 1 零組件

點選來移除不要呈現的模型，本節說明：移除和例外。

A 移除

選擇內部零件、小零組件、所選零組件，這 3 項可同時選擇。

A1 內部零件

系統自動選擇內部模型，適用封閉機構。

A2 小零組件

指定體積百分比，小於輸入的數值＝移除，迅速指定輸出範圍，適用大型組件，減少點選模型的不便。

A3 所選零組件

直接點選不要輸出的模型，這比較常用，例如：螺絲與螺帽不要被輸出。

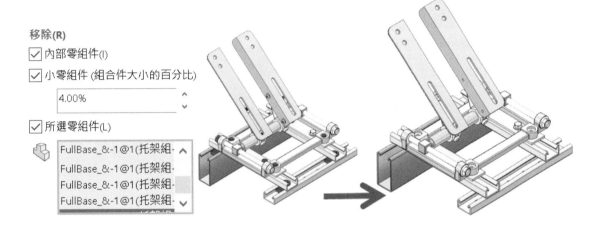

A4 顯示

由清單切換模型選擇的狀態：顯示全部、隱藏移除的零組件、隱藏其他、透明化其他。常用於隱藏移除的零組件。

A5 更新

更新上方顯示的選擇。有時候要先到步驟2，再回來步驟1，按下更新才會有顯示效果。

B 例外

根據上方設定而被移除的模型，可以在此處選擇要保留，原廠說明已經很清楚了。

例外(E)

根據上方設定而被移除的零組件可以在此處選擇它們以保留：

11-30-3 步驟 2 組合件動作

　　將所選模型的結合條件保留，點選完成後→按下產生群組（箭頭所示），於結合欄位可以見到被保留的結合條件。若要加速選擇，可以全選後，再點選不要的模型。

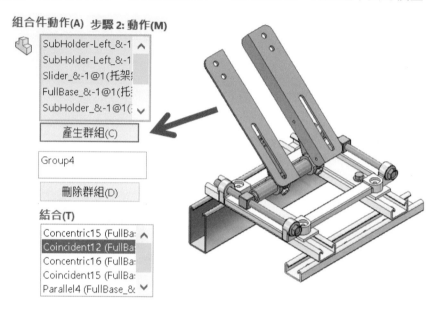

11-30-4 步驟 3 要保持的特徵

　　選擇要保持的零件特徵，與零件 Defeature 操作說明類似，不贅述。

　　承上節，將所選模型的結合條件保留，這些結合條件會與模型關聯。

　　完成上節設定後→下一步，本節自動將這些模型選擇，作為要保持的特徵。通常特徵來維持軸心固鎖。

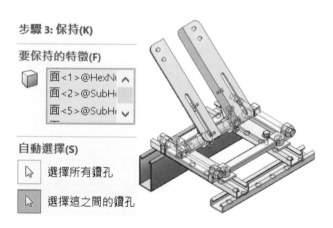

11-30-5 移除的項目

　　由繪圖區域選擇要移除的：面、特徵、本體或整個模型，這時會見到預覽視窗。這裡跳過都不選→。

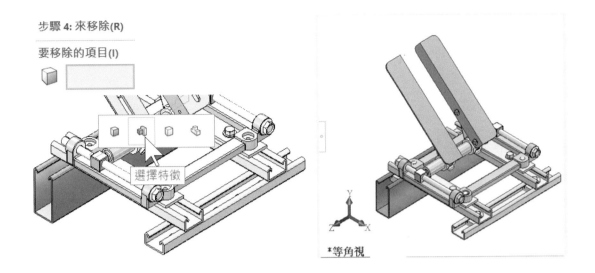

步驟 4: 來移除(R)

要移除的項目(I)

選擇特徵

*等角視

11-30-6 檢視結果與輸出

於結果欄位中進行下列 3 項設定：本節僅說明：將模型另存為個別的檔案。將模型儲存這時會出現另存新檔視窗，指定新組合件位置，通常會更改檔名，例如：1(托架組-完成)。

開啟模型後，於特徵管理員可以見到 解除特徵資料夾，內有保持的模型，以及模型結合條件。

另存新檔

檔案名稱(N)：　1(托架組-完成).SLDASM

存檔類型(T)：　Assembly(*.sldasm)

存檔(S)　　　取消

1(托架組-完成) (預設)
　原點
　解除特徵 ->
　▶　(固定) [Group
　▶　(-) [HexNut_&-
　▶　[SubHolder_&-
　▶　[SubHolder-Left
　▼　結合
　　　同軸心1
　　　同軸心2
　　　重合/共線/共點1
　　　重合/共線/共點2

A 組合件儲存為零件

於 Defeature 不能執行結合。

11-30-7 更新解除特徵

當組合件位置變動，結果也會跟著變更。於 Defeature 模型不會自動更新，於特徵管理員解除特徵圖示右鍵→更新解除特徵。

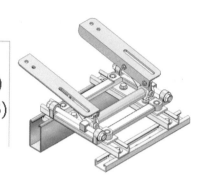

11-31 轉換為本體

本節延續零件 10-37 轉換為本體，進行組合件的零件轉換為本體，驗證零件是否維持結合條件和工程圖尺寸標註關聯性。

連接板與軸心和旋鈕皆有結合條件關聯，將連接板轉換為本體。工程圖僅標示連接板與其他零件的標註，驗證轉換為本體後，是否還維持工程圖的尺寸標註。

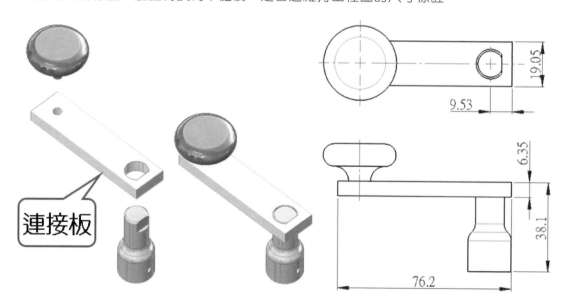

11-31-1 連接板零件轉換為本體

先開啟把手組合件，連接板與軸心和旋鈕有結合條件，所以將連接板轉換為本體，來驗證轉換為本體後，是否還維持關聯性。

步驟 1 由於轉換為本體僅支援零件，必須開啟 2(連接板).SLDPRT

步驟 2 於零件圖示右鍵→轉換為本體

步驟 3 更改檔名 2-1(連接板).SLDPRT，☑另存副本並開啟、☑保留參考幾何和草圖→↵。

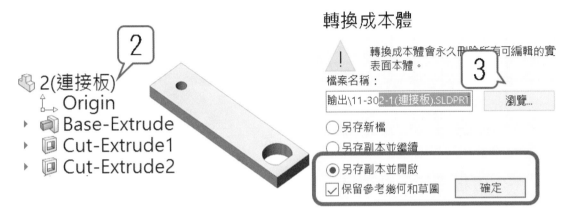

11-31-2 組合件結合條件關聯性

於把手組合件中，將 2(連接板).SLDPRT 抽換為 2-1(連接板).SLDPRT，查看是否維持組合件的結合條件。

步驟 1 於特徵管理員點選 2(連接板)右鍵→取代零組件

步驟 2 瀏覽找出 2-1(連接板).SLDPRT→↵

可以見到零件被抽換。

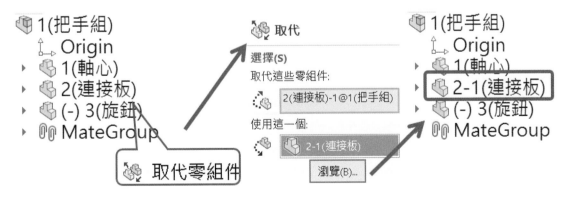

步驟 3 查看結合條件的連結性

展開 2-1 連接板，可見到先前的結合條件還在。

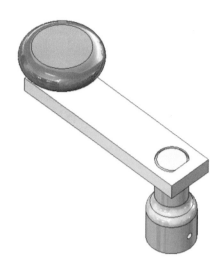

- 🔷 1(把手組)
- 📐 Origin
- 🔷 1(軸心)<2>
- 🔷 2-1(連接板)<1>
  - ▾ 🔗 結合於 2(把手組-取代零組件)
    - 人 重合2 (3(旋鈕)<1>)
    - ◎ 同軸心2 (3(旋鈕)<1>)
    - 人 ⊥ 重合 (1(軸心)<2>)
    - 人 ⊥ 重合1 (1(軸心)<2>)
    - ◎ ⊥ 同軸心 (1(軸心)<2>)

11-31-3 工程圖的尺寸連結

尺寸標註不會遺失參考。由工程視圖得知原本的 1(虎鉗夾-原稿)➔已經變更為 2(虎鉗夾)，尺寸標註不會遺失參考。

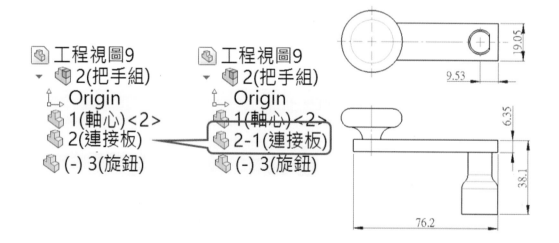

- 🔷 工程視圖9
  - ▾ 🔷 2(把手組)
    - 📐 Origin
    - 🔷 1(軸心)<2>
    - 🔷 2(連接板)
    - 🔷 (-) 3(旋鈕)

- 🔷 工程視圖9
  - ▾ 🔷 2(把手組)
    - 📐 Origin
    - 🔷 1(軸心)<2>
    - 🔷 2-1(連接板)
    - 🔷 (-) 3(旋鈕)

11-32 文件輸出差異

相信同學應該被搞亂了，筆者也是這 2 年才接觸這些新名詞，下表整理它們之間差異。幾何參考=參考幾何，幾何參考會比較適當，名詞不統一容易讓人混淆，SolidWorks 希望改進。

	1.支援文件	2.保留資料	3.關聯幾何參考	4.更新連結
A 轉換為本體	零件	保留草圖和幾何參考		有
B 幾何參考（另存為零件）	組合件	幾何參考	組合件結合條件 工程圖尺寸標註	有
C 3D Interconnect	零件、組合件	外部參考關聯		有
D Defeature	零件、組合件	外部參考關聯		有
E 插入零件	零件	外部參考關聯 保留草圖和幾何參考	無	有
F 另存為零件	組合件	無		無

12

工程圖輸出

本章介紹工程圖另存新檔作業，工程圖支援的輸出格式不多，且輸出格式在先前已看過，同學閱讀起來格外輕鬆。工程圖轉檔以 DWG 居多，實務上工程圖轉 DWG、DXF、PDF 是標準作業。

工程圖轉檔也是 3D 導入作業的結果，以 SolidWorks 完成工程圖作業，不過重點在 DWG 輸出選項，因為 DWG 轉檔有要注意的地方，這部分有專門章節說明。

SolidWorks 2017 支援零件和組合件可以輸出 IGES，工程圖卻不行，筆者認為以 DWG 作為工程圖輸出格式，且 DWG 會有定義上的更新，而 IGES 已停止發展下，工程圖能不能轉 IGES 就顯得不重要了。

工程圖輸出作業，很多格式前幾章已說明，重覆部份本章不再贅述，以下檔案格式排列依清單順序進行排列。

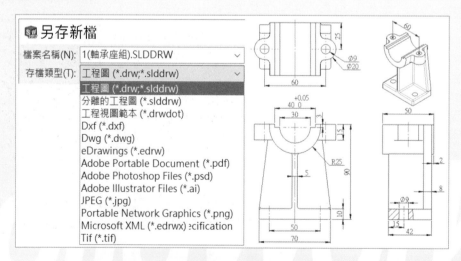

12-1 工程圖（*.DRW、*.SLDDRW）

另存工程圖常用來更改檔名、更新位置、製作另一個備份。開啟 SolidWorks 1995-1997 的 DRW，另存新檔後，DRW 會改為 SLDDRW。

檔案名稱(N): 1(軸承座組).SLDDRW ∨   aligned section.DRW

存檔類型(T): 工程圖 (*.drw;*.slddrw) ∨   aligned section.SLDDRW

12-1-1 檔案關聯性

工程圖由模型而來，不能僅給對方工程圖檔案，要連同模型給對方（方框所示）。否則開啟工程圖時，系統會詢問模型位置，開啟後內容是空的。

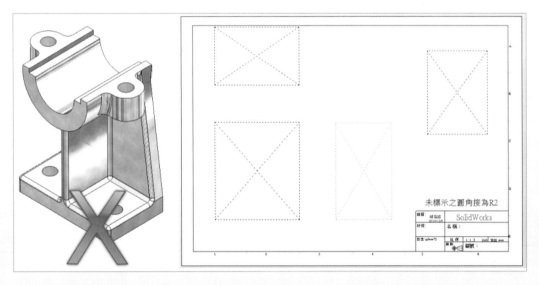

12-1-2 包括所有參考的零組件

另存新檔過程☑包括所有參考的零組件，可以連同工程圖和參考的零組件一同被複製。

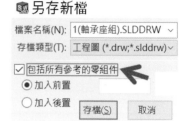

12-2 分離的工程圖（*.SLDDRW）

不載入模型檔案，直接取得工程圖內容，更無需傳送模型檔案，很多人沒想可以這樣，因為這是 SolidWorks 專長。要將分離視圖轉換為一般工程圖，只要另存為 SolidWorks 工程圖檔案。

開啟工程圖時間會大幅降低，因為沒載入模型檔案。由於模型資料沒有被載入記憶體中，因此有更多的記憶體可供處理，對大型組合件圖面效能有相當大影響。

由於沒有載入模型資料，工程圖不會隨著模型更新，但可以使用工程圖很多指令：1.草圖工具列、2.草圖圖元工具列、3.註記工具列、4.工程視圖工具列（檢視配置）。

換句話說，只有工程視圖指令需要載入模型，草圖和註記的加入或修改皆都不影響模型資訊。然而工程視圖指令有些不需載入模型資料，至於哪些就不要背，只要指令圖示亮顯的都可以使用，這樣學習對你來說會比較輕鬆。

12-2-1 看出分離的工程圖

從特徵管理員可以看出分離的工程圖與一般工程圖不同，分離的工程圖看不到模型結構，且工程視圖會加上分離參考圖示（鎖鏈）。

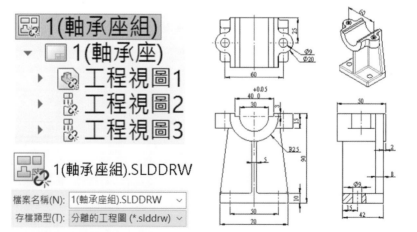

12-2-2 載入模型

載入模型來完整使用工程圖,有 2 種方式:1.開啟舊檔→載入模型、2. 在視圖上右鍵→載入模型→是。

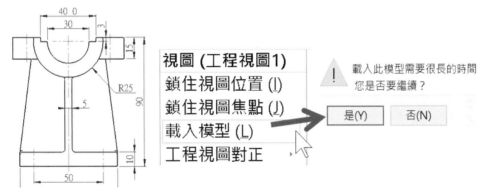

12-2-3 分離工程圖應用

分離的工程圖副檔名不會被改變,同部門主管可以在工程圖產生簡單視圖,修改圖面或告訴工程師一些想法。工程師收到分離工程圖後,載入模型繼續作業,不需要轉檔來轉檔去,是協同作業的一種,很多人不知道可以這麼便利。

12-3 工程視圖範本(*.DRWDOT)

規劃常用設定成為繪圖環境並管理。常用於統一圖框,說專業一點就是儲存工程圖規範,讓每個人擁有相同範本,範本包含:圖框、文件屬性、圖層…等。

工程圖範本就顯得特別重要,它所呈現資訊相當嚴謹,任何線條、尺寸與文字敘述都攸關圖面正確性。建立小到尺寸箭頭,文字的字型大小,乃至於日期格式必須有一定規範。

範本是母體與工程圖，副檔名不同，以進行區分，範本更不是拿來畫圖用。製作範本過程不能有任何視圖（預先定義視圖除外），萬一有視圖，系統也會提示。

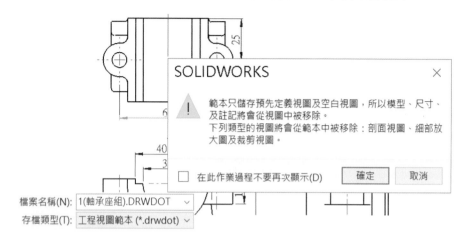

12-3-1 預設位置

儲存範本時，系統會到預設位置 C:\ProgramData\SOLIDWORKS\SOLIDWORKS 2016\templates，實務上會把該檔案移到 D:\指定資料夾存放。

12-4 DXF（*.DXF）

工程圖轉 DXF/DWG 可以將圖形轉為向量線條，讓其他軟體讀取。DXF 是 ACIS 核心格式，穩定性會比 DWG 來得好。課堂上會要同學練習將工程圖儲存為 DXF 和 DWG，沒想到只是另存新檔這麼容易，很多人總認為對方要 DWG 工程圖，就用 2D CAD 直接繪製，這就是災難的開始。

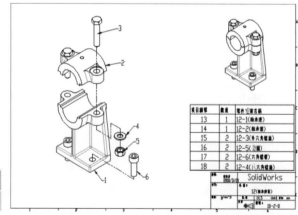

12-4-1 圖層直接轉移

轉檔過程系統自動將圖層直接轉移。以鈑金展開圖來說,展開圖的尺寸、註記和加工符號,切割作業不須這些圖層,轉檔之前將圖層關閉後再轉檔。

當有隱藏的圖層,轉出過程會出現確認視窗,按是,輸出所有圖層上的圖元。按否,僅輸出可見圖層上的圖元。

12-5 DWG(*.DWG)

工程圖轉 DWG 可滿足所需,主要原因所有 CAD 軟體 DWG 相容性更勝以往,轉 DXF 已經是多餘的或不得已才轉。早期 CAD 轉 DWG 相容性不高,都會要求轉 DXF 並說明 DXF 為 ACIS 核心格式,業界也以同一個 SolidWorks 工程圖檔案,分別轉 DWG+DXF 為作業方針。

以 DWG 為主,DXF 為輔的方式,每份文件都要轉 2 種檔案,增加作業人力,以前沒人覺得這有何不妥,現在不需要這麼麻煩,只要轉 DWG 即可。

現今,除非是加工需求,我們要求不要再轉檔,直接以 eDrawings 開啟 SolidWorks 檔案,滿足其他部門或客戶看圖所需,更不須擔心工程圖被別人更動過。

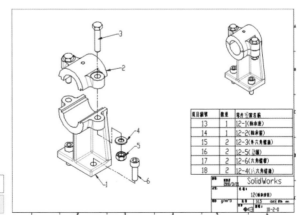

12-6 eDrawings（*.EDRW）

eDrawings 是 SolidWorks Viewer 最佳的搭配溝通程式，功能優於 PDF，更重要的可以設定密碼、量測與剖面…等工程資訊。關於 eDrawings 將於《SolidWorks 專業工程師訓練手冊[11]-eDrawings 模型溝通與管理》中介紹。

12-7 Adobe Portable Document Format（*.PDF）

工程圖存為 PDF 支援多圖頁輸出，將工程圖存為 DWG、PDF 是常見的儲存方式。實務上常遇到對方收到 DWG 無法開啟、圖形內容錯亂、無法列印…等，很多是對方 2D CAD 軟體設定問題，這點轉 PDF 來解決，PDF 就像照片，甚至比照片功能還好。

為了工程圖統一格式歸檔，讓其他人藉 PDM、PLM 軟體讀取該圖文資料，很多公司會要求將零件、組合件、工程圖轉 PDF。實務上不建議這麼做，PDM 可以直接讀 SolidWorks 文件，以節省轉檔時間和圖文版次追蹤。

很多人不懂 CAD，給他 DWG 對方也沒軟體開，即使介紹 DraftSight 可以開啟 DWG，對非工程人員還是困擾。對非工程人員來說，PDF 會比較親切，對方可以直接開與列印或和他的朋友對圖。換句話說，就算沒聽過 DWG，一定聽過 PDF。

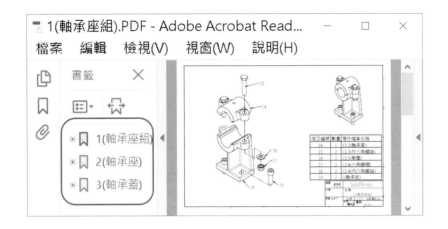

12-7-1 多圖頁輸出

　　儲存過程會出現**選擇要輸出的圖頁**視窗,讓你指定圖頁輸出,預設所有圖頁輸出。

　　於 PDF 可以見到圖頁以縮圖呈現(箭頭所示)。

12-7-2 PDF 註釋功能

　　利用 Adobe Reader 註釋功能加註文字、畫筆功能來傳達想法。就不需要螢幕擷取 PDF,在小畫家作業(1.截取→2.小畫家→3.紀錄→4.儲存圖片格式)。

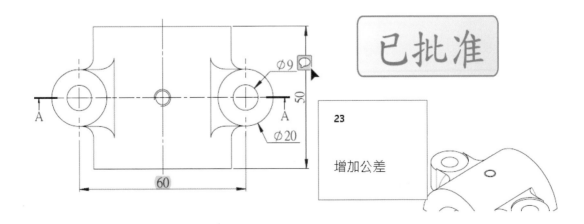

12-7-3 比例

另存 PDF 會依螢幕顯示重現，當 PDF 有量測需求，這時 SolidWorks 工程圖要 1:1。原則工程圖比例不會影響實際值，工程圖尺寸 60，比例 1.5:1，雖然工程圖大 1.5 倍，於 CAD 軟體量測是 60。

千萬留意 PDF 就會得到為 90，就是為何要將工程圖比例改為 1:1 了。

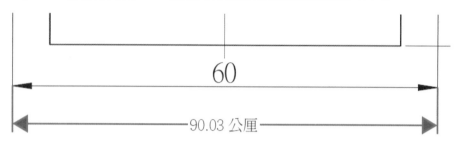

12-7-4 PDF 支援度

圖頁大小輸出 PDF 限制在 200X200 英吋。

12-8 Adobe Photoshop Files（*.PSD）

Photoshop 是美工軟體，將工程圖存為 PSD 圖片格式時有選項可供設定。

PSD 不支援多圖頁輸出，僅輸出目前圖頁

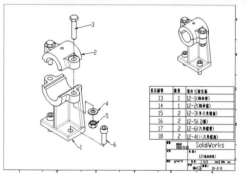

12-9 Adobe Illustrator Files（*.AI）

Illustrator 是一套美工軟體，將工程圖存為 AI 格式。Illustrator 開啟 AI 檔的過程，出現指定圖頁的輸入。

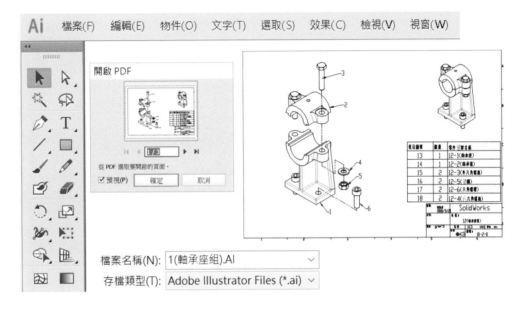

12-9-1 AI 曲線

AI 檔與 DWG 一樣，皆以向量曲線呈現。

12-9-2 複製至 Illustrator

將工程圖複製到 Illustrator，如果試不出來就算了，有可能是 SolidWorks 和 Illustrator 版本匹配問題，還是乖乖轉檔就好。

12-10 Microsoft XML Paper Specification(*.EDRWS)

將工程圖輸出為 Windows XPS 文件格式，可以由 XPS Viewer 或 eDrawings 開啟，我們建議用 eDrawings 開，因為 XPS 很少人用。必須附加 SolidWorks XPS Driver 2017 才可以使用該格式。

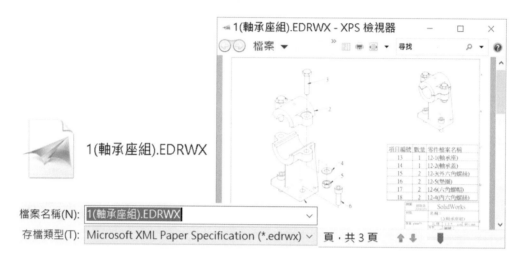

12-11 JPEG、PNG、TIF

將目前圖頁儲存為圖片格式，可以解決相容性問題，很多人沒想到這招。實務上對方只要看圖，用小畫家標記要改的地方，雖功能沒有 PDF 好，這時圖片會比 PDF 還好用。

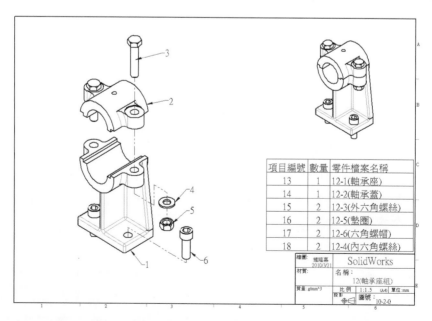

12-12 複製至 DWG 格式

工程圖所見草圖複製到 DWG，選擇要複製的圖元 Ctrl＋C→Ctrl＋V 直接貼在 DraftSight，這部分很少人知道，好處：不需輸出 DWG 形成外在文件。

我們無法雙向將 SolidWorks 和 DraftSight 圖形來回貼上，目前僅支援 DraftSight 圖形貼在 SolidWorks。至於 SolidWorks 圖形要貼到 DraftSight，在工程圖就用**複製至 DWG 格式**。

12-12-1 檔案位置

編輯→複製至 DWG 格式。到 DraftSight，Ctrl＋V 貼上，在 DraftSight 編輯你要的圖形。如果試不出來就算了，有可能是 SolidWorks 和 2D CAD 版本匹配問題，還是乖乖轉檔就好。

IGES 5.3 輸出選項

本章詳細介紹 IGES 輸出選項設定，實例說明選項設定的前後差異。每節後面以圖解方式對照輸入和輸出設定連結性，讓您對輸出選項更深入瞭解，減少自行摸索損失。

IGES 輸出選項是所有輸出觀念集合，只要搞懂 IGES 輸出設定，對其他輸出選項會更快進入狀況。後面章節輸出選項，避免閱讀不耐，重複之處不再贅述，例如：IGES 和 STEP 輸出草圖圖元說明相同，於 STEP 輸出選項就不說明。

依經驗 IGES 充滿問題，它是模型轉檔次要格式，要維持 IGES 穩定就有必要選項設定，基於 CAD/CAM 繪圖系統進步，絕大部分不需詳盡設定就能得到穩定結果。

SolidWorks 預設將模型輸出成 IGES 5.3 版，必須要考慮到雙方 IGES 支援的資料結構，並不是所有軟體都支援到 IGES 5.3 版，這要看對方軟體 IGES 支援列表。

IGES 輸出選項分成 3 大部分（方框所示），最難的在上方。

關於 IGES 細節，除了維基百科，更在這網站得到不少訊息，CAD Exchanger SDK （cadexchanger.com），若你要研究 IGES 理論。

13-1 實體/曲面特徵

將模型進行 2 大輸出設定，就是面和線：1.IGES 實體/曲面、2.IGES 線架構，這些都是表達方式。模型表示法屬於 CG，本節說明該理論，對模型處理有很大幫助。

實體/曲面和線架構設定可同時輸出、擇一輸出，但不能同時不輸出，因為模型就包含這些幾何資料，否則模型就沒意義。

模型轉檔最終目的就是實體，IGES 輸出選項就是讓你定義最佳方式，即便模型為曲面，將曲面模型輸出 IGES，都能讓曲面模型穩定。

IGS 圖元對應原理在規範中可以得知，本章不說明冗長理論，依據基本理論強調實務研究結果的經驗推論，將這些經驗分享給大家。

本選項最重要的在第一項實體/表面特徵，它們有許多選項的組合。你只要設定其中一個項目並輸入查看結果。

13-1-1 IGES 實體/曲面圖元

無論模型為實體或曲面，設定對應方式來維持模型穩定度。以 3 大表示法轉換模型：1.Trimmed Surface、2.Manifold Solid 或 3.Bound Surface，別擔心難理解，只要分別切換上述的表現型態，記得自己開起來查看有沒有問題，再寄給讓對方就對了。

比較特殊的例子，轉 Trimmed Surface 或 Bounded Surface 破壞結構也是處理方式，讓曲面可以被修補。對方開啟 IGES 不穩定，通常是軟體對應不到，這時建議不要轉 IGES，轉別的格式就沒問題，例如：掛勾模型品質並不好，無論你進行何種表示法都不會理想，反而轉 X_T 都沒問題。

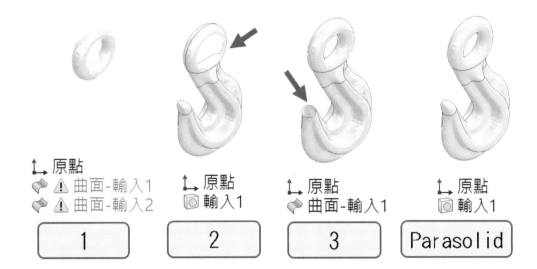

簡單的說，Trimmed Surface、Bound Surface＝曲面模型，Manifold Solid＝實體模型轉 IGES 之用。

實體/表面特徵
　輸出為
　☑ IGES 實體/曲面圖元(O): | Manifold Solid(type 186) ▾ |

| Trimmed Surface(type 144) |
| Manifold Solid(type 186) |
| Bounded Surface(type 143) |

A Trimmed Surface（type 144）

Trimmed Surface（修剪曲面），type144＝Trimmed Surface 圖元類型，屬於相交曲面的修剪法，維持內部曲面完整性，模型為曲面就選這個。該輸出不會變成實體，只是將模型擁有較好的定義

由 A 基礎曲面與 B 修剪曲面結合得知，B 修剪曲面由 C 曲線定義範圍，就是完整曲面。A 基礎曲面屬於系統運算，無法看見。修剪曲面指令將穿越且相交的曲面進行剪除，可以驗證這項理論。

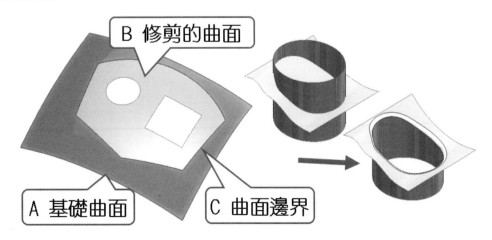

以曲面狗為例，分別轉：1.Trimmed Surface、2.Manifold Solid、3.Bound Surface，所得到的結果 1.最好，不見得高精度 Bound Surface 是最好結果。

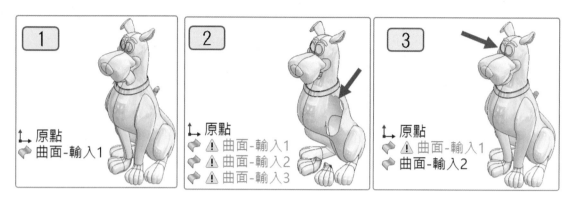

B Manifold Solid (type 186)

Manifold Solid B-rep Object（多樣實體邊界 B-rep 物件，簡稱 MSBO，又稱邊界對應），type186＝Manifold Solid 圖元類型。

利用 2 面封閉且相交的邊界定義來維持實體資料，實體模型就選這個，最大優點顯示速度快、運算效率高、面連接可得到更好結果，特別是複雜實體模型。

以實體掛勾為例，分別轉：1.Trimmed Surface、2.Manifold Solid、3.Bound Surface，結果 2.Manifold Solid 最好。

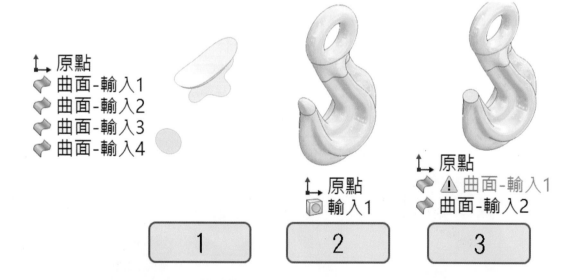

C Bounded Surface (type 143)

Bounded Surface（邊界曲面），type144＝Bounded Surface 圖元類型，系統維持內部曲面的完整性。與 Trimmed Surface 不同在於 Bounded Surface 精度比較高，精度高低取決於接受的系統，不能有精度高代表就是最好。

本項目可讓系統提高修剪曲線精度：3.0E-6 米，正常修剪曲線精度：1.0E-4 米。
Bounded Surface 定義必須滿足 3 種元素：1.封閉區域➔2.擁有相鄰面➔3.面之間相切。

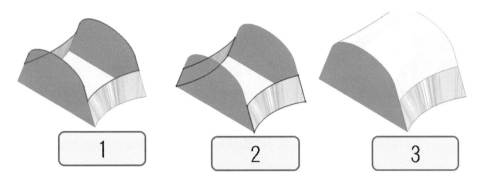

舉把手為例，它是純曲面本體，好幾個平面不符合 3 面之間相切定義，分別轉：
1.Trimmed Surface、2.Manifold Solid、3.Bound Surface，結果 3.Bound Surface 為曲面。

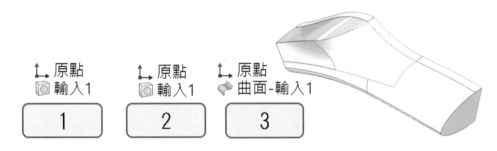

以螺旋線為例，3.Bound Surface 會得到較理想結果，至於為什麼，只能說嘗試的結
果。

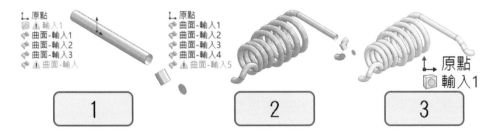

E 實體/曲面幾何支援

這項設定必須配合，輸入選項的☑曲面/實體圖元。

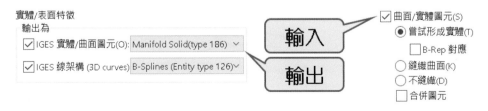

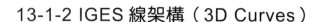
13-1-2 IGES 線架構（3D Curves）

將模型邊界分解，以 3D 線條儲存。允許模型輸出線架構圖元，無論實體或曲面模型，都可被輸出為線架構。線架構表示法在應用上並不多，對加工這些線條有些是加工路徑、補破面人員補面的邊界參考，會想這類應用都是業界高階手法。

IGES 線架構擁有兩個曲線定義方程式，根據對方系統需求選擇：1.B-Splines（Entity type 126）、2.Parametric Splines（Entity type 112）。

IGES 線架構（3D Curves）=線架構包含 3D 曲線，3D Curves 容易誤導，建議不要有這字樣，因為線架構是圖元一種，且 3D 曲線轉檔有專門說法。

以下介紹□IGES 實體/曲面圖元的狀態下進行（箭頭所示）。本節測試不出差異，這部分若你有更好想法，歡迎到 SolidWorks 論壇留下意見，待下一版加入資料。

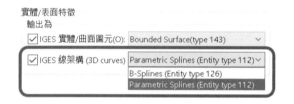

3D 曲線	IGES 圖元類型
B-Splines	126、110、102、100
Parametric Splines	112、110、102、100

A B-Splines（Entity type 126）

將模型架構輸出以 NURBS 表示，Entity type 112＝不規則曲線圖元類型，在 SolidWorks 就是不規則曲線。

B Parametric Splines（Entity type 112）

將模型架構輸出以 Parametric Splines（參數曲線）表示，Entity type 112＝參數曲線圖元類型。參數曲線以 Hermit 的 3 次曲線標達，它沒有高階曲線函數，雖然沒有靈活性，也沒有高階曲線複雜。

當模型沒有很多複雜曲面，就轉換成參數曲線。有些軟體不支援輸入參數曲線，輸入過程系統花費一些時間轉換為 B-Splines 呈現。

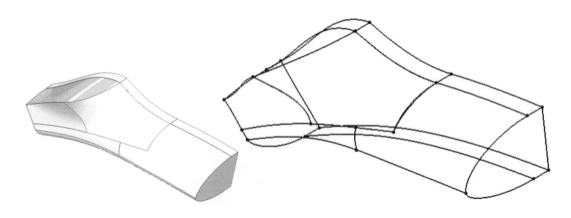

C IGES 線架構支援

這項設定必須配合，輸入選項：☑輸入為草圖或☑輸入為 3D 曲線，否則輸入過程將以輸入為 3D 曲線為主。

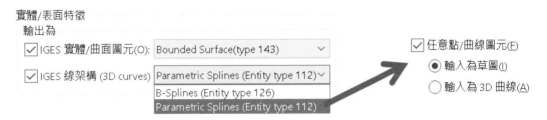

13-2 曲面表示方式/系統設定

模型轉 IGES 時提供更精確對應，包括座標系統和屬性資訊。表列輸出曲面表示對應，例如：轉給 ALIAS，就切換到 ALIAS 選單。

未列出就用 STANDARD，CAD/CAM 系統會有 IGES 支援範圍，最常用還是 STANDARD 和 NUBRS，讓系統調整成最佳選項。

本例將掛勾分別輸出 STANDARD 和 NUBRS，雖然皆為實體輸入，可見到 NUBRS 完整呈現模型。

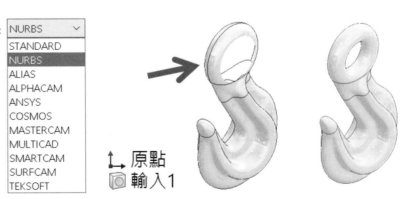

13-2-1 系統設定列表

曲面表示方式	輸出的 IGES 圖元類型	代表廠商
STANDARD	144、142、128、126、122 120、110、102、100	預設曲面表示，相容性高，使用 STANDARD 時，SolidWorks 不會套用曲面公差
NURBS	144、142、128、126、110 102、100	具備比重控制點和曲線，是最常見且成熟的曲面運算。
ALIAS	144、142、128、126、122 120、110、102、100	工業設計軟體 (CAID)，現在稱 Alias Design，www.autodesk.com.tw。
ALPHACAM	144、142、128、126、110 102、100	CAM 系統，AlphaCAM，www.alphacam.com **alphacam**
ANSYS	144、142、128、126、110 102、100	工程分析軟體，ANSYS，www.ansys.com **ANSYS**
COSMOS	144、142、128、126、110 102、100	COSMOS 自 SolidWorks 2009 更名為 SOLIDWORKS Simulation，工程分析軟體。
MASTERCAM	144、142、128、126、110 102、100	CAM 加工系統，www.mastercam.com **Mastercam**
MULTICAD	144、142、128、126、110 102、100	3D CAD 軟體，MULTICAD，www.multicad.no **MULTICAD**
SMARTCAM	144、142、128、126、110 102、100	CAD/CAM 加工系統，www.smartcamcnc.com **SmartCAM**
SURFCAM	144、142、128、126 110、102、100	**surfcam**
TEKSOFT	144、142、128、126、110 102、100	TEKSOFT 發表 CAMWorks 加工，www.camworks.com。 **CAMWorks** A Geometric Product

13-2-2 曲面表示方式支援度

必須☑IGES 實體/曲面圖元，否則無法設定。

13-3 輸出 3D 曲線特徵

將模型中 3D 曲線特徵輸出,讓模型轉出本體外還包括 3D 曲線。3D 曲線特徵指:螺旋曲線、合成曲線、3D 線架構....等。

3D 曲線特徵讓對方直接參考這些曲線,對後續應用很有幫助,例如:加工路徑,即使模型破面,有路徑線就可以跑刀具路徑。

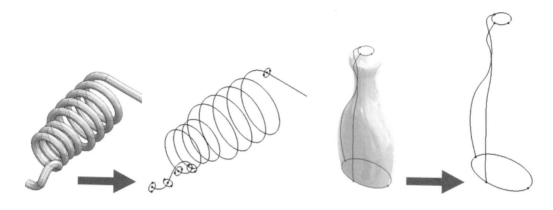

13-3-1 輸出 3D 曲線特徵支援

這項設定必須配合輸入選項☑任意點/曲線圖元。

筆者測試過程,輸出 3D 曲線有時會不理想,可以嘗試輸出為 STEP,☑輸出 3D 曲線特徵。

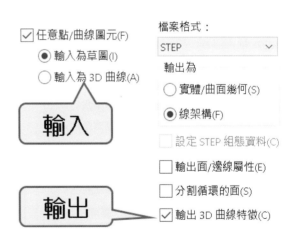

13-4 輸出草圖圖元

將特徵內的草圖輸出,讓對方輸入時直接參考這些草圖。要給對方完整資訊就包含草圖圖元,很多格式不支援無實體的輸出,IGES 可輸出僅有草圖的模型。

輸入或輸出草圖圖元觀念與 9-2-1 輸入為草圖說明一致,不贅述。

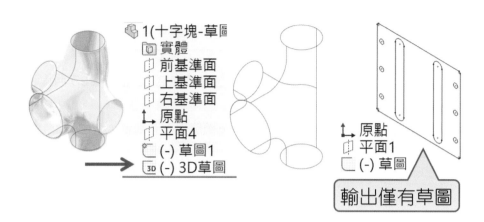

13-5 使用高修剪曲線精度

輸入 IGES 有困難時或無法將曲面縫合成實體時，試試高修剪曲線精度。高修剪曲線精度可讓輸出檔案變小。

高修剪曲線精度會影響 Trimmed Surface（修剪曲面）及 3D 曲線輸出精度，將為原先精度 1.0e-4 提高為 3.0e-6 米。

套筒輸入雖然為實體，精度影響由輸入診斷🔲看出，基準面的錯誤數量就是精度差別。

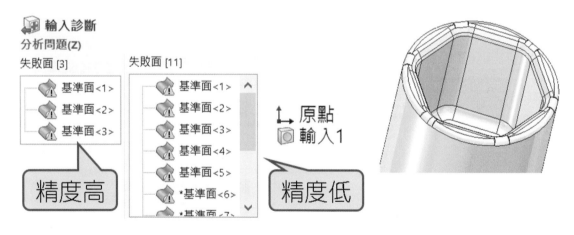

精度高低可以看出得到曲面或實體掛勾。

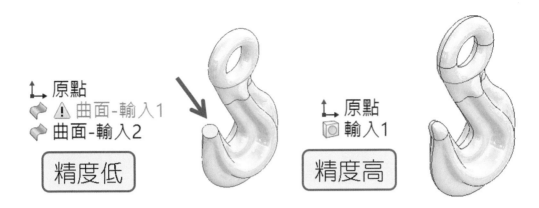

↳ 原點
⚠ 曲面-輸入1
曲面-輸入2

精度低

↳ 原點
輸入1

精度高

13-5-1 使用高修剪曲線精度支援

本項設定與輸入選項☑執行完整的圖元檢查、☑自訂曲線公差相關，請詳閱該章節。

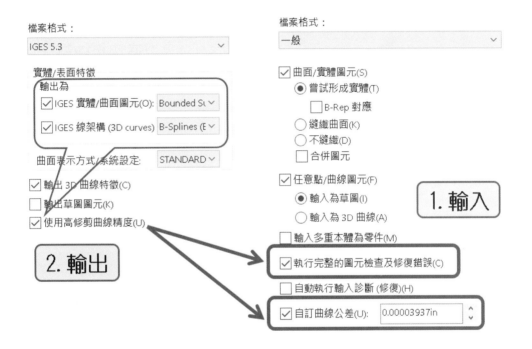

13-6 IGES 組合件結構

組合件轉 IGES 時，控制組合件是否單一檔案輸出，以及保持組合件階層架構（次組件）呈現。

IGES 組合件結構
☐ 在一個檔案中儲存組合件的所有零組件
☐ 展開組合件階層關係(F)

13-6-1 在一個檔案中儲存組合件的所有零組件

組合件轉成 IGES 時，控制組合件為單一 IGES 輸出，或各別零件儲存 IGES。

A ☑在一個檔案中儲存組合件的所有零組件

將組合件所有模型存成一個檔案，方便檔案寄送。車輪架組.SLDASM 轉成車輪架組.IGES，如同壓縮。

B □一個檔案中儲存組合件的所有零組件

將組合件模型個別儲存單一檔案，組合件有 10 個零件轉 IGES 後，會有 10 個 IGES 零件＋1 個組合件檔案。常用在分類，有些車床有些銑床加工，或有些不要的再刪除即可。

課堂要同學活用組合件功能，將不相關零件到組合件→另存 IGES，這時系統會自動將這些不相關零件儲存為 IGES。何必開一個零件轉 IGES。再開一個零件再轉 IGES。

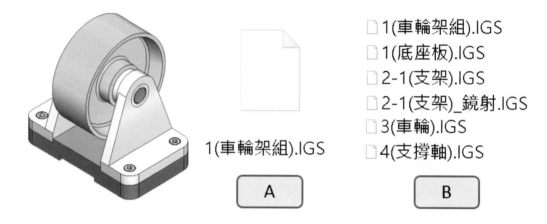

1(車輪架組).IGS

A

☐ 1(車輪架組).IGS
☐ 1(底座板).IGS
☐ 2-1(支架).IGS
☐ 2-1(支架)_鏡射.IGS
☐ 3(車輪).IGS
☐ 4(支撐軸).IGS

B

13-6-2 展開組合件階層關係

組合件轉成 IGES 時，控制組合件階層架構，組合件階層架構：次組件或複製排列。

設定完成後，開啟 IGES 於特徵管理員可以見到設定的變化。

🎓 1(車輪架組) (原始
↳ 原點
🎓 1(底座板)<1>
2(支架組)<1>　　次組件
(-) 3(車輪)<1>
(-) 4(支撐軸)<1>
結合條件群組1
鏡射零組件2　　鏡射

A ☑展開組合件階層關係

將組合件展開（炸開）至只有一層並分別儲存。

B □展開組合件階層關係

維持組合件原本的階層架構。組合件有次組件，這個選項才有意義。

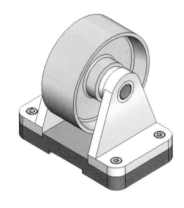

1(車輪架組) (預設 <
　└ 原點
▸ 🔧 (-) 1(底座板)<1>
▸ 🔧 (-) 2-1(支架)<1>
▸ 🔧 (-) 2-2(軸套)<1>
▸ 🔧 (-) 5(內六角螺絲)
▸ 🔧 (-) 5(內六角螺絲)
▸ 🔧 (-) 5(內六角螺絲)
▸ 🔧 (-) 5(內六角螺絲)
　🔗 結合

1(車輪架組)
　└ 原點
▸ 🔧 1(底座板)
▸ 🔧 2(支架組)
▸ 🔧 (-) 3(車輪)
▸ 🔧 (-) 4(支撐軸)
▸ 🔗 結合條件群組

A　　　　　　　　B

13-7 分割循環的面

分割循環的面（Split Periodic Faces）將連續面分割為 2，可改善輸出或 CAE 網格化品質，特別是圓孔，但可能會影響效能，例如：將圓柱面分割為二。

以設計角度不需要這項功能，因為不容易點選，以及面產生縫隙，特別在曲面模型，除非你故意這樣就另當別論。

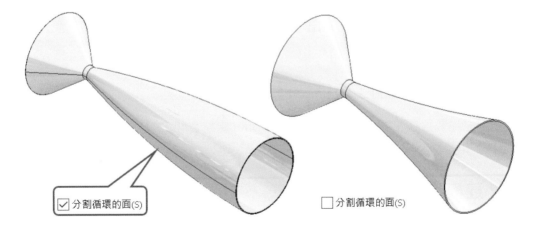

☑ 分割循環的面(S)　　　□ 分割循環的面(S)

13-7-1 分割循環的面支援

本項設定與輸入選項的☑合併圖元呼應。當☑合併圖元開啟，無論本次設定如何，系統強制合併圖元。

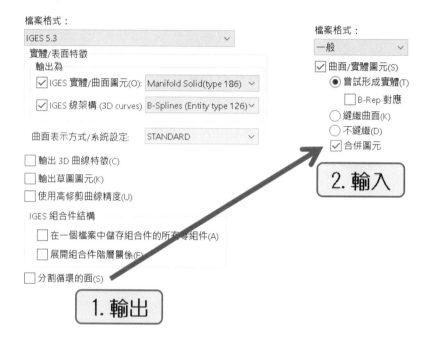

13-8 輸出座標系統

選擇要套用的座標系統輸出，輸出座標系統預設模型原點。模型中有加入額外的座標系統就可指定。

13-8-1 建模時考慮加工座標

將模型原點放置在左下角，轉檔時 SolidWorks 原點會和 CAM 加工原點一致，不過這會增加作圖不便。

13-8-2 建模不需考慮加工座標

只要模型畫完，事後自訂座標系統，輸出時指定座標系統。

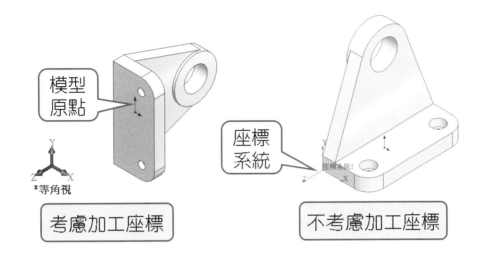

考慮加工座標　　　　　不考慮加工座標

13-8-3 常見極端例子

　　沒指定座標系統，讓對方讀取檔案後座標系統跑掉，特別是不同核心轉檔。CADKey 為 ACIS 核心轉 SAT 後，會出現等角視模型不在正確空間。

13-8-4 指定座標系統

　　這時就要製作新座標系統，輸出過程指定座標系統，可以把模型扶正。

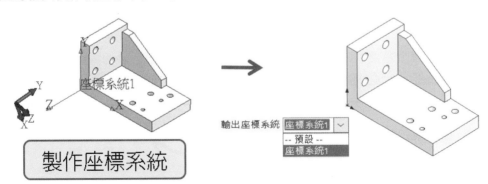

製作座標系統

STEP 輸出選項

將模型輸出為STEP 檔時進行設定，沒有像 IGES 輸出選項設定這麼多，不是功能不好，而是不需繁複設定。

STEP AP203 或 AP214 皆可使用 STEP 設定，本章有很多設定於 IGES 輸出選項說明過，不贅述。

14-1 實體/曲面幾何

由系統判斷模型為實體或曲面並直接輸出，與 IGES 輸出選項的實體/曲面圖元說明相同，不贅述。這項設定必須配合，輸入選項的一般，☑曲面/實體圖元。

14-2 線架構

輸出實體和曲面為 3D 線架構。與 IGES 輸出選項的線架構說明相同，不贅述。這項設定必須配合，輸入選項的一般，☑任意點/曲線圖元、☑輸入為草圖。

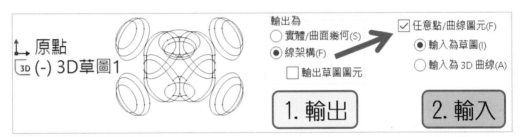

14-3 輸出草圖圖元

承上節，將模型線架構和特徵草圖輸出，直線和不規則曲線均輸入到單一 3D 草圖，圓、橢圓和拋物線均輸入到個別 2D 草圖，讓對方輸入時直接參考這些圖元。

本項目應該獨立開來才對，而非附加在線架構之下。本節與 IGES 輸出選項的**輸出草圖圖元**說明相同，不贅述。這項設定必須配合，輸入選項的一般，☑輸入為草圖。

14-3-1 輸出草圖圖元支援

實體/曲線幾何和線架構無法同時輸出，另外 STEP 可以僅輸出 2D 草圖，不須包含模型。

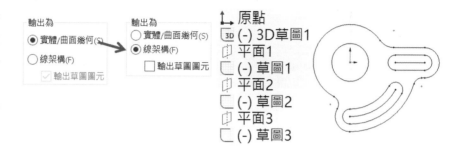

14-4 設定 STEP 組態資料

轉檔過程加入模型屬性資料，附加在模型被轉檔出去，讓接收者得到產品資訊，讓 PDM 得到更好的整合，STEP 是唯一可以設定檔案資料的格式。必須儲存為 STEP AP203，才可設定 STEP 組態資料，其餘皆無法啟用它。

輸出 STEP 檔案時，會出現輸出 STEP 組態資料視窗，讓你加入屬性資料：零件名稱、發布日期、修訂編號、個人和組織，組態資料會加重模型大小。STEP 唯一將檔案屬性輸出的格式，對跨國企業建議以 STEP 為轉檔格式。

除此之外必須透過檔名分辨模型的簡單資訊。例如：圖號、料號或型號，STEP 組態資料可以將更多模型資訊輸入在檔案中。

14-4-1 輸出 STEP 組態資料視窗

本節說明該視窗作業方式，該視窗分 4 大區域：1.產品清單、2.組態資料項次、3.新增項次、4.編輯項次。

步驟 1 產品清單（適用組合件）

由清單選擇要輸入的零件組態資料。

步驟 2 組態資料項次

點選左邊項次，於右邊欄位輸入資訊。

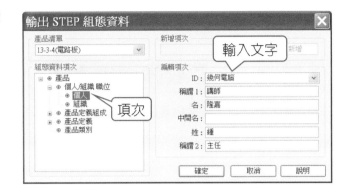

步驟 3 新增項次

新增要輸入的標準項次。1.點選左邊組態資料項次→2.展開清單中選擇項次→3.新增。

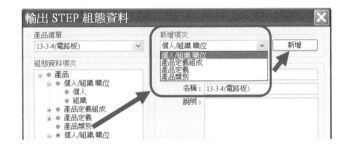

步驟 4 輸入新增項次的文字

如同步驟 2 所述輸入文字→↵，完成儲存具有組態資訊的 STEP 檔案。

14-4-2 對應模型組態資料

這項設定必須配合，輸入選項☑對應 STEP 組態資料。輸入 STEP 檔案後，可以在 SolidWorks 檔案→屬性→自訂來看出。

14-4-3 STEP 組態資料支援

必須儲存為 STEP AP203，才可使用本設定。

14-5 輸出面/邊線屬性

將模型面和邊線圖元資訊連同模型一起輸出，用來參考或溝通之用。這部分很少人用，除非很懂得人，在模型轉檔加上小資訊，證明公司的文件，用以證明公司資產。就好像寫程式的人，會在龐大的程式碼中加入證明自己的創作，讓對手難以察覺，等到有糾紛時足以證明。

在模型面上加入屬性：點選模型面→面的屬性→加入備註的文字。輸出面/邊線屬性並不是輸出面/邊線圖元，□輸出面/邊線屬性可改善輸出的效能。

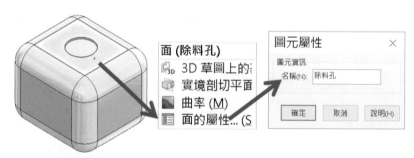

14-5-1 輸出面/邊線屬性支援

這項設定必須配合，輸入選項的一般，☑B-Rep 對應，才能保留面和邊線圖元資訊。

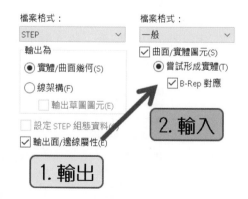

14-6 分割循環的面

是否將連續的面分割為二。本節與輸出選項的 IGES，☑分割循環的面說明相同，不贅述。

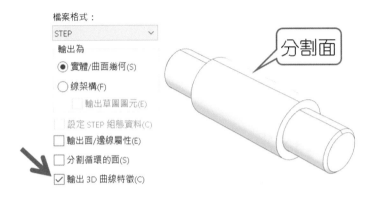

14-7 輸出 3D 曲線特徵

是否模型中 3D 曲線特徵輸出，本節與 IGES 輸出選項的輸出 3D 曲線說明相同，不贅述。這項設定必須配合，輸入選項的一般，☑輸入為 3D 曲線。

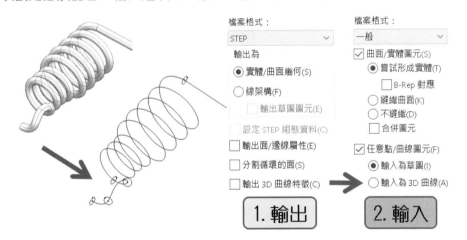

15

ACIS 輸出選項

將模型輸出為 ACIS核心的 SAT 時進行設定,沒有像 IGES 輸出選項設定這麼多,不是功能不好,而是不需繁複設定。

ACIS 輸出有很多必須搭配 2D CAD 進行,例如:DraftSight。否則用 SolidWorks 轉 SAT,用 SolidWorks 開,會看不太出來選項設定效果。

本章有很多設定於 IGES 輸出選項說明過,不贅述。

15-1 實體/曲面幾何

由系統判斷模型為實體或曲面並直接輸出，與 IGES 輸出選項的**實體/曲面圖元**說明相同，**不贅述**。這項設定必須配合，輸入選項的一般，☑曲面/實體圖元。

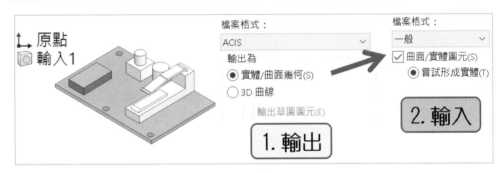

15-2 3D 曲線

輸出實體和曲面為 3D 曲線。與 IGES 輸出選項的線架構說明相同，不贅述。這項設定必須配合，輸入選項的一般，☑任意點/曲線圖元、☑輸入為草圖。

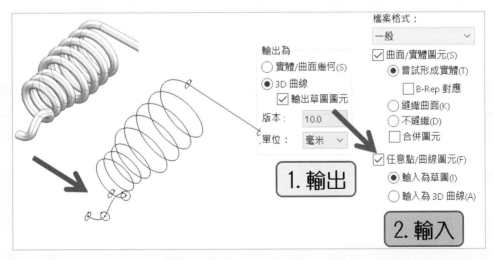

15-3 輸出草圖圖元

承上節,將模型線架構和特徵草圖輸出,讓對方輸入時直接參考這些圖元。本節與 IGES 輸出選項的**輸出草圖圖元**說明相同,不贅述。

這項設定必須配合,輸入選項的一般,☑輸入為草圖。

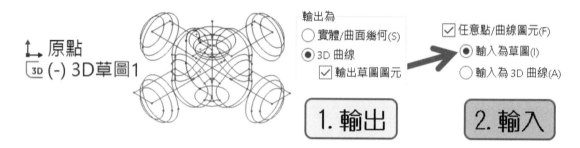

15-3-1 輸出草圖圖元支援

實體/曲線幾何和線架構無法同時輸出,SAT 可以僅輸出 2D 草圖,不須包含模型。

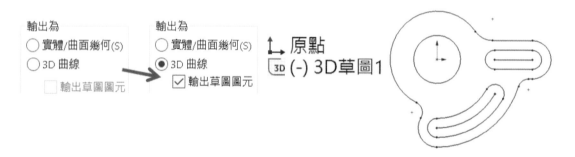

15-4 版本

清單選擇 ACIS 核心版本,目前支援 1.6~22.0 版。預設最新版本,例如:SolidWorks 2017 支援 22.0,預設就以 22.0 輸出。

轉檔前問對方 ACIS 核心版本,再切換對方的版次。如果問不到就用試的,一般來說不必切換版本都可以成功。

版本: 10.0 ∨
22.0
21.0
20.0
19.0
1.7
1.6

15-4-1 DraftSight 開啟 SAT

DraftSight 支援 SAT 版本很舊，僅支援 SAT 10 版，於 DraftSight 執行 ACISIN。

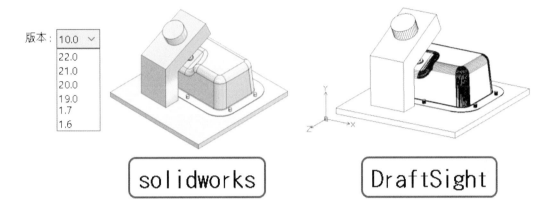

15-5 單位

由清單選擇模型單位，支援：毫米、釐米、米、英吋、英呎。這項設定並不會更改模型單位，而是執行內部單位的縮放，當接收模型時仍保有一樣的大小。

原則上輸入與輸出單位要一致，例如：模型單位毫米，這裡就要設定毫米，很多人在此失去江山。

輸出 Pro/E 檔案時，SolidWorks 以米表示模型，若 SolidWorks 單位不是米，會縮放模型再輸出，縮放過程可能將有效幾何變成無效。

遇到這類情形，就在 SolidWorks 中更改單位，強制以米為單位輸出。

輸出為其他檔案類型時，就不會有問題，因為 IGES、STEP、ACIS 有選項可以設定時，可執行內部單位縮放，由輸出選項的檔案格式清單可以看出有哪些格式是由內部單位的縮放。

15-5-1 驗證模型

以十字塊為例,分別輸出 ACIS 模型為毫米和米單位,輸入後因為套用 SolidWorks 毫米範本,所以 2 個零件單位都一樣,重點是模型大小也一樣。

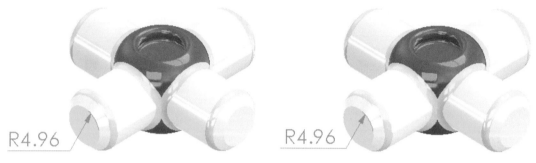

1(十字塊-單位毫米)　　2(十字塊-單位米)

15-5-2 單位支援

這項設定必須配合,輸入選項的一般,單位。

15-6 輸出面/邊線屬性

將模型面和邊線圖元資訊連同模型一起輸出,用來參考或溝通之用。本節與輸出選項的 IGES,☑輸出面/邊線屬性說明相同,不贅述。

15-7 分割循環的面

將連續型的面分割為二。將模型面和邊線圖元資訊連同模型一起輸出,用來參考或溝通之用。本節與輸出選項的 IGES,☑分割循環的面說明相同,不贅述。

15-8 將多本體零件寫入為單一的 ACIS 本體

是否將多本體零件輸出成為單一本體，常用在 2D CAD 作業。點選左上方方塊圖元可看出多本體與單一本體差異，多本體可以為分離狀態。

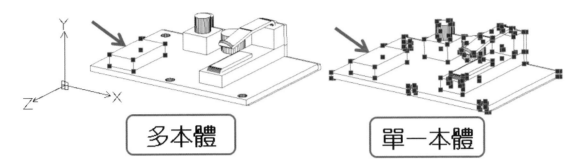

15-8-1 ☑將多本體零件寫入為單一的 ACIS 本體

單一本體可簡化檔案大小，讓載入 ACIS 效能提高。

15-8-2 □將多本體零件寫入為單一的 ACIS 本體

多本體 SAT 載入，對於大檔案來說，載入過程容易當機。很多人希望把 SolidWorks 多本體零件於 2D CAD 一件件拆開，進行零件圖的 3 視圖投影，或組裝作業。早期這是不允許的，要由 2D CAD 使用炸開功能，不過炸開又會把所有線條全部解除，相當不便利。

15-8-3 適用 2D CAD

這項設定僅適用 2D CAD，若以 SolidWorks 開啟皆以多本體輸出。

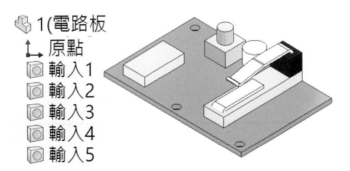

Parasolid 輸出選項

將模型輸出為 Parasolid 核心進行設定，妳會發現選項設定超級楊春，因為核心轉檔不需要複雜的處理程序，本章絕大部分項目於 IGES 說明過，不贅述。

檔案格式：

Parasolid ∨

輸出為

版本：28.0 ∨

☐ 展開組合件階層關係

16-1 版本

由清單選擇 Parasolid 版本，SolidWorks 2017 支援 8.0~28.0 版。SolidWorks 2017 轉 X_T 檔給 2009，而 2009 僅支援 19.0，要切換核心版本 19.0。通常遇到對方 X_T 打不開，才會降版次轉，問不到版本就用試的，一般來說不必切換版本都可以成功。

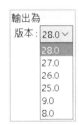

版本最好能對應、最好是雙方溝通出轉檔格式版本，好比說 SolidWorks 2008 支援 18.1、Pro/E 支援 Parasolid 25 版。

通常一個版次＝一個年份，可以用推算的。例如：SolidWorks 2017＝28 版➔2016＝27…以此類推。轉檔過程只知道對方用舊版 SolidWorks，無法得知用哪個版本，甚至可以向下多一點的版本維持相容性。

16-2 展開組合件之階層關係

組合件轉成 X_T 時，控制組合件階層架構。本節與輸出選項的 IGES，☑在一個檔案中儲存組合件的所有零組件，不贅述。

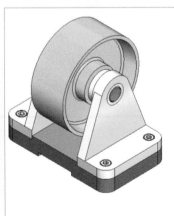

1(車輪架組) (預設<	1(車輪架組)
原點	原點
▸ (-) 1(底座板)<1>	▸ 1(底座板)
▸ (-) 2-1(支架)<1>	▸ 2(支架組)
▸ (-) 2-2(軸套)<1>	▸ (-) 3(車輪)
▸ (-) 5(內六角螺絲)	▸ (-) 4(支撐軸)
▸ (-) 5(內六角螺絲)	▸ 結合條件群組
▸ (-) 5(內六角螺絲)	
▸ (-) 5(內六角螺絲)	
結合	
☑ 展開組合件階層關係	☐ 展開組合件階層關係

17

VRML 輸出選項

本章介紹VRML 輸出選項設定，VRML 為網格模型可選擇版本和單位進行輸出，比較特別的是 VRML 品質來自目前顯示解析度。

17-1 版本

清單選擇 VRML 版本：VRML 97 和 VRML 1.0 版，VRML 97 也叫做 VRML 2.0。

VRML 97 比較適合 CAD 領域，它有模型特徵顯示、背景與光源控制。

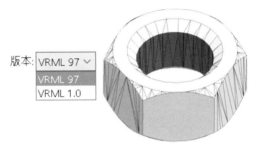

17-2 單位

清單選擇模型單位：毫米、釐米、米、英吋、英呎。本節與 ACIS 輸出選項的單位說明相同，不贅述。

17-3 VRML 品質

轉檔品質來自：1.影像品質、2.顯示狀態。以下格式可以控制影響品質：STL、VRML、DWG、DXF…等，不必背，只要記得調整影像品質，並查看轉檔後會不會好一點。

於系統選項→文件屬性→影像品質，調整至高。系統選項→顯示/選擇→☑邊線平滑化/草圖。

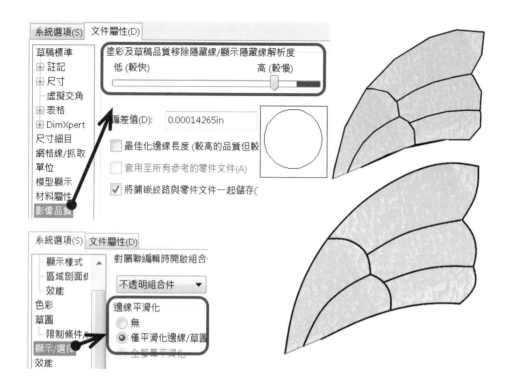

17-4 在單一檔案中儲存組合件的所有零組件

組合件轉檔時，控制組合件為單一檔案輸出，本節與 IGES 輸出選項的，在一個檔案中儲存組合件的所有零組件說明相同，不贅述。

1(底座)_Black Ink.wrl   1(墨水架組-開啟).wrl

1(墨水架組-關閉).wrl

2(墨水盒蓋)_Black Ink.wrl

3(墨水盒架)_2d layout.wrl

4(墨水盒)_Black Ink.wrl

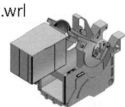

☑ 在單一檔案中儲存組合件的所有零組件   ☐ 在單一檔案中儲存組合件的所有零組件

17-5 VRML 選項支援

VRML 的輸出和輸入選項都有密切的關係。

檔案格式：

VRML ⌄

輸出為

版本： VRML 97 ⌄　　單位： 釐米 ⌄

品質
VRML 檔案的解析度是以目前的顯示解析度為根據。您可以使用「選
項」、「文件屬性」、「影像品質」來變更此項目。

☑ 在單一檔案中儲存組合件的所有零組件

1. 輸出

檔案格式：

VRML ⌄

輸入為
○ 圖形本體(G)
◉ 實體(S)
○ 曲面本體(F)

單位： 英吋 ⌄

☐ 輸入材質紋路資訊

2. 輸入

IFC 輸出選項

對模型進行 IFC2x3 和 IFC4.0 檔案的選項設定，本章以 1F 建物為範例介紹選項設定。

這是 SolidWorks 2017 新版功能，坊間對這類文獻不多，筆者亦非建築專業，無法寫出 IFC 奧義，且目前 3D CAD 對 IFC 除了 AUTODESK REVIT 有深入資料，所以本章僅簡略說明，皆為 SolidWorks 線上說明的整理。待下一版，再補充本章。

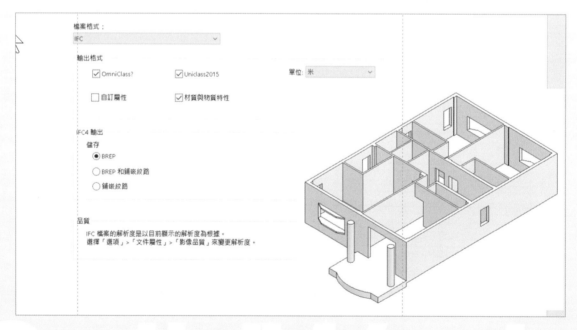

18-1 輸出格式

指定輸出模型的 OmniClass、Uniclass 2015、自訂屬性、材質與物質特性與單位。

18-1-1 OmniClass

指定 OmniClass（Construction Classification System，建築行業分類系統）類別，將模型資訊輸出與這類系統的標準放置，詳細資訊www.omniclass.org。

開啟的模型分別以 4 層次組件呈現：1.Default Building、2.Default Project、3.Default Site、Default Storey。

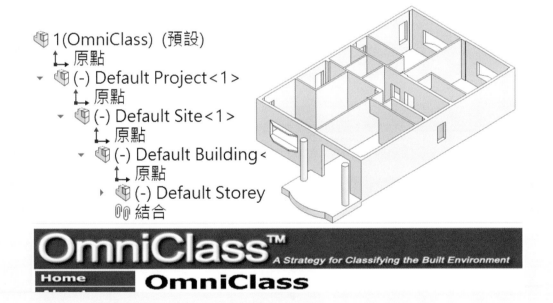

18-1-2 UniClass2

指定 UniClass2 開發版本分類表格，透過 CPI (建構專案資訊)委員會提供。UniClass2 表格說明建構生產資訊內容、表單及準備，詳細資訊www.cpic.org.uk/uniclass2。

展開階層式表格，為設計找出適當分類，例如：EF－依表格劃分元素、EF_10－橋樑和高架橋、EF_10_10－拱橋、EF_10_20－索拉橋、EF_10_25－單端固定橋。

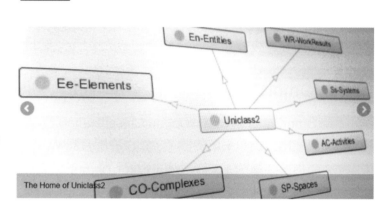

18-1-3 自訂屬性

輸出 SolidWorks 建立的檔案屬性。

摘要資訊

摘要	自訂	模型組態指定		
	屬性名稱	類型	值 / 文字表達方式	
1	Description	文字	IFC2X3	
2	ImplementationLevel	文字	2;1	
3	Name	文字	3(自訂屬性).IFC	
4	TimeStamp	文字	2016-12-19T03:43:2	
5	Author	文字		
6	Organization	文字		
7	PreprocessorVersion	文字	SwIFC	
8	OriginatingSystem	文字	SolidWorks 2017	

18-1-4 材質與物質特性

將 SolidWorks 建立的材質與物質特性傳遞到 IFC 模型中。

18-1-5 單位

指定輸出模型的單位：毫米、釐米、米、英吋、英呎。建築業常用單位為釐米（cm，公分）。

18-2 IFC4 輸出

將 IFC4 檔案儲存為下列其中一種：BREP、BREP 和鋪嵌紋路、鋪嵌紋路。其中鋪嵌紋路以基準面且沒有縫隙或重疊多邊形複製排列來代表模型。

這部分目前無法得知差異，因為輸出結果都一樣，待下一版本補充說明。

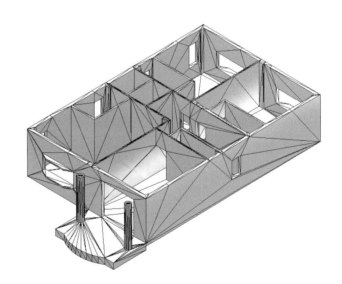

STL、AMF、3MF 輸出選項

本章整合介紹 STL、AMF、3MF 輸出選項，AMF、3MF 比 STL 更彈性的格式，換句話說，將模型輸出至 3D 印表機，不僅只有 STL。由於它們 98％皆相同，其中 AMF、3MF 為 SolidWorks 2017 新格式，搶先看到新版本的選項設定。AMF 和 3MF 輸出選項多了包括材質與包括外觀，所以不難理解。

本章比較常用的為解析度，由於 STL 輸出檔案容量會很大，特別是複雜模型。很多設定是新議題，例如：解析度、單位、干涉檢查，其中單位你會覺得這有什麼好說的，你會遇到外部與內部單位議題。

坊間需多 3D 列印廠商，會附上 STL 輸出和輸出選項的教學，協助使用者對 STL 輸出至 3D 列印軟體和 3D 印表機有更良好的品質。

要開啟文件才會有 STL、AMF 和 3MF，希望 SolidWorks 改進。

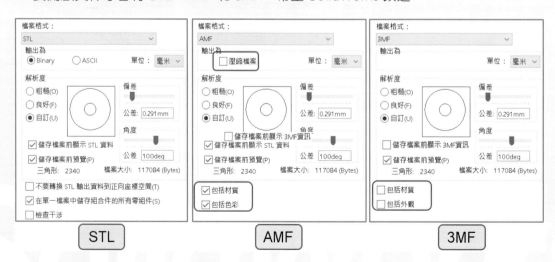

19-1 輸出為 Binary 或 ASCII

　　將 STL 輸出為 Binary（2 進碼）或 ASCII（文字檔）。ASCII 可以由記事本編輯，檔案容量會比 Binary 小，但某些系統不支援 Binary 檔案，換句話說，比較常用 ASCII。若遇到不相容問題，通常輸出 Binary 和 ASCII 給對方試，理論上 Binary 檔案會比 ASCII 檔案小 4 倍。由車架 STL 見到檔案容量差別將近 6 倍（測試基準為解析度-自訂）。

19-1-1 壓縮檔案

　　適用 AMF 格式，可以見到壓縮的前後容量差異，將近 10 倍（測試基準為解析度-自訂）。

19-2 單位

清單選擇模型單位：毫米、釐米、米、英吋、英呎。STL 輸入和輸出都有單位對應。本節與輸出選項的 ACIS 單位說明相同，不贅述。

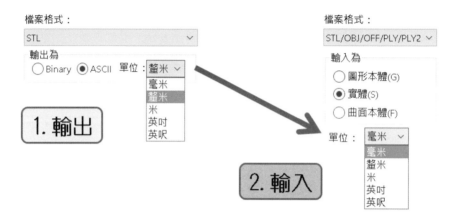

19-3 解析度

控制網格品質：粗糙、良好或自訂，並設定邊的偏差和角度。設定過程由預覽同心圓看出品質。良好使用率比較高，無論是檢視或快速列印之用。

模型轉換為網格時，精度必受影響，解析度設定過低，無法確實表現模型。

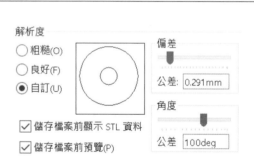

19-3-1 粗糙

粗糙的解析度為較低的誤差值，會以較高模型精度來產生 STL 檔案。可以看到偏差和角度公差為最低，且無法調整。

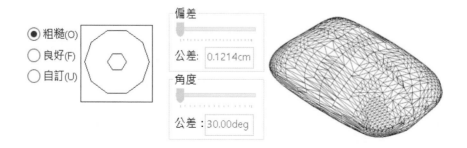

19-3-2 良好

良好的解析度為高精度,檔案較大且會使模型計算速度減低。可以看到偏差和角度公差都被系統最佳化控制,且無法調整。如果網格設定不夠精細,曲面相接間會有很大的縫隙,這時解析度調高後網格間隙就看不到了。

19-3-3 自訂

可以移動偏差和角度桿,同心圓預覽會根據值而調整。實務上,若檔案很簡單,都將偏差和角度調到最大,以現今軟硬體都有明顯提升,會得到更好的列印品質。

由於 STL 是面塊資料,轉檔過程會將模型每個面產生一個曲面。會嚴重消耗記憶體和處理器。調得太高,資料量會很大,記憶體使用會提高,記憶體最好為 16G。例如:目前為輸出 STL 過程,記憶體使用 8G 以上(箭頭所示)。

模型面接續很好,解析度調太高意義並不那麼重要。對太複雜模型,調太高會讓 3D 印表機讀檔失敗,這時降低解析度即可解決。

公差偏差值會直接影響由 STL 檔案所產生的三角形數量 - 且這直接關係到檔案大小。用來代表曲面的三角形數量與其尺寸相關。為避免非常大型的 STL 檔案大小,偏差會受到控制以防止產生含小公差的大型模型。

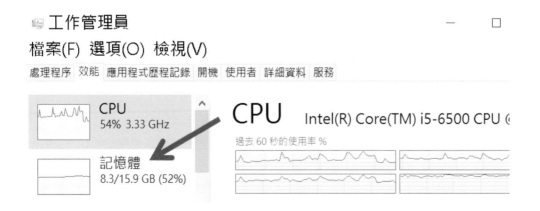

19-3-4 偏差和角度公差

移動偏差和角度桿進行數值控制品質。數值越低會得到較高精度,需要較長時間。

19-3-5 儲存檔案前顯示 STL 資料

按下確定後,可以確認 STL 資訊:預覽顯示三角面數量、檔案大小、檔案格式及目錄路徑和檔案名稱。按是→儲存、按否→回到 STL 選項設定。

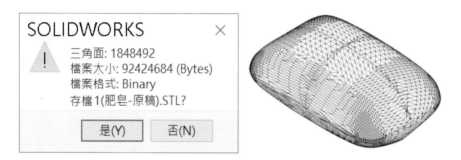

19-3-6 儲存檔案前顯示 3MF 資訊

僅顯示儲存確認,應該是 BUG,若只有儲存確認就顯得無意義,適用另存 3MF。

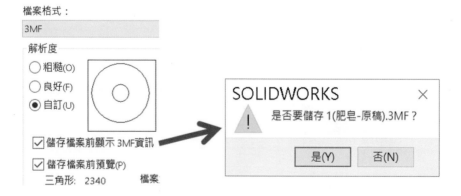

19-3-7 儲存檔案前預覽

在繪圖區域顯示模型三角形數量及檔案大小資訊,這些資訊會隨著解析度調節更新,適用零件。

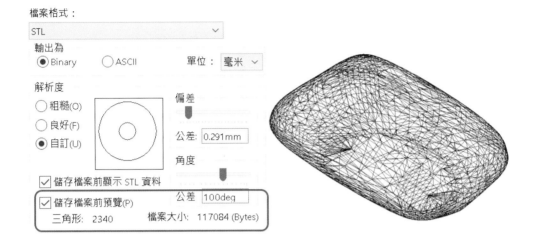

19-4 不要轉換 STL 輸出資料到正向座標空間

輸出的模型維持原點的位置,或座標正向的空間,本例模型原點在中央。

19-4-1 ☑不要轉換 STL 輸出資料到正向座標空間

輸出的模型維持原點位置。

19-4-2 □不要轉換 STL 輸出資料到正向座標空間

模型移到到正向座標空間,由圖可知模型朝向 XYZ 三大座標的正方向位置到底。

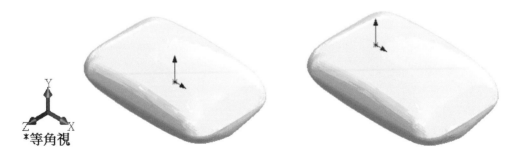

19-5 在單一檔案中儲存組合件的所有零組件

組合件轉成 IGES 時,控制組合件為單一檔案輸出。本節與 IGES 輸出選項的,在一個檔案中儲存組合件的所有零組說明相同,不贅述。

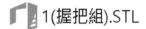 1(握把組).STL

1(握把組)-ARM-1.STL
1(握把組)-KNOB-1.STL
1(握把組)-SHAFT-1.STL

☑ 在單一檔案中儲存組合件的所有零組件   ☐ 在單一檔案中儲存組合件的所有零組件

19-6 檢查干涉(適用組合件)

儲存組合件的 STL 之前執行干涉檢查。無論檢查結果如何,都可以輸出 STL。

☑在單一檔案中儲存組合件的所有零組件,才可使用干涉檢查設定。

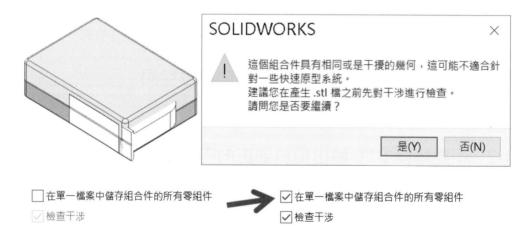

☐ 在單一檔案中儲存組合件的所有零組件   →   ☑ 在單一檔案中儲存組合件的所有零組件
☐ 檢查干涉   ☑ 檢查干涉

19-7 包括材質與包括外觀

將外觀顏色、紋路和模型材質一併輸出。這是 SolidWorks 2017 新功能，模型輸出成 AMF 和 3MF 選項下方有這 2 個項目，本節統一介紹。

模型轉檔原理會移除材質和移除外觀，特別是網格輸出格式，希望 SolidWorks 能將 STL 也納入包括材質與包括外觀改進。

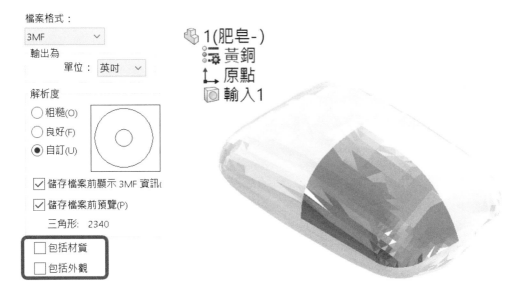

20

TIF/PSD/JPG/PNG 輸出選項

　　將模型包含背景輸出影像：TIF/PSD/JPG/PNG 檔，由選項控制輸出品質。由於 SolidWorks 為向量圖形，絕對可以高品質輸出，如果不要求品質，另存新檔即可。

　　很多人以為要用美工軟體處理高畫質，這觀念有盲點。因為來源還是要你來提供高畫質圖片，要高畫質就要輸出選項來控制。

　　由於操作 SolidWorks 都是工程人員，不是美工人員，也沒有美工專業。公司若要求工程師要會設計、畫圖又要會美工，這種人很難找。換個角度想，稍微涉獵一點美工專頁是可以的，本選項提供你輸出的解決方案。

　　輸出選項分 3 大部分：1.輸出類型、2.列印抓取、3.輸出的影像資訊。若只是有圖片看看就好，就不必到選項設定，直接另存新檔以節省時間。

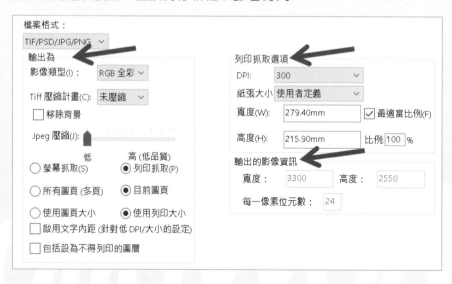

必須在另存新檔選擇為：TIF/PSD/JPG/PNG 才見
到輸出選項（箭頭所示）。部分選項必須在另存新檔
選擇為：JPG、PNG、TIF。甚至有限制為：零件、組
合件、多圖頁工程圖環境下才可以使用。

很多人不得要領而放棄設定，希望 SolidWorks 改
進，不要這麼多限制。另外，目前不支援儲存 BMP，
也希望 SolidWorks 新增這項功能。

對於製作文件或海報輸
出需要高解析度而言，這個選
項提供良好幫助。

例如：將 SolidWorks 設
備大圖輸出為貼紙到會場貼
上，輸出前於 SolidWorks 模
擬貼圖樣式。

20-1 輸出為－影像類型

清單選擇影像類型：黑&白、RGB 全彩或灰階。黑&白（單
色）輸出僅支援 TIFF，如果用其他圖片格式儲存黑&白（單
色），系統將會以 RGB 全彩替代。

20-1-1 黑&白（單色）

產生最小檔案。適用黑色線條及白色背景的工程圖。不適用模型，僅產生只有黑與白色的色塊。

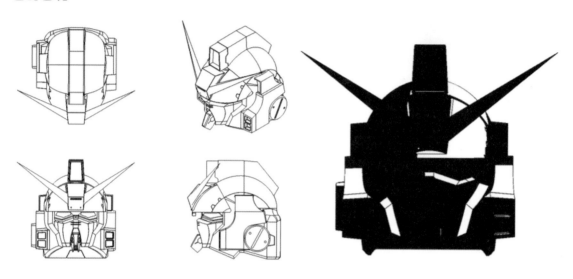

20-1-2 RGB 全彩

RGB 由紅色（Red）、綠色（Green）、藍色（Blue）三原色所構成。全彩＝24bit，1677 萬色影像。

20-1-3 灰階

由不同濃度的灰色構成，常用在故意的效果呈現。實務上灰階比較自然，將 RGB 值轉換成平均值，讓 R＝G＝B＝灰階值，保有後製調整的空間，例如：調整對比度、銳利度。

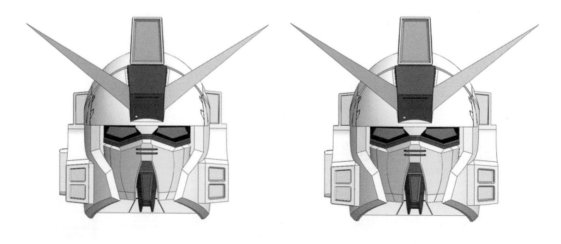

20-2 輸出為－TIFF 壓縮計劃

顧名思義對 TIFF 檔案進行：未壓縮、聚值位元及 Group 4 Fax。壓縮計劃必須與上方影像類型搭配使用。

20-2-1 未壓縮

不破壞的檔案處理方式，讓影像不失真，會讓檔案比較大，適合大圖輸出。如果圖形比較小時，看不出來未壓縮差異。

20-2-2 聚值位元

聚值位元（PackBits）快速又不失真的壓縮，產生最小檔案的彩色影像。

20-2-3 Group 4 Fax（G4 Fax）

壓縮率最高的格式，使用在傳真機的傳真標準。是以上兩種檔案容量最小，但僅適用於黑白影像。選成 RGB 全彩或灰階，系統會出現警語。

20-3 輸出為－移除背景

在零件或組合件選擇 PNG 和 TIFF 輸出時，可選擇不要背景的圖檔。模型有套用全景時，系統會自動移除。

20-4 輸出為－JEPG 壓縮

選擇 JPEG 時控制壓縮品質，壓縮率愈低，影像不容易失真，但檔案也相對大。實務上，建議用 PNG 來滿足需求，就不必花時間調整並查看壓縮與品質間的衡量。

20-5 輸出為－螢幕抓取

以繪圖區域大小抓取影像，螢幕抓取預設為 96 DPI。在下方輸出的影像資訊，或檔案總管看出看出圖片大小，例如：152x805。

名稱

1(鋼彈頭).JPG
2(鋼彈頭-小圖...

尺寸
1474 x 902
450 x 465

輸出的影像資訊

寬度：	3300	高度：	2550

每一像素位元數： 24

20-5-1 螢幕抓取支援

螢幕抓取以繪圖區域大小抓取影像，繪圖區域包含特徵管理員背面（箭頭所示）。

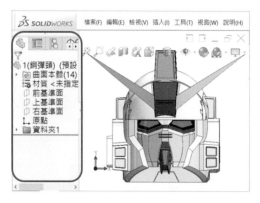
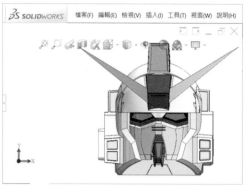

20-6 輸出為－列印抓取

利用列印到...的方式將圖片輸出，可設定指定紙張大小（圖片大小）與 DPI。

列印抓取在字面上不容易理解，有很多輸出方式都以列印一詞，如同使用印表機，可以設定紙張大小、黑白/彩色或雙面列印...等。

例如：PowerPoint 的 PDF 輸以列印指令進行列印抓取會因所在文件，可供設定範圍會受影響。零件或組合件無法設定圖頁設定。因為圖頁設定應用在工程圖環境中。為了強調說明，本節以工程圖輸出為 TIF 環境下進行。

列印抓取有許多組合，由於選項排列容易讓人混淆，很難看出有這些組合，應該要這樣排列比較容易理解。

20-6-1 所有圖頁(多頁)

針對工程圖每張圖頁進行圖片輸出，並在檔名後加上圖頁名稱分開儲存。例如：1(鋼彈頭)~前視圖.TIF、1(鋼彈頭)~前視圖。只有一張圖頁，無法設定此選項。

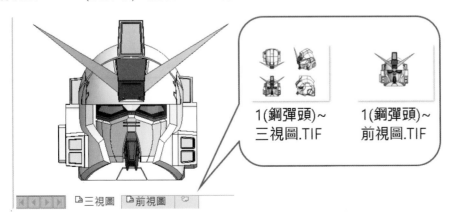

20-6-2 目前圖頁

對目前所開啟的圖頁輸出圖片。

20-6-3 使用圖頁大小

依目前工程圖圖頁大小＝輸出後圖片大小，這時列印抓取選項無法調整紙張大小。實務上，製作高解析度圖片最好到工程圖，多圖頁方式輸出。原因有：1.可以控制 DPI、2.所見即所得、3.功能比較多。

20-6-4 使用列印大小

定義下方列印抓取選項：設定 DPI、調整紙張大小，不建議這樣做，因為不直覺。

於後面有介紹列印抓取選項。

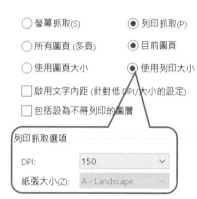

20-7 啟用文字內距

文字內距（Text Padding）針對低 DPI 設定，可避免低解析度且複雜圖面，文字過於接近糊掉，系統會自動將文字間距適當放大，類似網頁設計的 CSS（Cascading Style Sheets），適用工程圖與 TIF 格式，這部分要來回切換圖片才看得出效果，圖片在 CAD 檔案資料夾有。

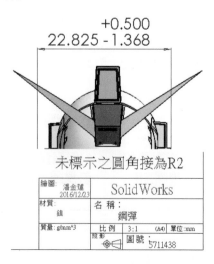

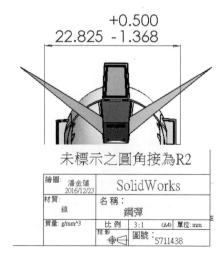

20-8 包括設為不得列印的圖層

是否將由工程圖的不得列印圖層🖨輸出。例如：圖框尺寸不得列印輸出，於圖層工具列已經關閉該功能，但是圖層是顯示的。

這作業常用在規劃圖框過程要看圖框尺寸，無論實際列印或轉換成圖片，目前圖層工具列有這項功能，現在轉換為圖片也有這項功能了。

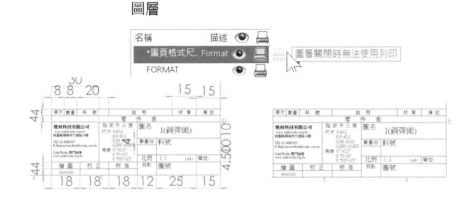

20-9 列印抓取選項－DPI

DPI（Dots per inch，每英吋點數），可指定50~2880 範圍。調高 DPI 適合大圖輸出，常見 300 DPI 就夠了。

口訣：大縮小，不能小放大。大紙張低 DPI，優於小圖紙高 DPI。小圖紙高 DPI 沒有多大意義，因為把小圖拉大容易失真。

不見得高 DPI 檔案就會比較大，反而大紙張，適當 DPI 才是最佳方案。除非列印整個牆面或 5 樓高的長布條，就要高解析度了。

大小	垂直解析度
7,098 KB	96 dpi
5,982 KB	120 dpi

本節必須☑列印抓取（箭頭所示），才能使用列印抓取選項。

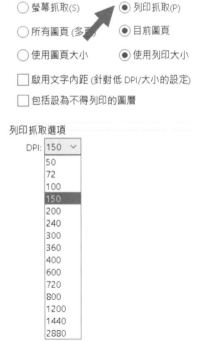

20-9-1 線寬和像素

工程圖的線寬在輸出圖片格後，造成粗細不均或無法呈現線條粗細的層次，成為統一的線段寬，這取決於像素（PPI）＝長度 X 寬度，簡單的說就是照片大小。

於檔案總管點選圖片內容，可以查看照片資訊。

影像 ID	
尺寸	14173 x 24803
寬度	14173 個像素
高度	24803 個像素
水平解析度	300 dpi
垂直解析度	300 dpi

工程圖常用細線和中線呈現，例如：細線 0.18mm、中線 0.25mm。

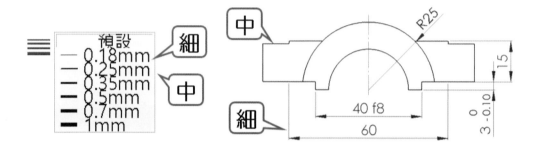

A 理論像素比值

細線 0.18mm 不同解析度的像素比值：200 DPI：1.42、300 DPI：2.13。

中線 0.25mm 不同解析度的像素比值：200 DPI：1.97 、300 DPI：2.95。

1.42 像素無法存在點陣圖中，因為值必須為 1 或 2。因此，SolidWorks 會無條件捨去。

B 實際得到像素比值

細線 0.18mm 四捨五入為下列寬度：200 DPI：1 像素、300 DPI：2 像素。

中線 0.25mm 四捨五入為下列寬度：200 DPI：1 像素、300 DPI：2 像素。

以上得知在 0.18 與 0.25 寬度，200 DPI 都是 1 像素，若要更清楚區分線條寬度，使用較高解析度或不同的線條寬度設定。

20-9-2 影像處理時間

DPI 越高畫面越細緻，不過檔案也會越大，系統運算也會比較久，可以嘗試降低 DPI，並調高紙張大小。

若檔案太大，輸出過程會出現處理影像中畫面，例如：解析度高於 300DPI 時，會處理比較久。

處理影像中...

處理影像中...

20-9-3 壓縮檔案

將 TIF 檔案設定高 DPI，有可能轉成 400MB 圖片檔，不用感到憂慮，因為壓縮以後檔案會縮小成 2MB。對專業影像編輯來說，不建議進行圖片壓縮，會破壞影像品質。若覺得還好也看不出來，又想要高品質的圖檔與傳輸給對方，壓縮是解決方案。

名稱	類型	大小	垂直解析度
GUNDAN(RX...	TIF 檔案	394,457 KB	1200 dpi
GUNDAN(RX...	壓縮的 (zipped)...	2,381 KB	

20-9-4 高低 DPI 的差別

低 DPI 得到比較模糊，適合小圖示，反之亦然。如同 SolidWorks 2016 開始，因應大尺寸螢幕的需求，支援 4K 超高畫質介面，就是美工人員把 ICON 的 DPI 提高。否則在一樣的 DPI，放置到大螢幕，ICON 會顯得模糊不清。

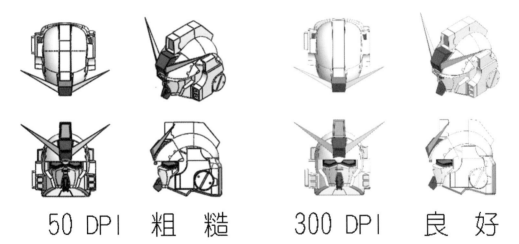

50 DPI　粗　糙　　300 DPI　良　好

20-10 列印抓取選項－紙張大小

由清單切換制式或自行定義紙張大小。切換紙張大小時，繪圖區域顯示輸出影像邊界：藍色＝高度及紫色＝寬度。☑使用列印大小，才可使用紙張大小。

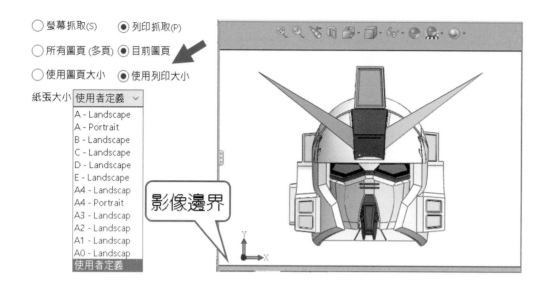

20-10-1 使用者定義

預設紙張大小沒有要的，於下方寬度及高度輸入紙張大小。

20-10-2 寬度及高度

將紙張大小設定為使用者定義來自訂的寬度及高度。紙張大小可以思考要輸出的圖片大小應用在何處而定。例如：輸出為海報張貼，會輸出 A0（全開）。

紙張大小和 DPI 設定沒有相對關係，不必因為紙張越大而調整 DPI 點數，因為 DPI 就是每一英吋點數。即便是輸出 A0，300DPI，將該圖片縮小到 A4，並不會影像失真。

20-10-3 最適當比例

為工程圖選擇最適當比例或設定比例，適用使用者定義。系統會依比例將紙張大小放大或縮小輸出圖片。例如：比例 200％，紙張大小 297X210mm。輸出為圖片時，圖片大小為 594*420mm。

20-10-4 紙張大小與 DPI 實務應用

將圖頁定義你要輸出的大小＋DPI 提高，能完成你想要的尺寸輸出。例如：我們想以鋼彈當門神，製作鋼彈貼紙貼到門口電動門。

玻璃尺寸 (910x1200 mm)＝工程圖頁大小＝貼紙大小。在工程圖調整模型比例佈滿整張圖頁，就可以輸出 TIF 檔案給印刷廠，保證讓你滿意。

DPI 調為 600 就很夠了，不需要再更高。除非你要列印成大樓牆面廣告。這部分印刷廠會給你建議 DPI 值。

20-11 輸出影像資訊

顯示圖片大小和像素為元素。根據圖片寬 X 高 X 像素位元＝圖片大小，以上方設定，系統自動變更以下資訊，你無法變動它。

輸出的影像資訊

寬度：	3300	高度：	2550

每一像素位元數： 24

20-11-1 寬度大小

依據螢幕抓取、列印抓取和選項，系統進行參數變化。

20-11-2 每一像素位元素（Pix/Bit）

像素（Pixel）由 Picture(圖像) 和 Element（元素）字母組成，用來計算影像單位。PIX 為 Picture 縮寫＋Element 縮寫＝PIXEL。依據上方影像類型，系統進行參數變化，例如：RGB 和灰階＝24、黑白＝8。希望 SolidWorks 能加入檔案大小顯示。

DXF/DWG 輸出選項

本章詳盡介紹 DXF/DWG 選項設定，提高 SolidWorks 工程圖轉換 DWG 相容性，加強對轉檔思考，本選項僅支援工程圖，並透過 DraftSight 來驗證 DWG 檔案。可調整版本、字型、線條樣式...等，還可針對圖層對應、曲線輸出和多圖頁控制，功能相當完備。

很多人對 DXF/DWG 轉檔抱持負面印象：亂碼、線條變粗、尺寸位置有點亂...等，都是相容問題，和你心中理想有段差距。所有軟體對 DXF/DWG 相容性比起以往提高許多，甚至到沒差地步。實務上，公司必須以 3D 軟體完成工程圖作業，轉 DWG 只是方便下一階段作業，不必太介意和太專研嘗試將 DWG 圖形調整至完美。

工程圖轉到 DWG 線條很醜，多是主觀意識，而強烈要求工程師在 DraftSight 修飾圖形和尺寸標註，特別是 DWG 用很久的公司。絕大部分沒到選項設定，SolidWorks 有 DWG 選項設定很多人不知道。常聽到 2 種情況：1.到 2D CAD 標尺寸、2.到 2D CAD 調整尺寸位置或刪除不要的線條，這些作業大可不必。

閱讀本章讓你把時間專注到 SolidWorks 源頭管理，會慶幸還好沒有花太多時間處理 DWG 細節，這些細節是勞務不是專業，現在沒人會把操作 2D CAD 當專業，你的專業來自設計。若要把時間看得更細，我們都教導學生，連轉 DWG 時間都不想的境界。

版本(V): R2000-2002 ∨   字型(F): AutoCAD STANDARD only ∨

線條型式(L): AutoCAD 標準樣式 ∨

自訂對應 SOLIDWORKS 至 DXF/DWG

☑ 啟用(E)   ☐ 於每次儲存時不顯示對應關係(W)

對應檔案(A): [_____] ∨ [...]

比例輸出 1:1

☑ 啟用(N)   基準比例(B): 圖頁比例=1/2: 計數=1 ∨

☑ 啟用時警告(R)

終點合併

☑ 啟用合併   [0]

☐ 高品質 DWG 輸出

不規則曲線輸出選項

◉ 輸出所有的不規則曲線為不規則曲線

◯ 輸出所有的不規則曲線為聚合線

多圖頁工程圖

◉ 僅輸出使用中的圖頁   ☐ 輸出所有工程圖頁至圖紙空間中

◯ 輸出所有的圖頁至個別的檔案

◯ 輸出所有的圖頁至一個檔案

21-0 進入 DXF/DWG 輸出選項

課堂上強調重點不在如何存 DWG，而是選項設定。工程圖轉 DWG 很多人恍然大悟，原來這麼簡單，只不過是另存新檔而已。很多人找不到選項，到論壇詢問，因為另存新檔沒選到 DWG 怎麼會有選項。進入 DXF/DWG 選項有 2 種方式：1.另存新檔、2.系統選項視窗。

這部分不能怪同學，SolidWorks 應該把選項按鈕直接呈現在另存新檔視窗上，而不是要使用者理解怎麼做才會有選項出現，這是傳中的隱藏版，還好 SolidWorks 2017 已經沒這問題。

早期壓迫式教育我們這樣教沒問題，以現今多元化社會，要學生必須具備以上認知，連筆者都認為 SolidWorks 很難學，希望 SolidWorks 不要管何種文件下，不要管另存新檔的檔案格式有沒有在 DXF/DWG，都要有 DXF/DWG 輸出選項才對。

21-0-1 另存新檔選項按鈕

DXF/DWG 不是預設輸出選項，在工程圖另存新檔選擇 DXF 或 DWG，才可以看到輸出選項或選項按鈕。希望零件另存新檔也可看到該輸出選項，至於組合件不可以轉 DWG，確定沒有。

21-0-2 系統選項視窗

SolidWorks 2017 已經將選項整合到系統選項。在工程圖進入系統選項⚙→輸出，由檔案格式清單才可看到 DXF/DWG 選項項目。

零件雖然也可進入系統選項→輸出，在檔案格式清單卻看不到 DXF/DWG 選項。除非另存新檔 DWG→⚙→系統選項點選輸出。

筆者知道這說明你可能要看 3 遍才看得懂，也希望 SolidWorks 不要這麼麻煩，不管何種文件下，都可以見到 DXF/DWG 選項。

21-0-3 快速入門

DWG/DXF 設定這麼多,最常用與重
要選項如下,這些設定只要一次,因為
選項有記憶能力。

1.字型:TrueType

2.口啟用

3.比例輸出 1:1,☑啟用

21-1 版本

清單切換 DWG 版本 R12~2013,這些都是內部版本,而我們常聽到的 AutoCAD 2018
就是外部版本。最好問出對方使用版本,再轉出相對應的,若不確定,就用預設
R2000-2002,通常較早版本相容性低。

Autodesk 不會針對每個新版 AutoCAD 變更 DWG/DXF 內部檔案格式,Autodesk 通常
每三年變更一次檔案格式。截至 2017 年為止,Autodesk 已變更為 AC1027,它為內部版
本,適用 AutoCAD 2013-2017。至於下一個版本 AC1032 就是 R2018,適用 AutoCAD 2018。
由記事本開啟 DWG,由一開頭可以看到內部版本,例如:R2010=AC1024。

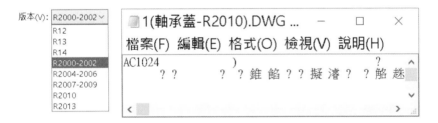

21-1-1 內部版本對應

格式版本	內部版本	產品
R12	AC1009	AutoCAD 12
R13	AC1012	AutoCAD 13
R14	AC1014	AutoCAD 14
R 2000-2002	AC1015	AutoCAD 2000、2000I,2002
R2004-2006	AC1018	AutoCAD 2004、2005、2006

格式版本	內部版本	產品
R2007-2009	AC1021	AutoCAD 2007、2008、2009
R2010	AC1024	AutoCAD 2010、2011、2012
R2013	AC1027	AutoCAD 2013、2014、2015、2016、2017
DWG 2018	AC1032	AutoCAD 2018

21-1-2 版本支援

SolidWorks 2017 支援 AutoCAD 2017 DWG/DXF 輸入和輸出，在 AutoCAD 2006 無法開啟 SolidWorks 所轉出的 DWG/DXF 格式，所以 AutoCAD 也有開啟未來版次議題。

由於 DXF 為 ACIS 核心交換格式，原則上可突破版本限制。

21-2 字型

字型（Font）也有人說字體，可選擇 TrueType 或 AutoCAD STANDARD only。解決轉成 DWG 檔案後中文字、符號（如 Ø）產生亂碼。

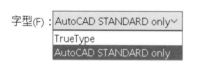

21-2-1 TrueType

Windows 標準字型，擁有相容和擴充性高特性。SolidWorks 使用該字型，轉 DWG 時選擇 TrueType，直接將 SolidWorks 字型帶到 DWG 中，強烈要求你選這項目，避免亂碼問題。

選擇字型

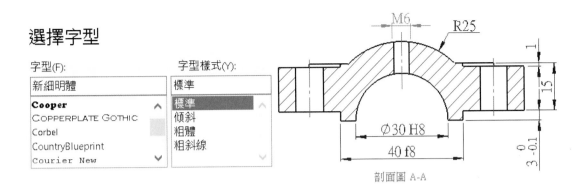

剖面圖 A-A

21-2-2 AutoCAD STANDARD only

AutoCAD STANDARD only 會以 AutoCAD STANDARD 字型格式為主要輸出對應。這個選項是希望 SolidWorks 工程圖字型能與公司 DWG 工程圖相同，不要看起來怪怪的。

通常會有亂碼就這項目，且 SolidWorks 預設 AutoCAD STANDARD only。要完整的使用本項目要與下方線條型式和自訂對應 SolidWorks 至 DXF/DWG。

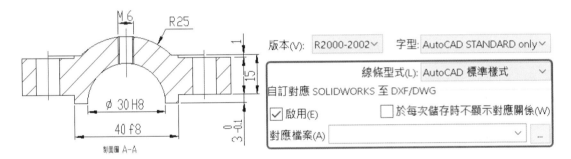

SolidWorks 轉 DWG 會使用 drawFontMap.txt 對應檔案，將工程圖與 AutoCAD 字型對應，讓 AutoCAD 辨識。drawFontMap.txt 對應 SolidWorks 自行開發的 SW True Type 和 AutoCAD SHX 字型。

於 Windows Font 資料夾見到的 SW 開頭都是 SolidWorks 字型。安裝 SolidWorks 過程會主動將這些字型安裝 Windows/Fonts 之中，讓每個 SolidWorks 使用者一定擁有共同字型。

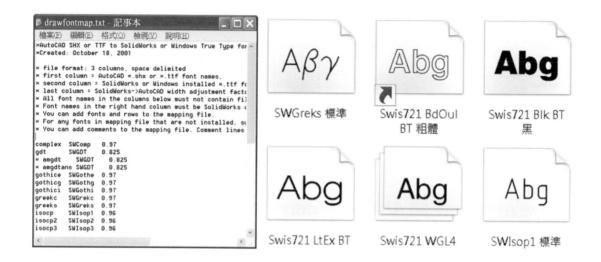

21-2-3 調整文字樣式

不建議選 AutoCAD STANDARD only，否則要在 DraftSight 切換字型讓文字可見，例如：點選亂碼文字，於左方屬性切換字型。與其要花時間測試 SolidWorks 與 DWG 字型對應一致性，不如把精力放在如何不要轉 DWG。

AutoCAD 2008 開始支援 True Type 字型，所以 TrueType 是轉檔首選。例如：SolidWorks 工程圖使用 TrueType 細明體，將工程圖轉成 DWG 時選擇 TrueType，對方開啟工程圖時，系統會對應細明體代碼。

早期應付經常轉檔的必要，避免後續調整麻煩，工程圖不用中文，以及符號設定為 Arial 字型，因為 Arial 是最常用字體，順序也擺在前頭很好查閱，呈現出來的效果比較圓潤，甚至可以解決字體被壓縮瘦小。

最好雙方電腦都有一樣字型，例如：大陸把圖寄到台灣，一開始會先把簡體中文字型一起寄，安裝到 Windows Font 資料夾。

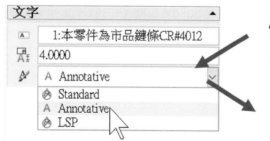

21-2-4 drawFontMap 對應

drawFontMap（工程圖字型對應），可透過記事本開啟，得知字型對應關係以及語法，也可以自行加入對應的字型。drawFontMap.txt 檔案位置：C:\Program Files\SOLIDWORKS Corp\SOLIDWORKS\data，以下是 drawFontMap 對應的簡表，詳盡內容自行參考檔案。

AutoCAD 字型	SolidWorks 字型	SolidWorks 對 AutoCAD 寬度係數
complex	SWComp	0.97
monotxt	SWMono	0.98
romanc	SWRomnc	0.97
scripts	SWScrps	0.84
simplex	SWSimp	0.97
syastro	SWAstro	0.97
symap	SWMap	0.97
txt	SWTxt	0.96

21-3 線條型式

SolidWorks 線條寬度對應 DWG 寬度值，可選擇：SolidWorks 自訂樣式或 AutoCAD 標準型式。實務上線條型式和寬度不會差太多，無論選擇哪種型式，不會有太大變化。

21-3-1 SolidWorks 自訂樣式

依 SolidWorks 線條型式和樣式傳送到 DWG。如圖故意將 SolidWorks 外型輪廓加粗以及實線轉為虛線，傳遞到 DWG 中。

21-3-2 AutoCAD 標準型式

依 AutoCAD 線型檔：線型、比例、厚度，套用並轉成 DWG。如圖故意將 SolidWorks 外型輪廓實線轉為虛線，傳遞到 DWG 中。

於 DraftSight 遇到線條型式與你所見的標準些許不同，就要花時間微調更改預設的線型檔 acad.lin。

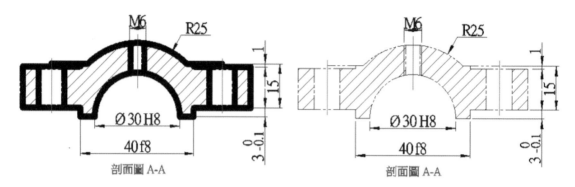

21-3-3 線條型式支援

選項→文件屬性→線條型式和線條樣式中，更改其設定，以符合 SolidWorks 和 AutoCAD 相同標準。實務上，SolidWorks 線條型式和線條樣式都夠用，不必費心更改或新增。

SolidWorks 線條樣式檔案：swlines.lin 文字檔，透過記事本開啟得知語法，也可自行加入對應字型。格式化用鍵與 AutoCAD 相同，不必擔心線條樣式到 AutoCAD 會跑掉。

swlines.lin 檔案位置：C:\Program Files\ SOLIDWORKS Corp\SOLIDWORKS\lang\ chinese。

21-4 自訂對應 SolidWorks 至 DXF/DWG

工程圖線條和標註型式輸出至 DWG 後，能與 DraftSight 一模一樣的顯示。本項設定提高圖層屬性的相容性，不過會對維護再添一筆，除非有很嚴重需求，否則不必專研本節，看看就好。換句話說，這是 2D CAD 用很深的公司、進階者閱讀，對初學者而言，看看就算，甚至可以跳過本節。

本節說明以 DraftSight DWG 圖層範本為準，由 SolidWorks 自訂對應視窗中定義一模一樣的屬性，儲存將定義檔案儲存後，未來 SolidWorks 工程圖轉 DWG 就會套用。坦白說，即使完成本節，也不可能和 2D CAD 作業的效果一模一樣，只能盡量。

這部份會越來越少人使用，因為：1.本節不好學，要有研究精神、2.以 SolidWorks 工程圖作業。不需轉成 DWG 格式，再由 DraftSight 修圖，以方便檔案管理以及維持關連性

業界導入常告知企業 DWG 維護很耗時，會形成 2 套標準，到底是以 SolidWorks 模型尺寸為準還是 DWG 為準，總是爭論不休。

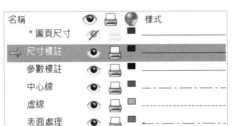

21-4-1 啟用

開啟 SolidWork 至 DXF/DWG 對應視窗。工程圖儲存 DWG 過程中，於另存新檔按下確定，系統會出現對應視窗。建立圖層、色彩和對應至 DWG 圖層和色彩，該視窗分 3 個區塊：1. 定義圖層、2.對應圖元、3.對應色彩。

21-4-2 定義圖層

定義和 DWG 範本相同的圖層名稱、色彩以及線條樣式。分別點選圖層下方的儲存格，輸入圖層名稱。點選色彩下方的儲存格，指定圖層色彩。點選線條型式下方的儲存格，指定線條型式。完成 3 個圖層：第 0 層、尺寸標註和註記。

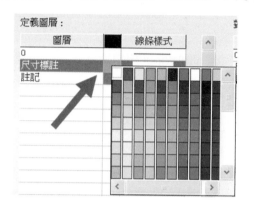

21-4-3 對應圖元

由清單定義切換已經定義好的圖層名稱、色彩、線條樣式以及圖元。至於色彩和線條型式，可以設定 BYLAYER 或 BL。

BYLAYER 表示色彩和線條樣式與定義圖層屬性相同，若對 2D CAD 有相當理解，BYLAYER 對你來說並不陌生。

由圖元欄位下方點選儲存格，由清單指定 SolidWorks 圖元放置的圖層。例如：SolidWorks 尺寸（尺寸標註）對應到尺寸標註圖層。

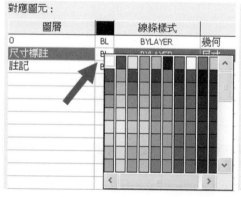

21-4-5 對應色彩

定義左邊 SolidWorks 色彩、右邊 DWG 色彩,色彩可單獨定義或相同。

對應色彩優先於先前圖元定義,一般來說都不更動。看過以上的設定,是否發現到沒有線條粗細的設定,對!就是沒有。

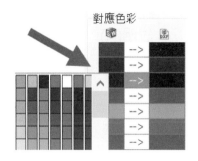

對應色彩

21-4-6 只對應不在 SolidWorks 圖層中的圖元

這個設定光看文字很難理解,應該叫:套用定義圖層。

在 DWG 顯示以上製作的對應圖層或僅顯示 SolidWorks 工程圖的圖層。

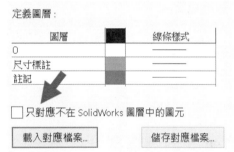

SolidWorks 到 DXF/DWG 對應

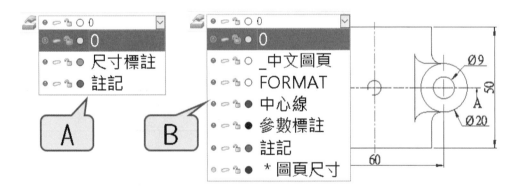

21-4-7 儲存或載入對應檔案

將上方設定儲存或載入並修改。該檔案沒有副檔名,文字檔可以用記事本開啟,也可以直接修改。對應檔案可因應不同客戶需求,而定義不同的圖層計畫,不必重新設定只要套用即可。

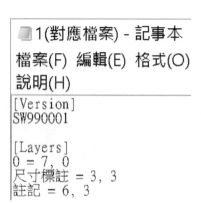

21-4-8 於每次儲存時不顯示對應關係

防止在每次儲存 DWG 檔案過程出現 SolidWorks 到 DXF/DWG 對應方塊視窗，直接載入對應檔案。

21-4-9 對應檔案

將對應檔案直接分派至 DXF/DWG 檔案中。這個設定會與☑於每次儲存時不顯示對應關係同時開啟，這樣轉 DWG 時可以更快速。

21-4-10 輸出圖層

當工程圖轉 DWG 時，自動將圖層傳遞到 DWG 中，通常選擇是、☑不要再次詢問。本節重點說明否。

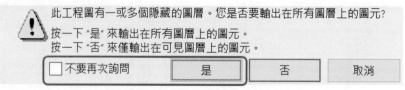

A 是：輸出所有圖層上的圖元

簡單的說將所有圖層都輸出，包含被隱藏的圖層，無論圖層上是否有圖元，讓事後 2D CAD 作業好管理。如果有資訊保護需求，很多人以為只要關閉圖層轉 DWG 就好，這樣還是會被對方看光光（將圖層打開就好）。

B 否：僅輸出可見圖層

將被開啟的圖層輸出，被隱藏的圖層不被傳遞出去。常用在不希望工程圖部分資訊被對方知道，利用關閉圖層解決。例如：將圖框加入圖層，轉 DWG 之前將圖框圖層關閉，就算圖面外流來減少風險，因為沒有圖框很難證明是哪間公司的圖面。

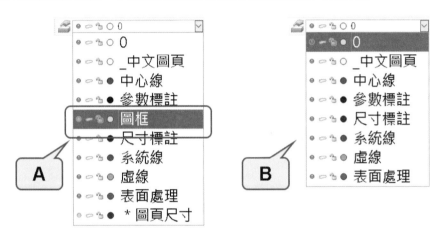

21-5 比例輸出 1:1

將工程圖使用 1:1 輸出。由於 SolidWorks 不支援多重視圖比例的輸出，☑比例輸出 1:1，並啟用基準比例設定。1:1 輸出是應該的，如同 SolidWorks 模型到工程圖，所標註的尺寸一定為 1:1 呈現，我們不會去思考還要進行哪些設定。

教學上很多人比例搞不清楚，比例不會影響模型實際大小，例如：尺寸 100 模型，將視圖改為 2:1 或 1:2，模型還是 100，只是視圖變大或變小而已。

很多人轉 DWG 時不知道還要工程圖比例沒有 1：1，等到製作出來才發現有誤差。特別是展開圖要如何 1:1、會不會不準、這些都深藏在心理一直沒有突破與解決，造成直接在 2D CAD 畫工程圖。

21-5-1 啟用

啟用 1:1 輸出，並定義比例基準。很多人轉 DWG 哪會想到選項☑啟用比例。這就是 SolidWorks 吃悶虧的地方，預設☑啟用比例不就得了。

預設☐啟用比例，造成教學上很難引導別人，因為轉 DWG 還要記得到選項☑啟用，也很多人先入為主 SolidWorks 工程圖不準的刻板偏見。

SolidWorks 就是太老實很吃虧，有些軟體商對外宣稱 SolidWorks 工程圖轉 DWG 會不準。例如：工程圖標註 100，DWG 會變成 99.8，事實證明還真如此，接著又說 SolidWorks 工程圖轉 DWG 會不準，模具會開錯以後你還敢不敢用 SolidWorks，送你都不要。

另外還有很多地方，都是被別人悶著打，例如：SolidWorks 內建鈑金、曲面、模具、熔接，很多人都不知道，還對外尋找模組，甚至買其他軟體進行搭配，因為 SolidWorks 預設工具列沒顯示呀。

21-5-2 啟用時警告

出現 1：1 比例輸出啟用警告視窗。如果工程圖上有兩種比例，系統都就會出現警告視窗，無論是否開啟啟用。

21-5-3 基準比例

1:1 輸出時以哪種視圖為準基準。由清單選擇 2 種基準：1.圖頁比例、2.視圖比例，並以視圖群組（計數）而訂。

定義其中一個比例基準，基準比例之外的視圖會相對縮放，例如：三視圖＝圖頁比例，比例皆為 1：1.5。立體圖＝視圖比例＝1:1。這時定義基準比例＝圖頁比例，系統只會將三視圖以 1：1 輸出，立體圖僅會相對縮放。

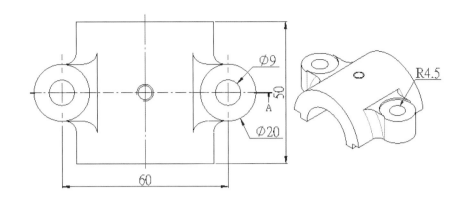

　　工程圖一定為圖頁比例＝整體比例，圖框右下角標題欄就是呈現圖頁比例，不管視圖比例（大小）為何，轉成 DWG 就要一模一樣就對了。

　　例如：三視圖比例 1:5，視圖上尺寸＝60→轉 DWG，2D CAD 尺寸標註驗證，還是 60。

　　這功能與使用者習慣有關，很多人對圖頁比例和視圖比例觀念薄弱，三視圖為圖頁比例還是視圖比例都不知道，即便☑啟用比例，到 DWG 發現尺寸還是沒 1:1。這不能怪使用者，是 SolidWorks 搞太複雜了。

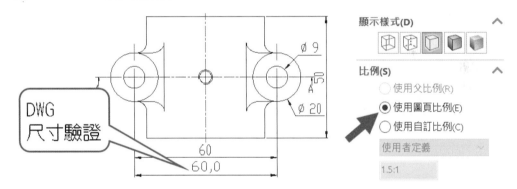

🅐 圖頁比例

　　以圖頁比例為基準。三視圖以圖頁比例控制，等角圖以視圖比例控制。這時 DWG 的三視圖就會 1:1 輸出，例如：50 還是 50，等角圖就不是了。我們建議你用圖頁比例製圖並轉檔這樣問題會少很多。

🅑 視圖比例

　　承上節，這時 DWG 以等角圖＝1:1 輸出，你要的三視圖比例就會不準，例如：50 換變成 75。很多人在這失去江山，因為是用視圖比例來控制三視圖的。

專業工程師訓練手冊 [9] －模型轉檔與修復策略

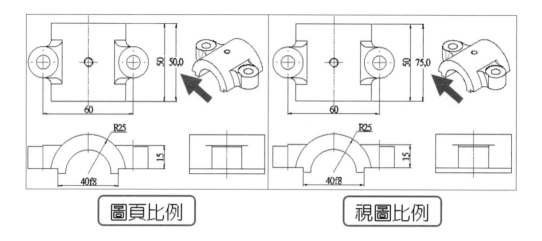

圖頁比例　　　視圖比例

C 計數

使用此比例的視圖數量，例如：三個視圖圖頁比例 1.5：1，清單就會顯示：圖頁比例
＝1.5/1：計數＝1，以及視圖比例＝1.5/1：計數＝3。

這部分很難解釋，原廠搞得太複雜，視圖比例和圖頁比例實務上不同，卻把它寫成一
樣。另外視圖比例＝1:1，計數＝1，就是等角圖＝1:1。

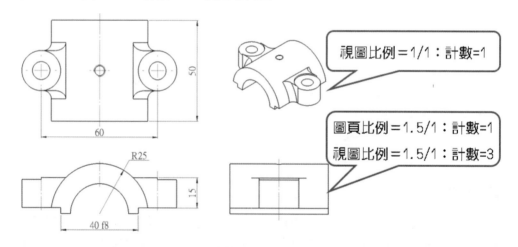

視圖比例＝1/1：計數=1

圖頁比例＝1.5/1：計數=1
視圖比例＝1.5/1：計數=3

21-5-4 基準比例設定技巧

若視圖過多，很難在基準比例清單選擇，在轉檔前點選作為基準比例的視圖➔另存
DWG，例如：選擇展開圖為 1：1 比例輸出。

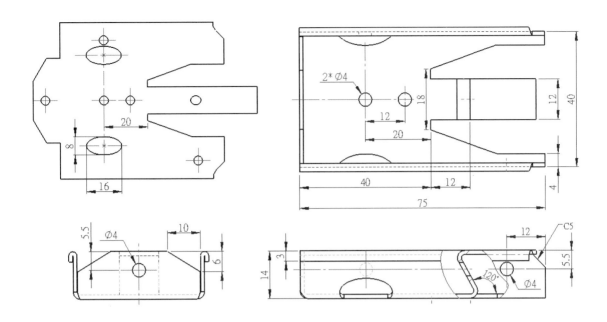

21-6 終點合併

　　設定線段兩點之間額外的線條、短線或縫隙合併非斷開。於 2D CAD 繪製的連接線段一定為合併,例如:矩形,4 條線段一定為合併狀態,或矩形被修剪過,圖形經轉檔圖形交點間就不一定為合併。

　　若線段間沒有合併,在 DWG 圖形沒多大妨礙。若是雷射切割或刀具路徑,對於線條的連續性有所要求時,就要合併。

　　比較極端的例子,不是圖形有合併就是好,例如:表格本身不需要合併,被合併後線段會相連,這部份請同學自行拿捏。

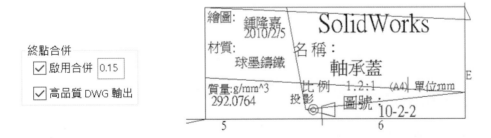

21-6-1 啟用合併

指定線段端點間縫隙尺寸，低於該尺寸將被合併。本設定常用在聚合線（Polyline）的終點合併，非一般線段。特別是線條很多情況下，會嘗試合併參數到合併為止，以避免 2D CAD 使用拖曳或 JOIN 指令完成合併作業。

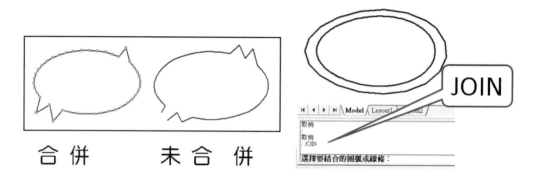

21-6-2 高品質 DWG 輸出

以較高品質輸出，但會增加輸出所需的時間。特別是圖面很複雜時，輸出時出現提示視窗，除非對圖面有所要求，例如：終點合併，否則看不出來用處。

☑啟用合併才可以使用高品質 DWG 輸出。

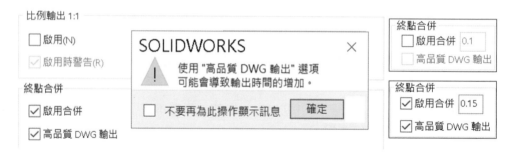

A 高品質與草稿品質視圖

高品質 DWG 輸出與工程圖品質無關，如果要提高工程圖輸出品質，必須在選項中設定。草稿品質視圖=點陣圖、高品質工程視圖=向量圖形，塗彩◻或帶邊線塗彩◻在任何情況下永遠都使用草稿品質演算。

早期建議轉檔之前確認工程視圖品質=高品質，目前來看不必這樣做，因為軟體轉檔能力提升，DWG 轉檔過程自動將它們轉換為高品質。當遇到轉檔問題時，這原理、選項設定都是解決方案。

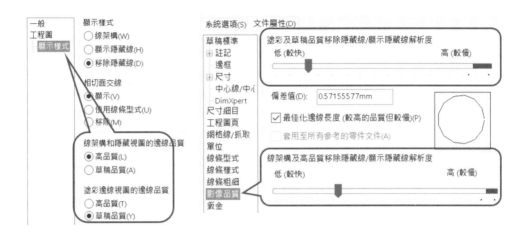

21-7 不規則曲線輸出選項

將不規則曲線輸出為：不規則曲線（Spline）或聚合線（Polyline）。這項設定常用在弧或圓孔完整的輸出，皆以不規則曲線呈現。

早期 DXF/DWG 不支援 SolidWorks 定義的不規則曲線，會自動被轉換成聚合線（Polyline），後來可以後，才有此選項設定。

基於核心，Parasolid 圓以近似圓（就是圓啦），ACIS 圓以多邊形圓。SolidWorks 聚合線線段大小是由線架構顯示品質所決定。

21-7-1 輸出所有的不規則曲線為不規則曲線

依 SolidWorks 不規則曲線型態輸出，拖曳不規則曲線可以看出其彎曲點和曲線。

21-7-2 輸出所有的不規則曲線為聚合線

不規則曲線在 DWG 中顯示為聚合線。拖曳聚合線就是一點一直線，這適合在需要抓取某點位置要參考用。

某些切割機與軟體只理解線與弧形聚合，用聚合線輸出 CNC 程式才能辨識。若 CNC 可以理解不規則曲線，就不用更改這設定。

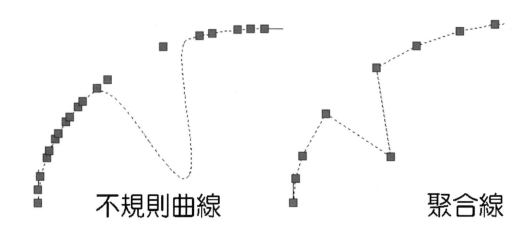

21-8 多圖頁工程圖

當工程圖為多圖頁時,將圖頁輸出成每張獨立檔案或合併成單張圖檔,擁有輸出彈性。

21-8-1 僅輸出使用中的圖頁

將目前啟用中的圖頁輸出,這是最常用的,因為絕大部分工程圖為單一圖頁。在多圖頁中,只要輸出所見的圖頁,就會這麼做。

21-8-2 輸出所有的圖頁至個別的檔案

將所有圖頁分別輸出個別檔案,檔名會編以序號 0X_,例如:有三張圖頁,存檔後會出現 00_1(軸承座組)、01_1(軸承座組)、02_1(軸承座組)。這麼做可將每張圖分別用在不同地方,例如:第 1 張車床、第 2 張銑床、第 3 張開模具。

21-8-3 輸出所有的圖頁至一個檔案

和 SolidWorks 一樣,一個檔案包含所有圖頁,於 2D CAD 以多圖頁呈現,切換圖頁來顯示工程圖。

實務上會慣性,改變選項作業,因為有些人不知道 2D CAD 可以點選下方圖頁,認為有 3 個零件,為何不是 3 個 DWG 圖面,反而要求對方要有 3 個 DWG 檔案。

另一種情形則相反，雖然 3 個零件，一個 DWG 檔案就好，查看圖檔會比較有效率。

21-8-1　　　　　　21-8-2　　　　　　21-8-3

21-8-4 輸出所有工程圖頁至圖紙空間中

將多圖頁圖檔放置在 2D CAD 圖紙空間。工程圖輸出到 DWG/DXF 時，會將第一個工程圖頁放置模型頁面，其餘的圖頁放置在圖紙空間，本項設定可以將所有圖頁放置在圖紙空間。本項目可以與先前 3 項設定同時使用。

圖頁標籤就是圖紙空間，可多元化表達模型狀態，一個檔案中擁有多張圖頁。圖頁標籤常用於安排圖面列印、比對圖面、圖頁比例、放大區域、配置視角…等。

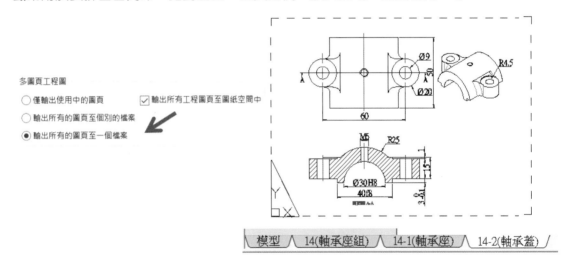

21-9 DXF/DWG 輸出選項支援

SolidWorks 工程圖的剖面線在 2D CAD 呈現剖面線，且保留 SolidWorks 定義的剖面線圖層與色彩，早期 SolidWorks 剖面線會被辨識為單獨線段。

22

EDRW/EPRT/EASM 輸出選項

輸出為 eDrawings 檔案時，進行工程應用與保護控制，例如：量測、輸出 STL、動作研究...等。EDRW/EPRT/EASM 輸出選項俗稱 eDrawings 選項。

這部分將於《SolidWorks 專業工程師訓練手冊[11] eDrawings 模型溝通與檔案管理》中介紹。

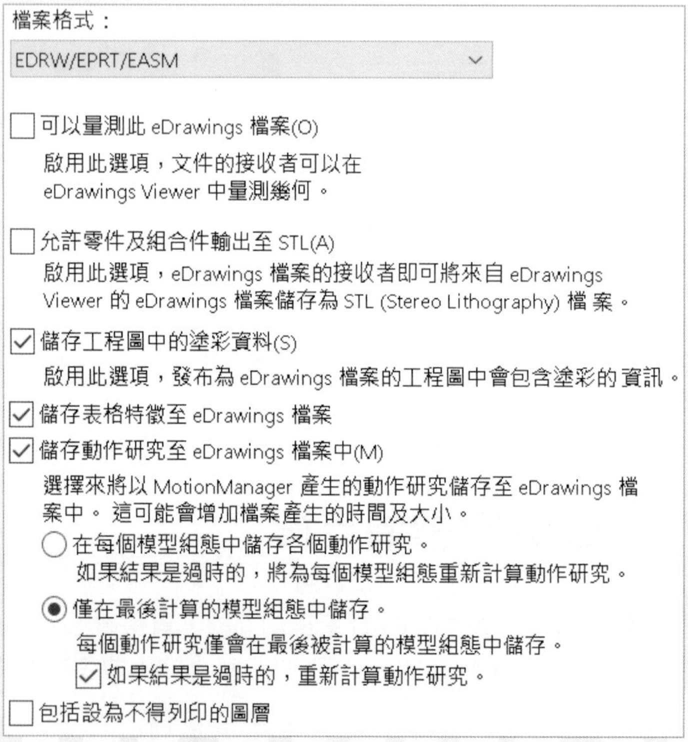

檔案格式：

EDRW/EPRT/EASM   ∨

☐ 可以量測此 eDrawings 檔案(O)

　啟用此選項，文件的接收者可以在
　eDrawings Viewer 中量測幾何。

☐ 允許零件及組合件輸出至 STL(A)

　啟用此選項，eDrawings 檔案的接收者即可將來自 eDrawings
　Viewer 的 eDrawings 檔案儲存為 STL (Stereo Lithography) 檔案。

☑ 儲存工程圖中的塗彩資料(S)

　啟用此選項，發布為 eDrawings 檔案的工程圖中會包含塗彩的資訊。

☑ 儲存表格特徵至 eDrawings 檔案

☑ 儲存動作研究至 eDrawings 檔案中(M)

　選擇來將以 MotionManager 產生的動作研究儲存至 eDrawings 檔
　案中。這可能會增加檔案產生的時間及大小。

　○ 在每個模型組態中儲存各個動作研究。
　　　如果結果是過時的，將為每個模型組態重新計算動作研究。

　◉ 僅在最後計算的模型組態中儲存。
　　　每個動作研究僅會在最後被計算的模型組態中儲存。
　　　☑ 如果結果是過時的，重新計算動作研究。

☐ 包括設為不得列印的圖層

筆記頁

23

PDF 輸出選項

輸出為PDF 檔案時，可以控制彩色、品質、線條粗細輸出，本選項多適用於工程圖輸出。

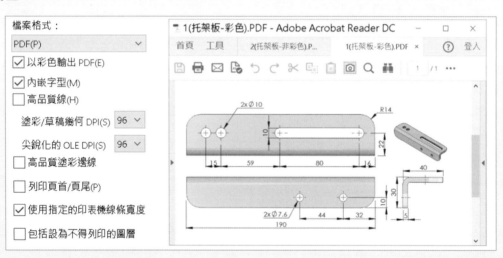

23-1 以彩色輸出 PDF

當工程圖為塗彩顯示時，控制以彩色或灰階塗彩狀態顯示。若工程圖非塗彩狀態下，這項設定毫無意義，例如：工程圖為移除隱藏線顯示。

常用在產品表示，模型的輸出，工程圖彩色雖然亮麗，不太常用，因為有列印需求，很少會將工程圖彩色輸出。

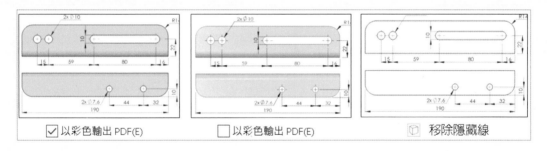

23-2 內嵌字型

將 SolidWorks 字型嵌入在 PDF 中，以確保對方到 PDF 時，能得到和 SolidWorks 文件一樣的文字。在有文字工程圖會比較明顯看出內嵌字型差異。

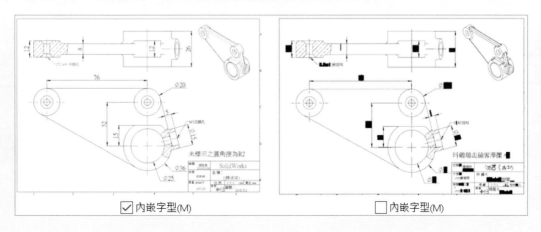

23-2-1 Arial Unicode MS

包含非英文字元的文件儲存為 PDF，Windows 必須安裝 Arial Unicode MS 字型，否則傳 PDF 過程會出現找不到字型訊息，不過還是可以轉檔。

字型位置：C:\Windows\Fonts，由於 Windows 8、10 沒有提供 Arial Unicode MS，你可以到網路自行下載。

若無字型，有時會無法輸出完整的 PDF。

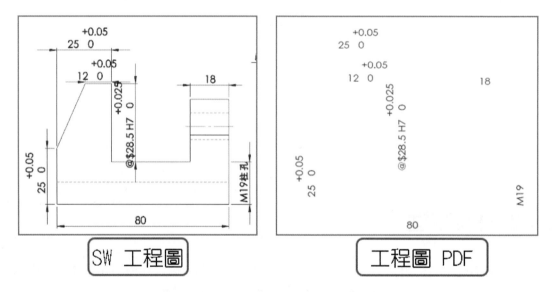

23-3 高品質線

切換 DPI 控制 PDF 品質，越高品質輸出的時間會越久，檔案也會比較大，本項目適用工程視圖。

23-3-1 塗彩/草稿幾何 DPI

電腦螢幕通常只顯示 96 DPI，但是能列印 300 DPI 或更高。雖然螢幕上影像可能顯示鋸齒線，調整 DPI 可以讓 PDF 輸出品質提高，高品質線條比較細。適用塗彩或草稿品質工程視圖。

23-3-2 尖銳化的 OLE DPI

調整 OLE（外部連結物件）的品質以銳利顯示。Excel BOM 輸出會成為圖片形式，這是 OLE 限制，無法輸出為向量圖形，BOM 文字看起來糊糊的。

項次編號	零件名稱	描述	數量
1	10-6-1(框架)		1
2	10-6-4-0(連結軸組)		1
3	10-6-5-0(托架組)		1
4	10-6-5-0(托架組)		1
5	10-6-2(框架螺栓)		1
6	10-6-2(框架螺栓)		1
7	10-6-3(框架螺帽)		2

96 DPI

項次編號	零件名稱	描述	數量
1	10-6-1(框架)		1
2	10-6-4-0(連結軸組)		1
3	10-6-5-0(托架組)		1
4	10-6-5-0(托架組)		1
5	10-6-2(框架螺栓)		1
6	10-6-2(框架螺栓)		1
7	10-6-3(框架螺帽)		2

600 DPI

23-4 高品質塗彩邊線

以向量來繪製塗彩視圖的邊線，而不使用光柵圖片繪製。高品質塗彩邊線如同零件或組合件呈現的品質，以斜線會比較看得出來，低品質會呈現鋸齒狀。

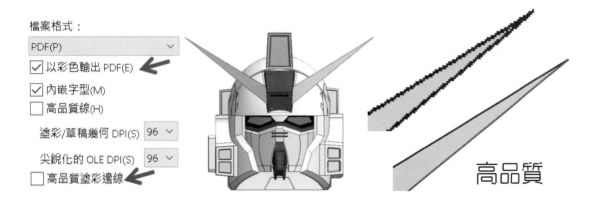

23-5 列印頁首/頁尾

PDF 顯示頁首及頁尾字串。必須在 SolidWorks 檔案→列印→頁首/頁尾視窗輸入字串，適用工程圖。

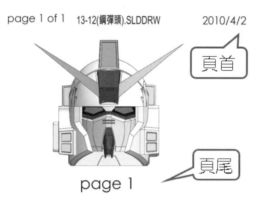

23-6 使用指定的印表機線條寬度

列印 PDF 時，是否依印表機預設的線條寬度，這個操作常用在工程圖 PDF。如果 PDF 工程圖面線條粗細不分時，就要調整線條粗細。

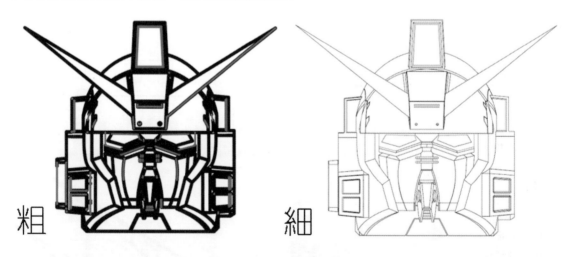

23-6-1 印表機線條寬度

印表機線條寬度依文件屬性定義的線條粗細設定。不適用塗彩，否則這項設定無意義。

23-7 包括設為不得列印圖層

是否將由工程圖的不得列印圖層🖶輸出，例如：下方的雲狀文字已經指定為🖶，見差異性。本節與 PNG、JPG、TIG 輸出選項說明相同，不贅述。

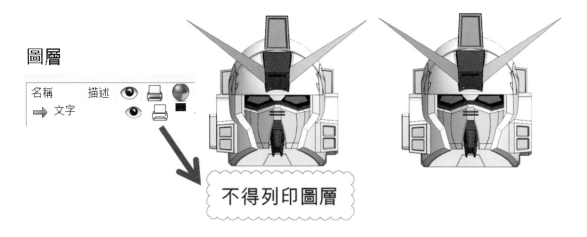

24

3D PDF 輸出選項

將零組件另存 3D PDF 的精確度和壓縮品質,這是 SolidWorks 2017 新功能。不過模型為圖型檔就無法輸出,例如:STL、VRML、CATIA CGR…等。

檔案格式:

3DPDF

24-1 精確度

設定最高到低的品質,越高的品質檔案越大,反之亦然,適合要看外觀需要高解析度。目前測試結果,看不太出來精確度差異。

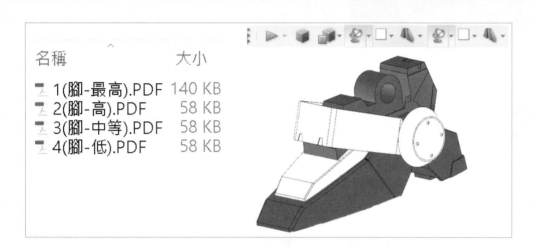

名稱　　　　　　　大小
1(腳-最高).PDF　140 KB
2(腳-高).PDF　　 58 KB
3(腳-中等).PDF　 58 KB
4(腳-低).PDF　　 58 KB

24-2 在鋪嵌紋路上使用失真壓縮

是否將表面紋路壓縮,壓縮會失真,但檔案相對比較小。

原稿　　　未壓縮 5,541 KB　　　壓縮 2,267 KB

模型檢查手法

本章說明模型檢查手法幫助同學如何判斷模型正確性，並指出錯誤所在。3D 軟體都有模型檢查（有的稱模型分析），只是功能性不同。SolidWorks 模型檢查相當專業，指令也不只一個，例如：檢查圖元、幾何分析、輸入診斷、比較文件...等。

本章強調以視覺用最短的時間法判斷模型正確性，，並明確指出錯誤所在。因為視覺是人的天性，有些手法你常用，只是沒想到可以用來判斷模型。

本章說明的手法要有相當熟練度才可融會貫通，這也苦了工程師們，因為這方面書籍不多見。若轉檔過程沒有問題，或該問題不影響作業，這時很少進行檢查動作，等到有問題再說。你要學會習慣檢查，儘管這麼說很八股無意義，如果讓你在作業過程同時（順便）檢查，這樣才是筆者要傳授你的技法。

依號碼順序也是常用順序為模型檢查方式，要融會貫通來交互使用，並非擇其一，擇其一使用會有操作盲點。

SolidWorks

25-1 系統提示

當轉檔模型有錯誤時，系統會在樹狀結構中看出問題圖示。若要得知整個訊息，進入輸入診斷 ，點選問題圖示顯示錯誤為何。

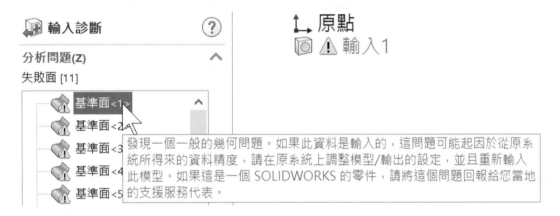

25-2 模型色彩

透過特徵色彩差異快速看出問題所在，實務上常將導角和鑽孔顏色與其他特徵不同。特別在破面查看上，效益就會出現。

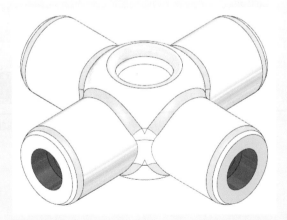

25-2-1 曲面，開放邊線

模型面之間的間隙或整個破面，用肉眼無法明確看出，即使可行也很吃力，改變開放性輪廓色彩是最好選擇。

翻轉模型尋找破面位置或大小，這很傷眼睛。工程師往往陷入這部分無法自拔，卻不知眼睛傷害會無法挽回，有更有效率的方法來檢查破面，利用 X 光穿透並由色彩強調顯示，下一節有說明。

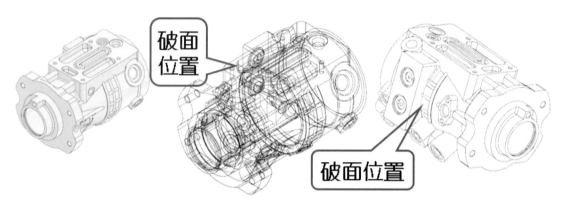

25-2-2 選項設定

進行兩個選項設定：1.選項→2.色彩→3.曲面，開放邊線→4.紅色。顯示/選擇→☑以不同顏色顯示曲面的開放邊線。

開放邊線是給破面用的，由紅色邊線比較明顯看出破面範圍。該設定必須為曲面，換句話說，為實體將無法看出曲面開放性色彩。

25-3 模型顯示

　　有特徵卻看不到模型，切換其他顯示狀態嘗試，讓模型可見。本節利用顯示狀態：1.帶邊線塗彩█、2.移除隱藏線◻、3.線架構█ 解說。

　　目前為線架構⊗，切換帶邊線塗彩█，可見到模型已經出現。有很多案例，切換⊗也是查看像被隱形模型的技巧。

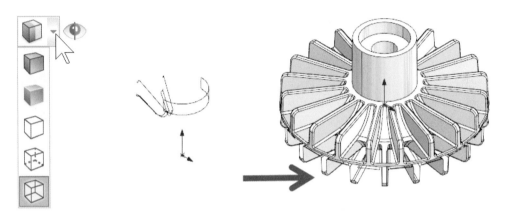

25-3-1 帶邊線塗彩

　　分辨每個面的輪廓、大小和相對位置，特別是模型有破面或間隙時。帶邊線塗彩有別於塗彩，塗彩無法分辨邊線塗彩輪廓效果，特別是圓角特徵。

　　如果特徵有上色彩就另當別論，請同學切換 Color 模型組態，就可以看出圓角特徵在塗彩狀態下表達。

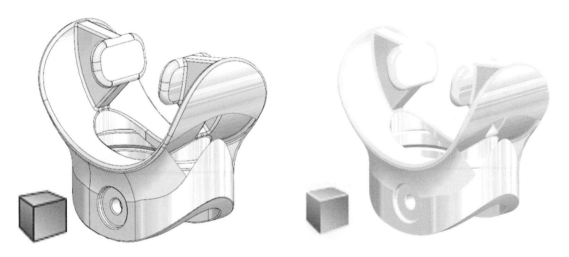

25-3-2 移除隱藏線

在非塗彩狀態下看出破面位置。移除隱藏線🗗比塗彩所看到的破面有不同效果，如果破面處下方還有面時，例如：🗗會與背景融合。

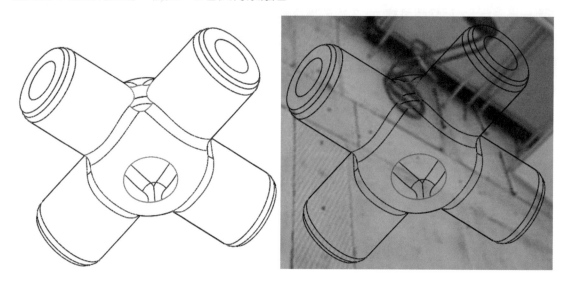

25-3-3 線架構

非塗彩顯示模型所有的邊線，類似 X 光穿透看出破面位置，達到快速檢視的目的。若沒看到破面，就是預設草稿品質顯示，進行以下步驟。

控制模型於🗗和顯示隱藏線🗗、🗗的線段品質。1.檢視→2.顯示→3.草稿品質移除隱藏線...🗗。關閉它，模型以高品質呈現並看出穿透色彩區域。

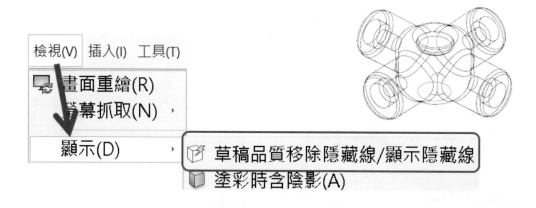

25-3-4 顯示本體

來回切換顯示 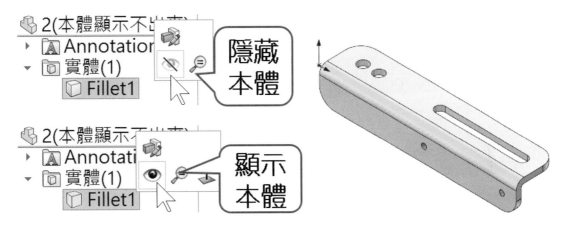 或隱藏本體 ，讓模型為可見，這只能說顯示卡與 SolidWorks 匹配的相容性，本題目不是轉檔模型，用來示意本節理論。

25-3-5 放大選取範圍

開啟模型習慣切等角視→開啟原點，但模型不在位置上。於特徵管理員輸入圖示上右鍵→放大選取範圍 。

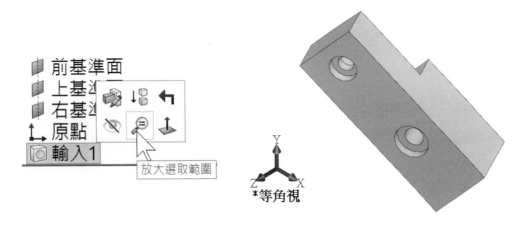

25-4 剖面視角

利用剖面視角指令🛢️，假想剖切出物體內部的構造，並快速檢查出問題所在。

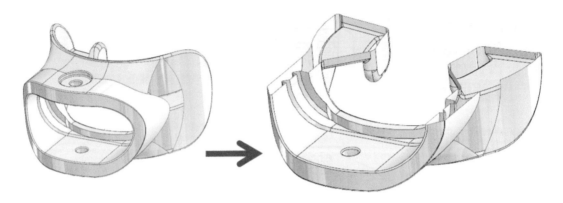

25-5 幾何分析

幾何分析（工具→幾何分析☑）找出模型幾何問題，例如：短邊線、小面、尖銳角度和不連續幾何。

25-6 檢查圖元

檢查圖元（工具→檢查圖元☑）迅速判斷模型無效面、無效邊線、邊線間隙、短邊線…等，並提出結果。☑和☑這 2 個指令有相似度，難分辨之間差異，希望 SolidWorks 將這 2個指令能夠整合為單一指令。

在接收端，加工廠商最常使用 1.檢查指令、2.線架構，因為它很簡單操作以及快速判斷模型可用性。

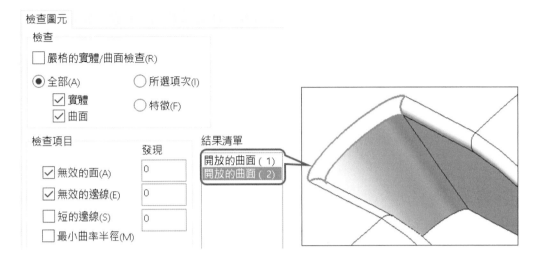

25-7 輸入診斷

輸入診斷（工具➔輸入診斷🎲）會自動分析問題並自動修復，按下嘗試修復全部，可以補破面又成為實體。

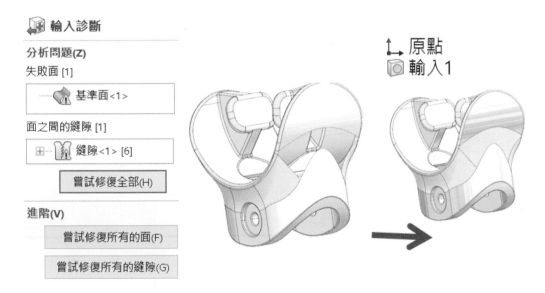

25-8 比較文件

比較文件（工具→比較→文件）。模型轉檔後，比較與轉檔前差異，特別是體積。萬一使用同一套軟體輸出再輸入，結果還有差異，那問題點只會擴大。

比較文件是 SolidWorks Utilities 功能，詳細介紹在《SolidWorks 專業工程師訓練手冊 [12]-2d to 3d 逆向工程與特徵辨識》，將延續轉檔前模型檢查議題，精彩解說並深入介紹。

零件屬性		
面數量 (實體)	0	46
面數量 (曲面本...	45	0
質量	0.00 公克	124.10 公克
體積	0mm^3	16999.34mm^3
X-座標 (質量中心)	0mm	-0mm
Y-座標 (質量中...	0mm	-0.18mm
Z-座標 (質量中...	0mm	-0mm
目前組態名稱	預設	Default
目前組態敘述	預設	Default
特徵數量	10	16

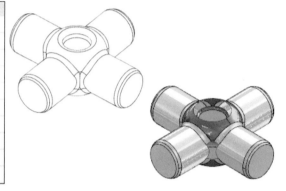

筆記頁

檢查圖元

本章說明檢查圖元（Check Entity）指令⬢操作，利用檢查項目判斷模型結構，目視得知幾何資訊位置，當模型錯誤無法從外觀看出來，檢查圖元效益來自於此，該指令可針對零件、組合件、實體、曲面以及草圖檢查。

⬢只能看不能處理，為輸入診斷⬢前置作業。⬢也會幾何分析⬢一同進行。模型檢查流程：1.檢查圖元⬢➜2.幾何分析⬢➜3.輸入診斷⬢。由於這 3 個功能很像，希望 SolidWorks 能整合為同一指令。

⬢效率完全由 CPU 主導，若經常使用本指令建議用桌上型電腦，來節省運算時間，實務上，同一個模型執行⬢不會只有一次。模型錯誤很多人用看的就下結論，有更細部問題無法由目視看出，以⬢作最後確認是必要的。

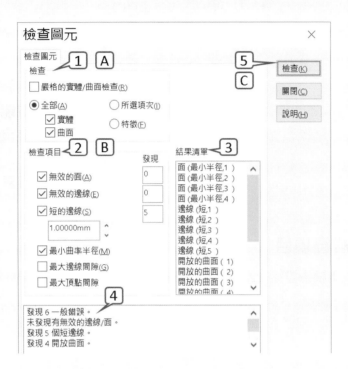

26-1 檢查圖元介面

本節說明進入檢查圖元的方式與介面項目。

26-1-1 指令位置

A 評估工具列→⬡

B 工具→評估→檢查

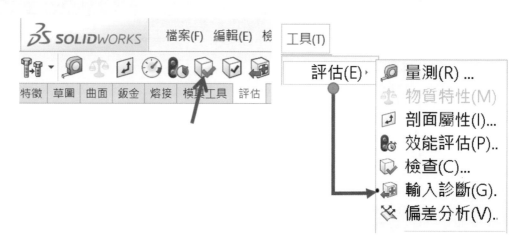

26-1-2 檢查視窗項目

有 5 大區塊：1.檢查設定、2.檢查項目與發現、3.結果清單、4.訊息區域、5.檢查與關閉。

操作上相當簡單，勾選 A.檢查→B.檢查項目→C.檢查，即可得知結果。在結果清單點選些項目，由繪圖區域亮顯模型位置。

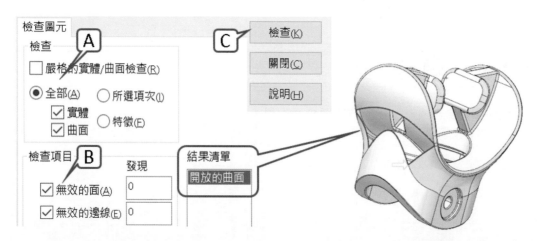

無論更改何種項目，必須再次執行檢查。由於支援組合件，有大量模型檢查需求，將這些模型移到組合件統一檢查，讓你執行該指令會更有效率。

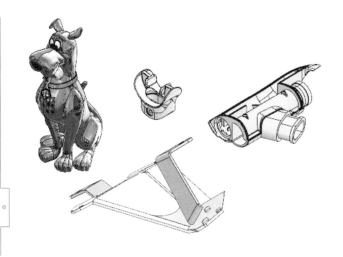

組合件2 (預設)
▸ 註記
　前基準面
　上基準面
　右基準面
　原點
▸ (-) 1(小狗)<1>
▸ (-) 1(車架)<1>
▸ (-) 2(牙套)<1>
▸ (-) 1(槍柄)<1>
　結合

26-2 檢查

針對實體、曲面、所選項次或特徵檢查。如果檔案過大或檢查指令運算過久，可以分批執行檢查。

26-2-1 嚴格的實體/曲面檢查

是否提高運算精度執行嚴格幾何檢查，檢查模型速度顯著變慢，並佔用更多 CPU 效能。執行標準檢查，快速得到檢查結果，細節不會被檢查出來。

並非嚴格檢查比較好，若模型一再設變，一般檢查即可。現今硬體提昇下，使不使用嚴格的檢查，CPU 使用率差異不大（沒感覺）。

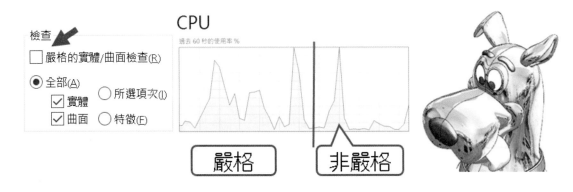

26-2-2 全部

檢查實體和曲面。若模型同時包含實體和曲面，該選項可分別檢查來加快檢查速度。

實體的檢查會比曲面更花時間，一定要設定實體或曲面檢查項目，否則沒有檢查結果。

26-2-3 所選項次

承上節，除了實體、曲面屬於整體性檢查所得到的結果資訊太多，進行所選面或邊線檢查（不支援點），這時實體和曲面項目會消失（方框所示）。

26-2-4 特徵

進行所選模型的特徵檢查，系統進行該特徵計算，適用有特徵的模型，但不支援組合件，這時實體和曲面項目會消失（方框所示）。

例如：選擇特徵面（Spoke）→檢查，可以逐個檢查特徵以找尋問題之來源，所以這種檢查速度較慢，至少這是解決方案。這項功能目前有 BUG，試不出來。

26-3 檢查項目

設定檢查的幾何項目以及設定值，錯誤的數量出現在發現方塊（方框所示）。

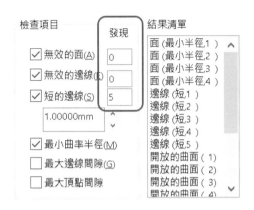

26-3-1 無效的面

又稱無效面。面之間不連接，且無法點選該邊線，屬於實體檢查項目（若☑曲面會檢查不出來）。在結果清單點選項目，可看到黃色箭頭指向問題處。

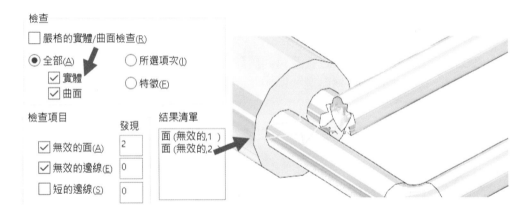

無效的面不要嘗試去補它，這屬於拓樸錯誤，因為補不起來。無效的面一定為破面，但這麼說不完全對，會與開放的曲面混淆。例如：模型有一處破面屬於開放曲面，修補起來就不屬於無效面。

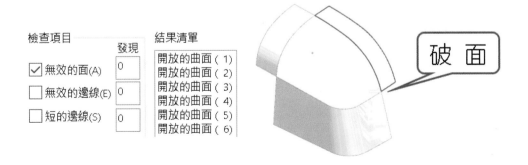

26-3-2 無效的邊線

又稱無效邊線,當面與面之間的邊線應該要連接,形成段差,常出現在圓角的相切面交線。

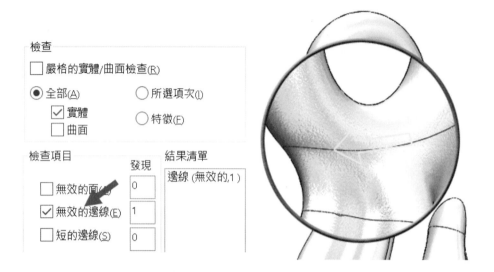

26-3-3 短的邊線

輸入值找出小於邊線長度,檢查短邊有助於診斷網格問題或曲面之間縫隙。短邊線影響特徵使用過程,邊線太短不容易點選,例如:使用填補曲面,點選邊線過程若遇到短邊線將很痛苦。

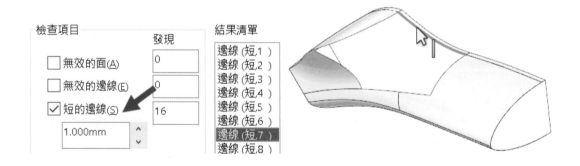

26-3-4 最小曲率半徑

找出小 R 位置,並在下方顯示半徑值。有助於特徵成形參考。有圓角的模型,進行薄殼或偏移曲面,薄殼厚度超出最小曲率半徑,薄殼會失敗。

模型轉檔中很多轉檔錯誤,會來自於最小曲率半徑。系統計算小曲率半徑與模型率厚度之間的比例低於 0.3。

該項目避免 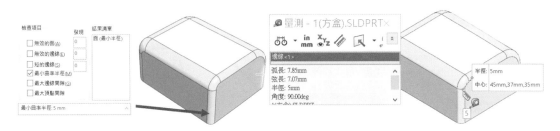 找尋小 R 位置,且量測一次只能量一個,很耗時間。

如果模型包含不規則曲線,就會為每個不規則曲線,顯示最小曲率半徑。

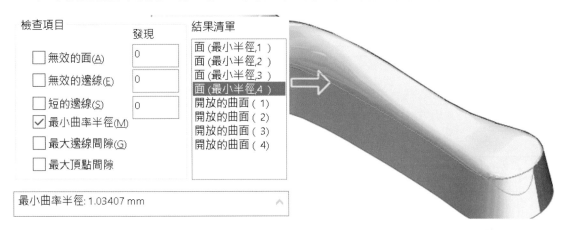

26-3-5 最大邊線間隙

找出最大的間隙位置,在下方顯示間隙值,這時就要輸入選項來解決縫隙問題。

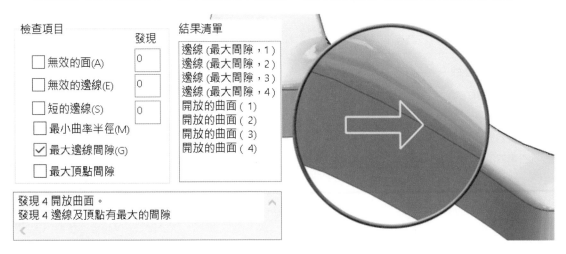

26-3-6 最大頂點間隙

點到面或邊線的間隙。

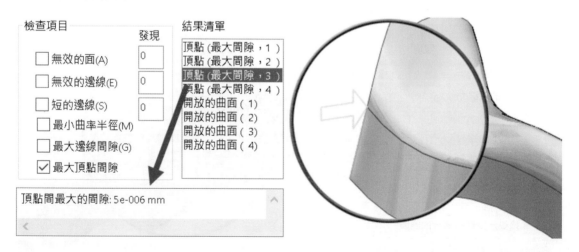

26-4 結果清單與訊息區域

點選結果清單項目，在下方**訊息區域**顯示錯誤、開放的曲面及值。它的描述相當具體，不會讓您感到不具參考價值的說明。例如：發現一般的幾何問題。

有些是其他錯誤並不在錯誤項目中，以下舉幾個常見的例子，告訴同學這些訊息代表模型錯誤是指什麼。

26-4-1 開放的曲面

不封閉曲面邊線被強調顯示。

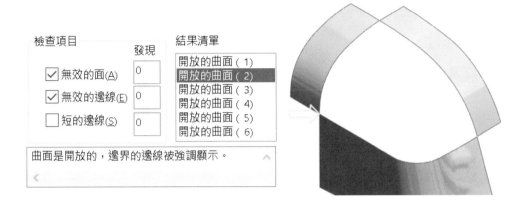

26-4-2 矛盾的面

面相交，也有人說干涉面。模型面產生交錯，這時就會被檢查出矛盾的面。解決它們很簡單，只要避開交錯面即可。產品不可能出現矛盾面，這樣製作不出來。

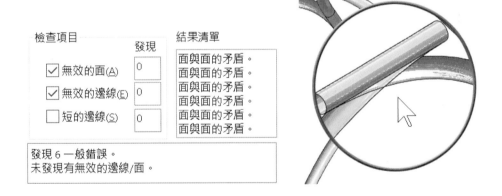

26-4-3 一般模型錯誤

模型錯誤比較廣泛，舉凡解讀錯誤，應該是圓柱的特徵，卻被解讀多邊形。

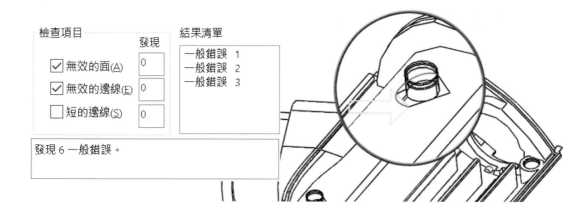

26-4-4 遺失幾何（瑕疵）

由無效邊線可看出該模型面破光光，有很明顯的模型錯誤。

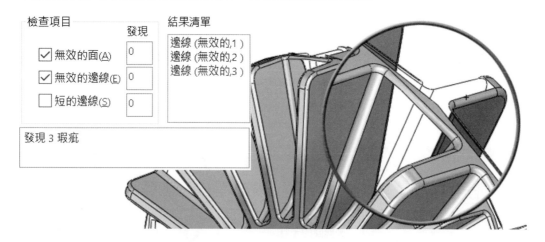

26-4-5 圖形檔案無法進行檢查指令

模型為圖檔：STL、CGR、VRML...等它們沒有模型資訊，無法進行檢查，點選。

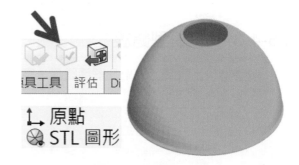

26-4-6 未發現無效幾何與邊線

　　可以通過檢查的模型不一定百分之百沒問題，因為檢查項目不包含草圖或其他與特徵相關，例如：方塊的草圖有錯誤，模型檢查無法判斷。

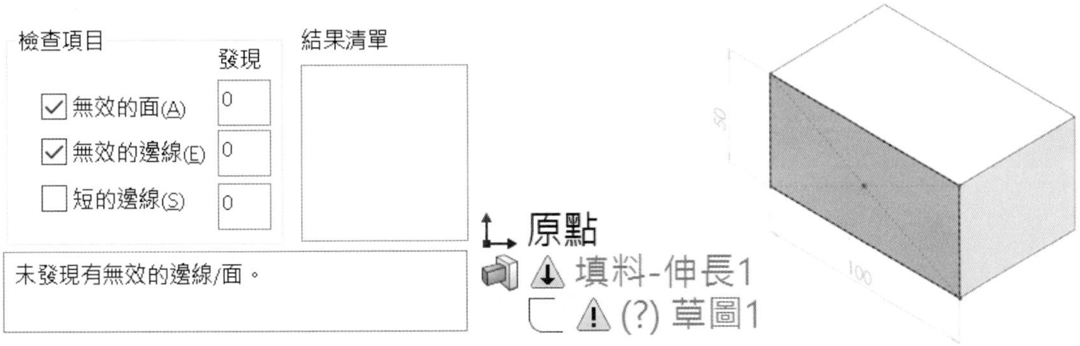

檢查項目　　　　　　　發現　　　結果清單

☑ 無效的面(A)　　0

☑ 無效的邊線(E)　0

☐ 短的邊線(S)　　0

未發現有無效的邊線/面。

↳ 原點
⬇ ⚠ 填料-伸長1
⚠ (?) 草圖1

幾何分析

幾何分析（Geometry Analysis），用來大量查詢模型邊線或面積資訊，適用零件。

可供查詢的有：1. 短邊線、2.較小面、3.窄面、4.尖銳邊線、5.刀狀頂點、6.不連續面、7.不連續邊線…等。

這些都有可能讓 CAE 網格面失敗、轉檔無效面，屬於模型處理之前判斷，該指令最大效益可以大量查詢。

由於 1.檢查圖元→2.幾何分析→3.輸入診斷，這 3 個功能很像，希望 SolidWorks 能整合為同一指令。

幾何分析為 Utilities 工具列中，由附加程式☑Utilities 才可以使用。

好消息 SolidWorks 2016 將 Utilities 模組由 SolidWorks Professional 下放至 SolidWorks Standard，讓你不必附加也能使用。

27-1 幾何分析介面

本節說明進入幾何分析的方式與介面項目。

27-1-1 指令位置

A 評估工具列→⬡

B 工具→評估→幾何分析⬡

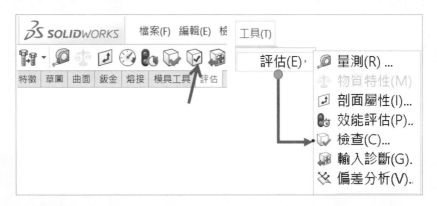

27-1-2 幾何分析項目

分成四大類：1.分析參數、2.尖銳角度、3.不連續幾何、4.分析結果。

操作上相當簡單，1.指定圖元的參數值→2.計算，於下方出現分析結果，點選結果看出對應圖元。

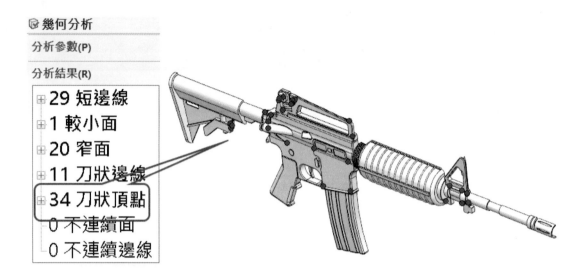

27-1-3 依需求進行分析

不一定全部☑項目，可以針對你要的進行設定，例如：分析參數的☑微小幾何，☑短邊線（箭頭所示）。

27-2 分析參數

找尋短邊線、較小面和窄面，查詢為以下結果，例如：設定 10，系統會查詢 10 以下的短邊線。為了得到較精確搜尋，用量測查詢邊線或面積，作為分析參數基準。

例如：想了解零碎面分佈，量測該面積為 5 平方毫米，這時就可以在較小面，輸入 5→計算。

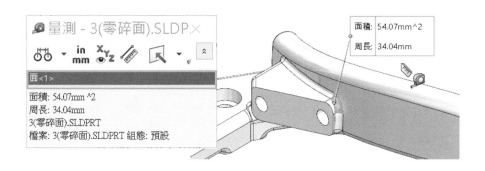

27-2-1 短邊線

找出指定的最短邊線長度 1mm，系統會判斷 1mm 以下的短邊線。由於短邊線不好點選，當查詢短邊線數量與分佈，這說法很悶對吧。

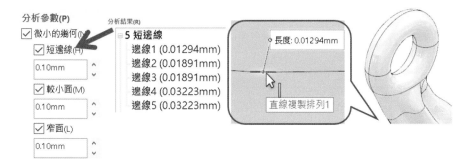

A 大量找尋邊線長度

對於要大量找尋模型邊線長度，由量測得知弧長 36.5，於短邊線輸入 37➜計算，得到 17 條，37 長度以下的短邊線，比量測還快吧。

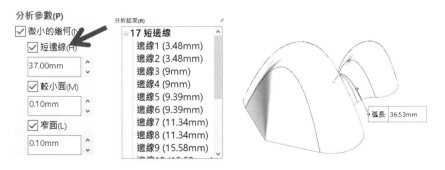

B 大量找尋圓角半徑

很多常常問筆者，要如何迅速查詢模型上的 R1 圓角在哪，或是和這個特徵一樣的圓角的分佈。例如：槍身圓角半徑經量測得知 R1，利用短邊線查詢 R1.5 邊線分佈，也就是圓角分佈。

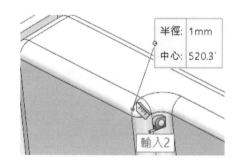

27-2-2 較小面

找出小於模型邊線長度面。例如：10X10X20 方塊，指定邊線長度＝10.5 後，系統會找到前後 2 端面（所顯示的結果為面平方），因為 10 以下都可以被定義為細小面，換句話說設定 20 以上就會找到另外 4 個面，如果你要快速計算面積，可以用此方法。

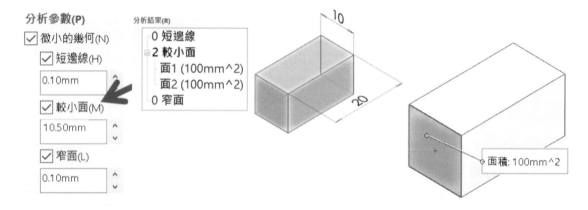

A 零碎面

此外模型的零碎面過多容易形成破面，若能快速找尋面分佈進而解決，對於曲面穩定度會有很大幫助。利用量測得知零碎面其中一邊線長（弧長）＝4.7，於較小面輸入 5→計算，得知共 8 個零碎面。

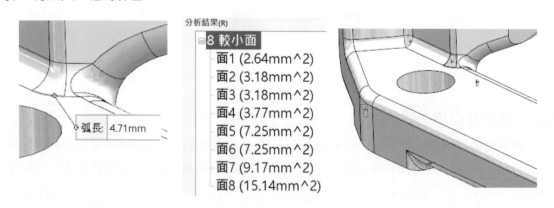

27-2-3 窄面

指定面寬度，小於限制區域的所有面即為窄面。面積小於限制面積：W*((P/2)-W)，W=指定的寬度，P=面周長。

窄面結果為面平方，窄面和較小面類似，較小面查不到部分窄面的結果，常用在零碎面找尋。換句話說，先前短邊線＝計算邊線、較小面＝計算面的所在邊線長度，窄面＝計算面的周長（總長度）。

A 套筒

在套筒零碎面上量測周長為 2.35，於窄面輸入 2.5，計算結果得知小餘 2.5 共 70 多個。

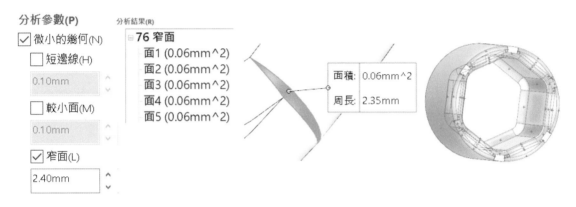

27-3 尖銳角度

找出刀狀邊線與刀狀頂點。

27-3-1 刀狀邊線

在 2 面夾角集中處的邊線，在網格化時該面可能會遺失。設定 2 面相交角度低於指定值的邊線，由結果得知邊線之間的夾角。例如：螺紋為 2 螺旋面之間的夾角，設定刀狀邊線＝60 度，可以得到結果。

27-3-2 刀狀頂點

承上節，刀狀邊線的端點是刀狀頂點。

27-4 不連續幾何

由不連續面或邊線，找出曲面不連續（品質不佳）位置。

27-4-1 面

檢查有基礎曲面幾何位置或相切不連續面。這部分目前找不到模型可以驗證此理論，若你有發現該說明，請向筆者說。

27-4-2 邊線

斑馬紋可以看出曲面之間不連續情形，將該圓弧面刪除後，重新導圓角過程設定曲率連續，問題得以解決。

27-5 分析結果

在分析參數下方按計算後，分析結果以樹狀顯示。並在分析類型前顯示數字。展開點選項次，繪圖區域會強調顯示相對應圖元。為了幫助定位圖元，標註會顯示在圖面中。

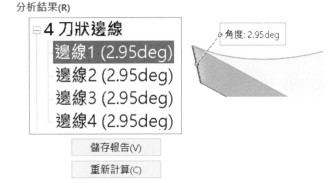

27-5-1 儲存報告

將分析結果以 HTML 形式儲存，你可以從中修改它們，這裡☑儲存時檢視報告。

27-5-2 重新計算

清除結果並準備另一個計算，系統會出現分析的結果將會遺失訊息。通常按是，希望有選項可以設定☑不要再詢問我。

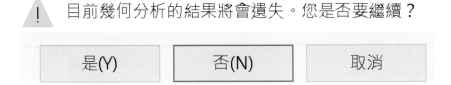

輸入診斷

SolidWorks 2004 推出輸入診斷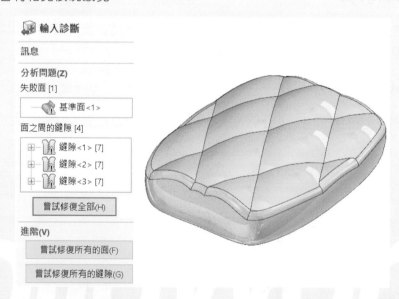，將轉檔模型自動分析問題並修復，我們稱它為自動修復。最終目的，將開放曲面修復並形成實體，並進行嚴格的模型檢查。

本章說明各項操作，視覺化診斷模型錯誤並學會看懂訊息，以實例驗證功能。收到轉檔模型除了看出問題所在，更可以快速解決，閱讀後會發現太晚認識。

上一章介紹模型檢查（檢查圖元和幾何分析），對同學來說意猶未盡，並期盼是否還有相關報導，由於模型檢查無法針對問題提出解決，將是一助手，連工讀生都會。

很多人不知道 SolidWorks 還有這麼好用工具，補破面原來可以這麼簡單，不再是曲面高深技術，會有相見恨晚感覺。

28-1 輸入診斷簡易操作

以最快速度完成模型修復，有 2 種方法進入：1.自動執行、2.手動點選指令，手動點選比較常用。不是每個模型要修復，通常是看到模型再決定是否要修復。

28-1-1 自動執行輸入診斷

輸入轉檔模型時，模型有破面或錯誤，出現詢問視窗➔是，進入系統自動執行。☑不要再次顯示，避免下回還有這視窗出現。

出現該視窗是因為輸入選項☑自動執行輸入診斷，和☑不要再次顯示，相連結。

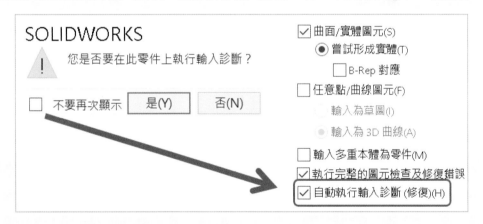

28-1-2 手動執行輸入診斷

進入依常用順序有三種方式：1.在特徵管理員輸入圖示右鍵➔、2.評估➔輸入診斷、3.工具➔輸入診斷，若你很常用，建議設定快速鍵。

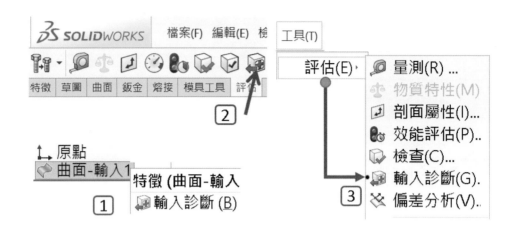

28-1-3 輸入診斷環境界面與功能

輸入診斷有三個欄位：1.訊息、2.分析問題、3.進階，由欄位看出問題數量並進行修復作業，看起來說法很八股對吧，真的可以由這些欄位進行細部修復。

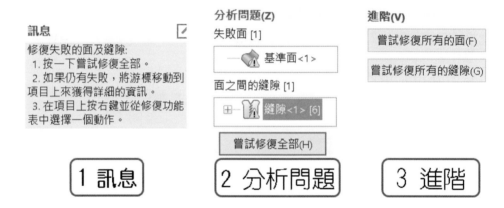

要快點完成修復，按下嘗試修復全部（箭頭所示），立即見到 2 個現象：1.破面被修復、2.曲面轉為實體。當曲面是封閉的，系統會自動轉換為實體。

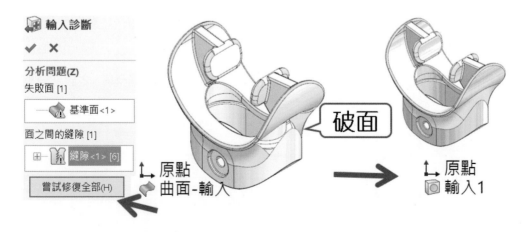

28-1-4 視覺化訊息

點選有問題的項目在模型看出對應亮顯,例如:基準面或縫隙。

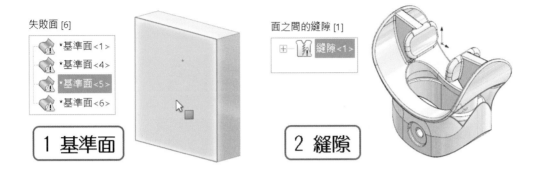

28-1-5 提供基礎和進階操作

操作可以很簡便也可很專業,筆者把它定義為:1.基礎:嘗試修復全部、2.進階:縫隙封閉器。一定是基礎無法作業才會想到用進階,這是人性。

A 按鈕基礎

依序按下三種按鈕:1.嘗試修復全部、2.嘗試修復所有的面、3.嘗試修復所有的縫隙,每個按鈕都差不多,就算不懂修復按一按也可以完成。

剛才說的修復順序 1→2→3,比較極端例子要 2→3→1 或 3→2→1。模型修復順序反了會修不好,如同建模一樣有也有順序。因為 1.嘗試修復全部,系統若笨笨的判斷也不見得能完美修復,這時就改變修復順序即可。

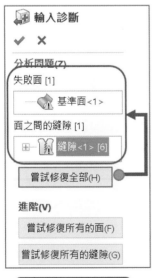
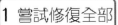
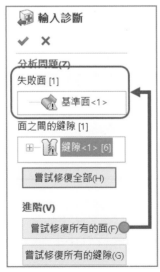
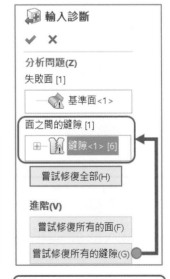

例如：看起來很多基準面和縫隙錯誤，使用 1→2→3 就是無法完整修復，使用 3→2 即可完整修復。

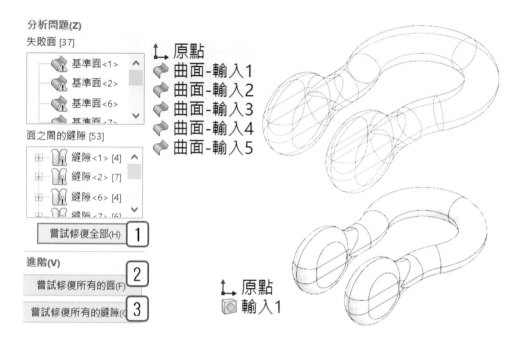

B 右鍵進階修復

在失敗面或面之間的縫隙欄位中，點選要修復項目右鍵，這些清單就是進階修復。

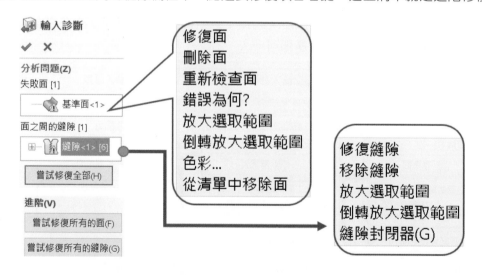

28-1-6 輸入診斷與檢查圖元指令不同

輸入診斷進行檢查＋修復。檢查圖元只會對模型深度檢查，但不提供修復作業，幾何分析就不用說了。

輸入診斷

圖元檢查

幾何分析

28-1-7 重新修復

執行 過程覺得要重來時，退出 後→Ctrl＋Z 就可以重來，不必關閉模型，並重新開啟模型，只為重新使用 。

28-2 輸入診斷訊息

輸入診斷最上方的訊息欄，提示輸入診斷的操作和結果。訊息背景中有：黃色、橙色或綠色代表訊息狀態，本節說明這些狀態為何。本節說明它的意思，同學看看就好，不要操作。

訊息 ∧	訊息 ∧	訊息 ∧
在幾何中仍有失敗的面及縫隙。請在嘗試使用縫隙修復及封閉工具之前，先在個別的面上使用修復面工具。	修復面的最後操作失敗。您可以從幾何中移除失敗的面，並手動重新建構模型。	在幾何中沒有剩下任何的失敗面或縫隙。

28-2-1 修復失敗面及縫隙

修復失敗面及縫隙（背景黃色）。第一次使用，由訊息得知操作方式和順序。

訊息
修復失敗的面及縫隙：
1. 按一下嘗試修復全部。
2. 如果仍有失敗，將游標移動到項目上來獲得詳細資訊
3. 在項目上按右鍵並從修復功能表中選擇一個動作。

步驟 1 按一下嘗試修復全部

按下方嘗試修復全部按鈕，快速將問題面修復。

步驟 2 如果仍失敗，將游標移動到項目上來獲得詳細的資訊

步驟 3 在項目上按右鍵並從修復功能表中選擇一個動作

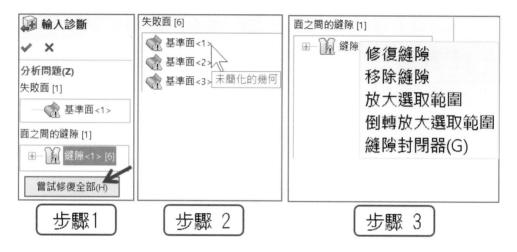

28-2-2 仍有失敗的面及縫隙

仍有失敗的面及縫隙（背景黃色）。使用嘗試修復全部後，若修復無法完成，就是破面太嚴重必須進行手動修復。

訊息如下：幾何中仍有失敗的面及縫隙。請在嘗試使用縫隙修復及封閉工具之前，先在個別的面上使用修復面工具。

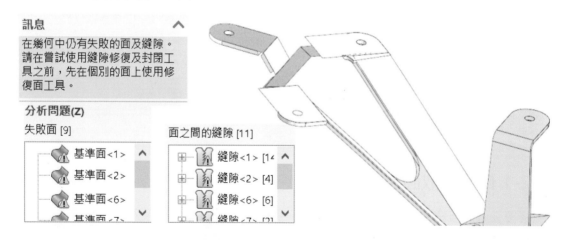

28-2-3 仍有縫隙

仍有縫隙（背景黃色）。使用嘗試修復全部後，修復無法完成，因為有開放曲面的關係，必須手動修復。

訊息如下：幾何中仍有縫隙。請按右鍵並選擇修復縫隙或互動式縫隙封閉器工具來嘗試修復。

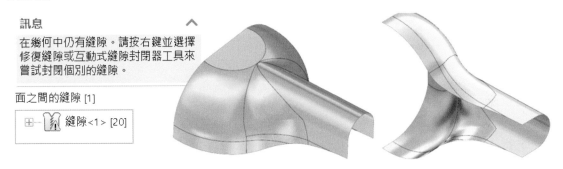

28-2-4 仍有失敗的面

仍有失敗的面（背景黃色）。使用嘗試修復全部後，修復無法完成，是基準面參考遺失的問題，必須手動修復。

訊息如下：在幾何中仍有失敗的面。請按右鍵並選擇修復面來嘗試修復個別的面。

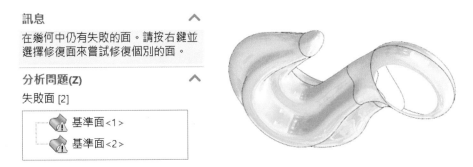

28-2-5 修復面的最後操作失敗-錯誤訊息

修復面的最後操作失敗-錯誤訊息（背景橙色）。在縫隙項目右鍵→修復縫隙，系統會告知接下來做法。

訊息如下：修復面的最後操作失敗，您可以從幾何中移除失敗面，並手動重新建構模型。

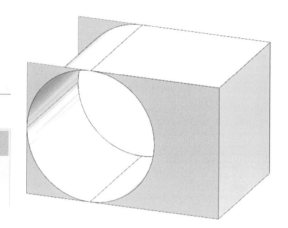

28-2-6 修復縫隙的最後操作失敗-錯誤訊息

修復縫隙的最後操作失敗-錯誤訊息（背景橙色）。在縫隙項目右鍵→修復縫隙，系統會告知接下來做法。

訊息如下：修復縫隙的最後操作失敗，您可以手動為縫隙建立一個貼補。

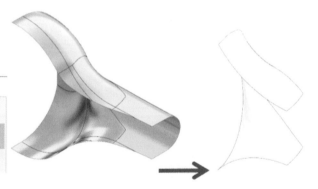

28-2-7 完全正確

完全正確（背景綠色）。按嘗試修復全部，分析問題沒有任何項目。

訊息如下：在幾何中沒有剩下任何的失敗面或縫隙。在分析問題與進階項目都為空白。

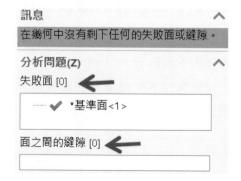

28-3 分析問題－失敗面

本節說明在失敗面上按右鍵，透過清單逐一進行所選，特別用在嘗試修復所有面且無法完整修復模型時。

失敗面＝不正確面，點選後會顯示破面或縫隙相鄰面。失敗面被修復後會出現 ✔，甚至失敗面的數量會減少。

也可以在模型面上按右鍵→看到失敗面清單，讓輸入診斷進行修復，即使該面不是失敗的。

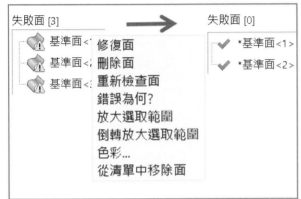
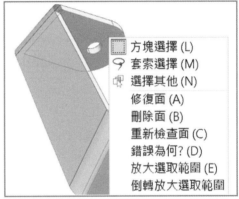

可以修復曲面，本項目修復為系統內部演算法，該演算方式有下列幾項：

- 以周圍幾何為基礎，重新產生面的修剪邊界，通常是修復重疊面
- 修剪不良面或移除面並使用間隙修復演算法以填滿孔
- 使用縫織曲面到曲面本體，若曲面本體是封閉的，則轉換為實體
- 輸入診斷會自動找出≦1.0e-8 米公差的錯誤面及曲線圖元。要簡化大於 1.0e-8 米及小於 1.0e-5 米公差圖元，必須手動修復。

28-3-1 修復面

類似填補曲面將破面填補（下圖左），或面所在的基準面遺失（下圖右），系統把基準面找回來。修復面不會改變幾何外形，只是將圖元所在面修復。

如果按下嘗試修復全部，系統的統一修復不是你要結果，逐一或跳躍修復是另一種考量。

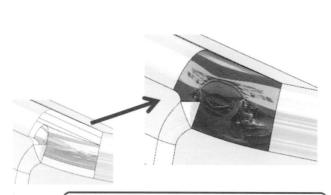

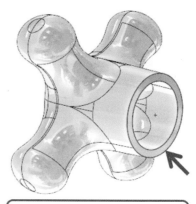

面遺失(破面)修復　　面的基準遺失

28-3-2 刪除面

直接刪除所選的失敗面，和刪除面⬛功能相同。刪除面後，重新建構面完成理想造型。

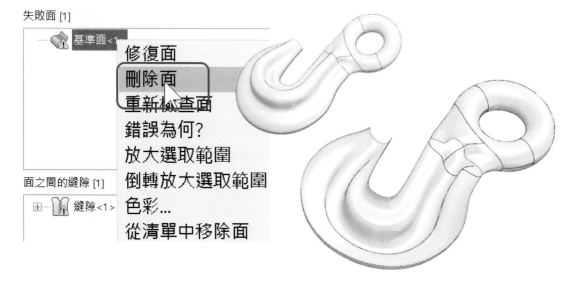

失敗面 [1]
基準面<1
修復面
刪除面
重新檢查面
錯誤為何？
放大選取範圍
倒轉放大選取範圍
色彩...
從清單中移除面

面之間的縫隙 [1]
縫隙<1>

A 刪除面順序

刪除面後，系統計算剩下面的邊界，想辦法維持面完整性。當你用不同順序進行刪除面，得到的結果也會不同。

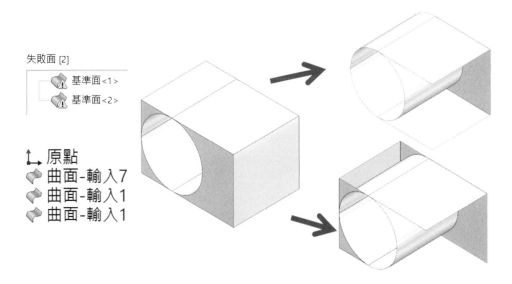

B 自動補面

滑鼠蓋下方平面同時有基準面和縫隙問題，1.點選基準面 1🐾右鍵刪除面→2.嘗試修復全部。系統將該面刪除後，修復縫隙過程自動將模型面補上，該滑鼠回到實體狀態。

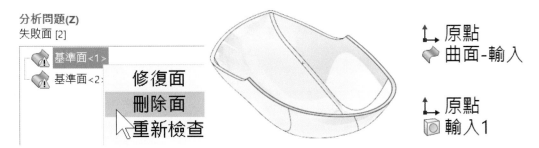

28-3-3 重新檢查面

再檢查所選的基準面，系統會出現說明視窗再次確認面問題，這項指令陽春用處不大，很少人用，因為有點像錯誤為何。

28-3-4 錯誤為何?

承上節,由視窗看出問題敘述,坦白說很難看出為什麼,就像官方說法。

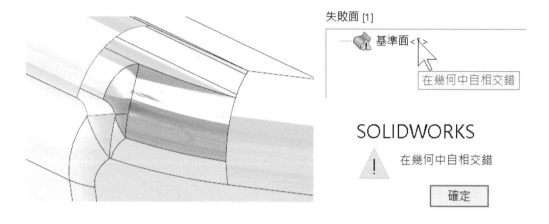

28-3-5 放大選取範圍

放大所選基準面位置,常用在該問題面細小用肉眼看不出或問題面很多時。

28-3-6 倒轉放大選取範圍

承上節,放大所選問題基準面的另一面(後面),適合該問題面被上面擋住。

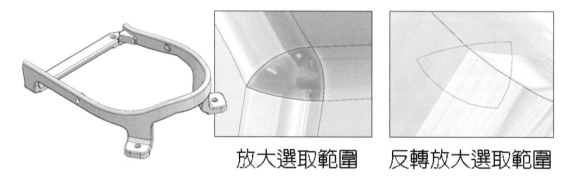

放大選取範圍　　反轉放大選取範圍

28-3-7 色彩

當修復面無法於輸入診斷修復,改變所選面色彩,與模型色彩區隔。例如:模型黃色,將問題面改為紅色,提醒對方有這些問題面或事後手動修復好識別。

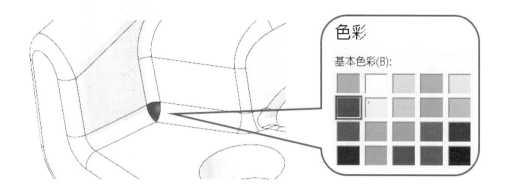

28-3-8 從清單中移除面

暫時隱藏錯誤基準面。當失敗面定是破面，且不影響修復作業時，通常是被牽拖到的面。

例如：B 面錯誤，卻影響 A 面跟著錯誤，就將 A 面錯誤顯示移除。

28-4 分析問題－面之間的縫隙

本節說明在縫隙圖示右鍵，由清單逐一進行所選縫隙修復作業，當嘗試修復所有縫隙無法完整修復模型時（箭頭所示）。

點選看出整體縫隙所在，於圖示右邊看出邊線數量，展開看出邊線，點選邊線看出縫隙位置和大小。有些說明與失敗面的右鍵清單相同，本節不贅述，例如：放大選取範圍和反轉放大選取範圍。

可消除相鄰面間隙，本項修復為系統內部演算法，該演算方式有下列幾項：

■ 建立或疊層拉伸曲面以填補間隙。

■ 延伸兩個相鄰的面到對方的面，以消除間隙。

■ 產生公差內邊線，以取代 2 個接近但是沒有相交邊線。

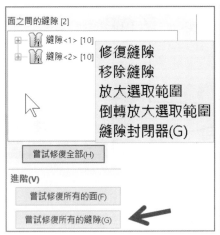
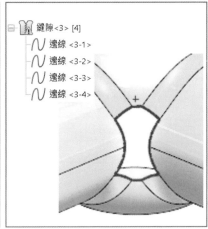

28-4-1 修復縫隙

調整縫隙周圍面或延伸面，達到自動修復作業，是最常用指令。

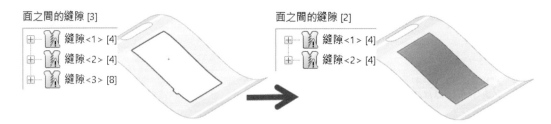

28-4-2 移除縫隙

移除相鄰於縫隙的每個面，這樣會讓破面擴大，打算手動重建面或面有嚴重錯誤時。

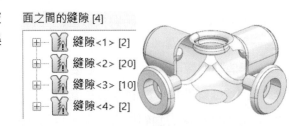

28-4-3 縫隙封閉器

修復縫隙結果不是你要的，使用帶有控制點手動修復。使用縫隙封閉器過程，在縫隙圖示右鍵選擇：1.完成使用縫隙封閉器，或 2.取消縫隙封閉器。

其餘項目就是縫隙圖示右鍵清單，這部分容易搞混，以為這些是縫隙封閉器自己的內容，其實不是。

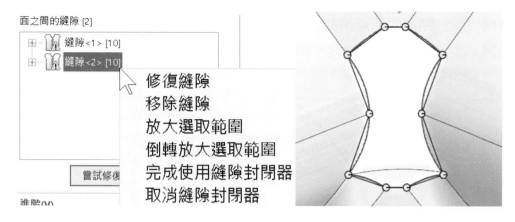

拖曳連接交點上的黃、綠、紅、藍控制點，完成破面封閉作業。

A 黃色控制點

於模型頂點的預設控制點。

B 紅色控制點

拖曳控制點時，於邊線上

C 綠色控制點

可成形位置，多半在頂點上。

D 藍色控制點

拖曳控制點時，於面位置。

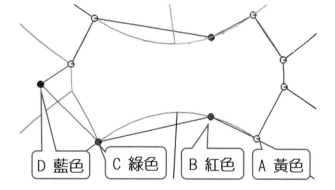

28-4-4 面之間的縫隙支援度

操作修復過程會遇到以下問題，本節整理這些原因。

A 無法使用縫隙封閉器修復此縫隙

按照經驗法則最好不要動用縫隙封閉器。

SOLIDWORKS

⚠ 無法使用縫隙封閉器來修復此縫隙

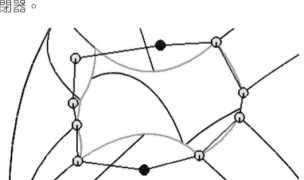

B 為何縫隙封閉器無法修復此縫隙

我們常看到使用縫隙封閉器不得要領，拖曳控制點要注意空間走向。下圖空間已經拋到外頭，當然無法完成修復作業。

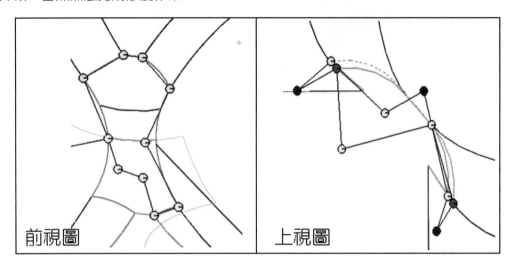

前視圖　　　　　上視圖

28-5 嘗試修復全部

將上方的失敗面和縫隙統一修復，使用率最高，進行以下練習。

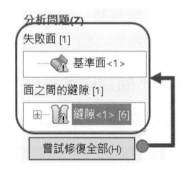

28-5-1 葉片破面

該葉片有一微小破面，按下嘗試修復全部，系統會自動產生為實體（下圖左）。

28-5-2 耳機

有時候要按多次嘗試修復全部，才能完成所有修復，本例要按 3 次（下圖右）。

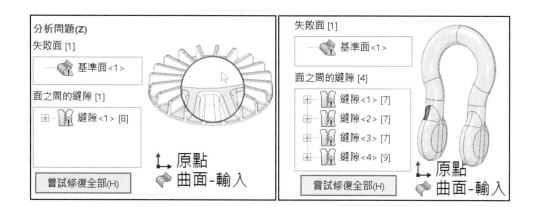

28-5-3 把手

有時候要按多次嘗試修復全部，才能完成所有修復，本例要按 2 次（下圖左）。

28-5-4 門把

該模型檔案很大，破面不大屬於零碎，修復要一段時間（下圖右）。

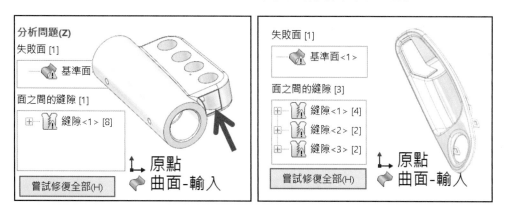

28-5-5 練習

依先前所教的觀念，完成以下練習：A 平板+圓柱、B 掛勾、C L 版。

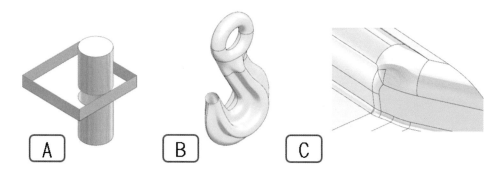

28-6 進階-嘗試修復所有的面

　　將失敗面所有的問題一次修完，可以看到失敗面修復完成。實務上把面修完再修縫隙，會比較容易成功。

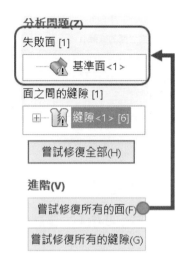

28-6-1 套筒

　　套筒雖然為實體，不過經診斷發現模型面自相交錯。

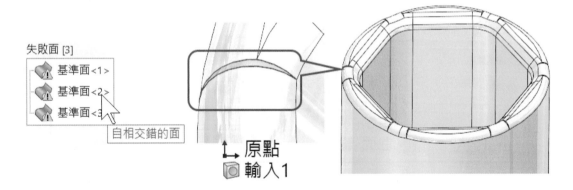

28-6-2 旋鈕

　　旋鈕雖然為實體，不過經診斷發現模型面多半為精度問題。由於模型很大修復過程會耗一點時間。

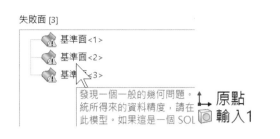

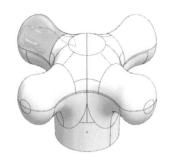

28-6-3 框架

　　有很多案例模型為實體，看起來沒問題的模型，最好再使用💠，由訊息模型完全無誤。就好像進行深度的模型運算確認，有時候就是這樣又發現問題，慶幸沒有由錯誤的基準進行設計。

　　對系統而言，💠的計算會比重新計算❸（Ctrl＋Q）還來得深入。

28-7 進階-嘗試修復所有的縫隙

　　將面之間的縫隙一次修完。

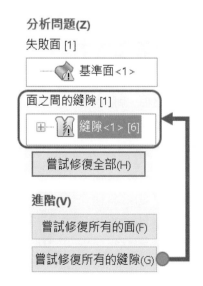

28-7-1 填補曲面

通常這破面會由 ✏ 完成，用 🔲 也可以呦!

28-7-2 引擎

引擎前端有破面（箭頭所示），經修復縫隙後會產生失敗面，再修復面即可。

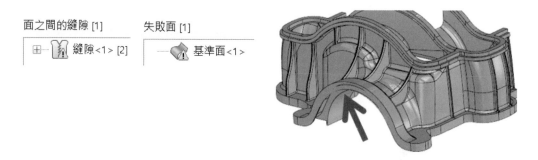

28-7-3 多本體縫隙

多本體曲面之間有破面，修復後剩下外部周圍縫隙是沒關係的，因為她是曲面，除非你將它增厚，就可以形成實體。

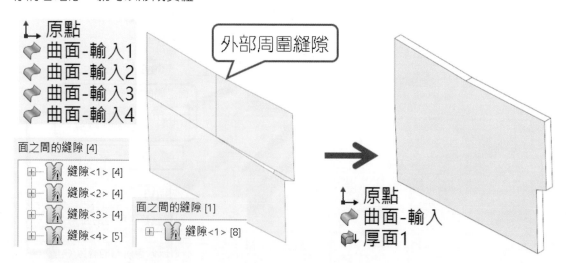

28-7-4 進階多本體縫隙

承上節，DraftSight 基準面和縫隙錯誤，使用 1→2→3 就是無法完整修復，使用 3→2 即可完整修復。

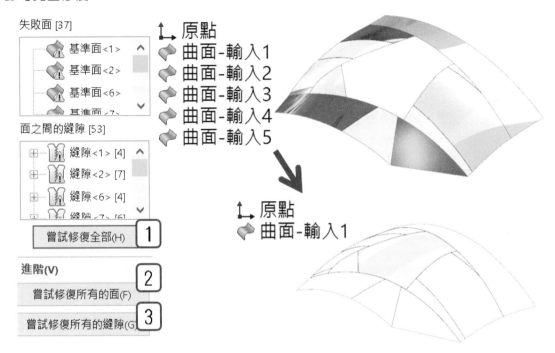

28-7-5 不相連多本體

不相連多本體曲面可以被修復。點選縫隙圖示可以見到獨立的迴圈（箭頭所示），若按下修復全部，系統自動將波浪狀封閉會形成實體，這時不是我們要的。

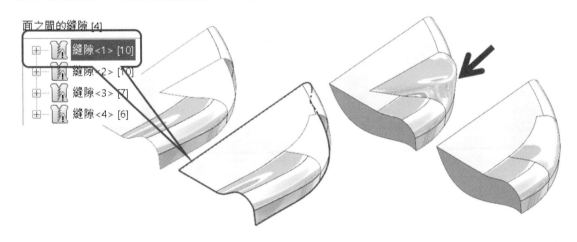

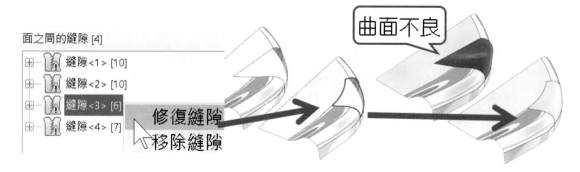

應該分別將破面處的縫隙右鍵→修復縫隙。不過上方破面自動修復就很糟，所以該處破面最好由人工修補。

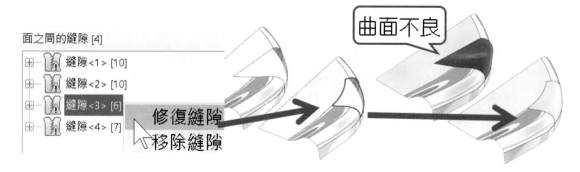

28-7-6 起子把手曲面

看起來很多邊線的把手曲面，系統還是可以將它自動填補起來。

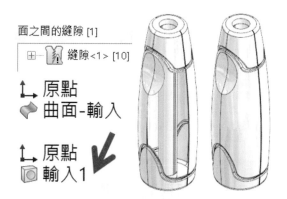

28-7-7 綜合練習

依本節說明分別完成：1.遙控器、2.開關座、3.下蓋、4.上蓋。

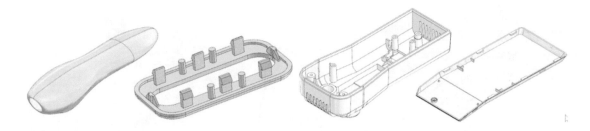

28-8 輸入診斷實務

　　每個實例都是業界常見需求,應用也很廣,閱讀本節後,可以成為修復模型的入門手。模型修復作業有很多是曲面指令完成,這部份礙於篇幅以及書籍方向,無法解說曲面指令操作。

28-8-1 僅支援零件

　　輸入診斷是零件下的特徵,無論實體或曲面的轉檔模型都可以使用該指令,但不支援曲線、草圖和圖形輸入,因為這些沒有面資訊。有特徵或僅有草圖的模型無法使用🔲。

　　即使是轉檔模型下方自行加上的特徵,都無法使用輸入診斷,除非把新增的特徵刪除。想用回溯方式來騙,也不能使用🔲。

28-8-2 無法修復

　　🔲只能進行簡單的修復,破面太多、太零碎、甚至有些極端例子,都無法使用🔲完成修復。

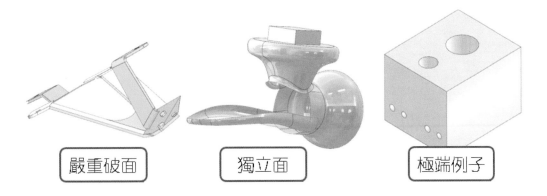

嚴重破面　　　　獨立面　　　　極端例子

28-8-3 無法修復造型

如果模型包含造型，如圓頂或疊層拉伸，這種複雜的修復就沒辦法透過輸入診斷完成。可以練習看看修復的情形，會發現只會把面補滿，折彎部分不予修復。

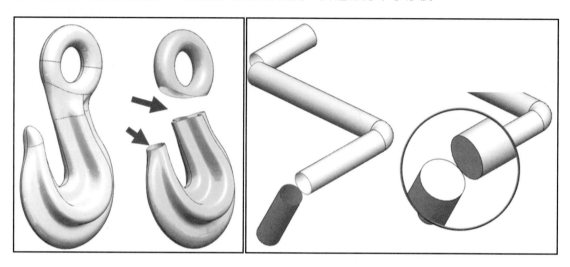

28-8-4 刪除後人工修復

模型有破面，刪除後由◈將破面補起。

28-8-5 面矛盾

點選基準面得知很多面已經消失,這時無法修復。例如:點選基準面 3,可以見到消失的導圓角,該圓角面也與所見本體相交。

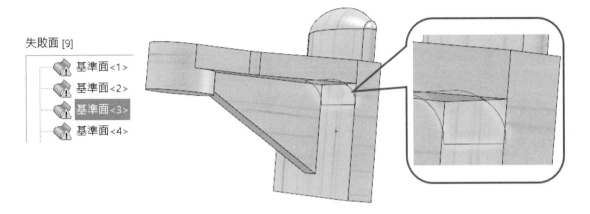

失敗面 [9]
- 基準面<1>
- 基準面<2>
- 基準面<3>
- 基準面<4>

28-8-6 無法修復縫隙

圓角縫隙無法使用🔧修補,利用📦,☑刪除及填補完該圓角修復。

面之間的縫隙 [2]
- 縫隙<1> [3]
- 縫隙<2> [5]

🗑 刪除面1

選擇
- 面<1>
- 面<2>
- 面<3>
- 面<4>
- 面<5>

選項(O)
- ○ 刪除(D)
- ○ 刪除及修補(P)
- ◉ 刪除及填補(I)
  - ☑ 相切填補(T)

28-9-7 縫織曲面

將原本的 2 個曲面，經縫織曲面後🪡，並成為實體。

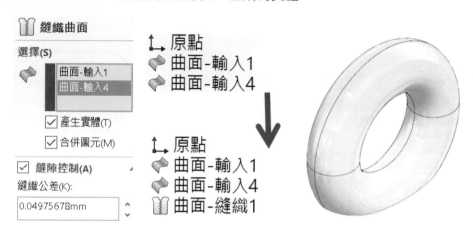

28-8-8 修復時間過久

如果問題很多且複雜，且本體有輸入錯誤時（箭頭所示）。由輸入診斷可以看出，失敗面＝11，面之間縫隙＝16，選擇嘗試修復全部時，會有運算的等待時間，就是 CPU 處理能力。

如果過久無法回應，按 ESC 鍵來終止運算。實務上開啟轉檔模型先存檔，避免輸入診斷過程發生錯誤，而重新開啟輸入模型。

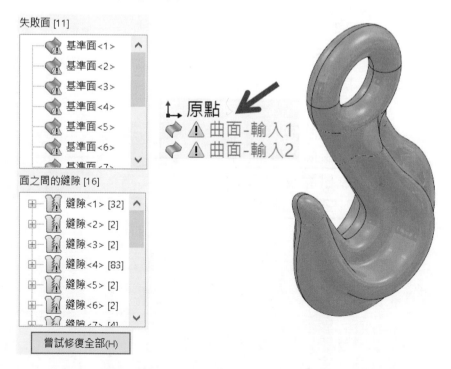

28-8-9 早期 SolidWorks 檔案

對於 SolidWorks 1995-1998 檔案，有可能造成無法使用輸入診斷。

模型修復策略

轉檔模型常見 2 種狀況：1.打不開、2.打開有問題。模型打不開什麼都不必說，沒有下一步。模型開起來有問題，最難解決，本章有辦法解決，並學會判斷模型問題與方向，讓轉檔不再無計可施。本章後面說明常見模型修復：區分手動和自動，本章說明手動破面處理，這些手段必須具備曲面基礎才可勝任，若要針對破面完整說明，於未來曲面書籍介紹。

我們常聽見老闆說又沒要你設計、也沒要你畫圖，只要你轉檔為何搞這麼久，其實你不要多解釋，這是普世觀感，任何人都是這樣的感覺。你要想辦法擁有轉檔與修復能力，不需要報備過程，反正大家看的是時間。如果你轉檔過久，都是破面影響到你，這時你要自我承認沒有模型轉檔能力，放下身段才可以幫助你自己。

轉檔處理環境變數很大：軟體種類、版次、格式、作業系統…等，就更難記錄。我們是工程師，不是科學研究院，無法鉅細靡遺記錄原因和解決方式。你不用擔心，模型轉檔問題有脈絡可循，也有常見手法。

本章學成後很多人願意抱現金來找你，請你協助解決。你只要學會依問題條件，套用模型轉檔原理，如此專業才可以被累積與歸納，否則胡亂自學轉檔問題太廣也說不完。萬一還有疑難雜症，靠 SolidWorks 論壇讓我們來解救你。

29-1 打不開

　　模型打不開最嚴重，有些是開啟過程沒反應、有些是開啟出現錯誤訊息然後跳開，本節說明打不開原因與解決方法，有以下的解決方案，勉強得到部分資訊。

　　檔案毀損很多原因，常來自存檔過程發生不穩定現象，例如：停電、記憶體封包遺失、BUG…等。

　　至少要想辦法開起來再說、有些檔案只能重新繪製、有些是選項設定引起的，例如：預設範本，這部分先前說明過，不贅述。

SOLIDWORKS　　　　　　　　　　×

⚠ SOLIDWORKS 在檔案 D:\SolidWorks Publisher(書籍內容)\00 專業工程師訓練手冊[9]-模型轉檔與修復策略\光碟CAD檔案\第29章 模型修復策略\29-1 打不開\29-1-1 查看SolidWorks文件長相\14-19-21(檔案損毀).SLDPRT 中發生嚴重問題。請聯絡您當地的SOLIDWORKS 技術支援服務代表來協助解決此問題。

確定

　　以下的方案都是經典別小看它們，當無計可施，這些都是救命方法。

29-1-1 查看 SolidWorks 文件長相

　　檔案毀損或組合件、工程圖相關模型沒給，無法看出模型樣貌。通常模型確定無藥可救重來就算了，沒有模型長相怎麼重來。以下方案至少看得到模型長像，尋求下一階段作業，例如：先應付給對方看看樣子。

　　由檔案總管小縮圖看出模型長像，至少得知它長什麼樣子。若還是有無法看到縮圖，有 2 種可能：1.檔案毀損、2.過時的檔案，就要用另一種方法。過時的檔案用 SolidWorks 開啟後，儲存更新即可。檔案毀損就用 eDrawings 試試看能不能開啟。

1(零件)　　2(手機-組合件)　　3(工程圖)　　4(沒有縮圖-檔　　5(沒有縮圖-檔
.SLDASM　　.SLDASM　　　　　.SLDDRW　　案毀損)　　　　案正常)

29-1-2 eDrawings 嘗試開啟檔案

本節說明 SolidWorks 無法開啟的模型，利用 eDrawings 嘗試開啟，因為 eDrawings 可以開 SolidWorks 檔案。基於軟體特性，開啟文件不會更新或載入模型特徵資料，僅讀取表面資訊，並完整觀看模型。

記得儲存為 eDrawings 檔案，以利下回再次使用。若很常用這招，記得用多螢幕。

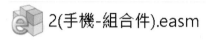
2(手機-組合件).easm

A 無法開啟-輕微毀損

對於 SolidWorks 無法開啟的文件，有些用 eDrawings 開，還真的開得起來。但若檔案嚴重毀損，則會連 eDrawings 也開不起來。

B 沒有縮圖-檔案正常

承上節，於檔案總管看不到縮圖，僅看見 SolidWorks 圖示，這是過時的 SolidWorks 模型，於 SolidWorks 和 eDrawings 都可以開啟該模型。

1(沒有縮圖-檔案正常)
.SLDPRT

C 沒有關聯文件

由於組合件和工程圖檔案必須包含關聯模型，否則 SolidWorks 開啟會無法找到檔案，該文件會是空的，這時用 eDrawings 可以看到組合件和工程圖的長相。

29-1-3 新舊版 SolidWorks 程式

於新版 SolidWorks 開啟舊版本檔案，系統會自行轉換為新版本格式，比較極端情形，舊版模型無法被轉換，主要是特徵相容性差異太大，例如：SolidWorks 無法開啟 SolidWorks 97 PLUS 模型。

或是 BUG 造成無法開啟，用不同 SolidWorks 版本開看看，不見得新版本一定沒 BUG，有時候新版本有這 BUG，舊版本沒有，反之亦然。例如：托架於 SolidWorks 2010 無法開啟，2016 可以開啟。

29-1-4 基本檔案容量

要知道最小檔案容量，以 SolidWorks 2016 來說：零件＝75KB、組合件＝70KB、工程圖＝15KB。

容量大小會因版本有關。

名稱	大小
1(零件).sldprt	77 KB
2(組合件).sldasm	76 KB
3(工程圖).SLDDRW	16 KB

29-1-5 不可能檔案容量

基本上 0-1KB 是不可能有資料的。由記事本看出 IGES 一定會包含數據，不可能是空的。

A 0KB

開起來出現錯誤訊息，也可能沒反應。

B 1KB

開起來出現錯誤訊息，也可能沒反應。由記事本看出僅有表頭資訊，卻不足以代表圖形。另外想也知道 SolidWorks 檔案不可能 1KB，當然開不起來。

名稱 ^	大小
🔲 1(零件).SLDPRT	0 KB
🔲 2(組合件).sldasm	0 KB
🔲 3(工程圖).SLDDRW	0 KB
🔲 4(IGES).igs	0 KB

```
1(沒反應).IGS - 記...    —   □   ×
檔案(F) 編輯(E) 格式(O) 檢視(V)
說明(H)
SolidWorks IGES file using analytic represe
1H; ,1H; ,15H零件比較-原始檔,116HD:\SolidWork
書籍內容)\SolidWorks 模型溝通策略\第02章 模
IGS,15HSolidWorks 2008,15HSolidWorks 2008,:
鍋1檔,1. ,1,2HIN,50,0.125,13H080711.161653,1
ic, ,11,0,13H080711.161653;
```

C 2KB

2KB 就有可能了，多半來自單一圖圓，例如：圓.IGES。

換句話說確定是有特徵模型，轉出來檔案卻是 1~2KB，這時要有打不開的心理準備。

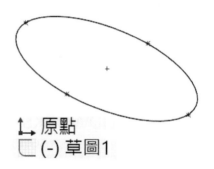

原點
(-) 草圖1

29-1-6 不含實體資料

開啟過程系統判斷是否有本體（實體或曲面）資料，否則無法輸入。有些格式必須包含本體，有些沒限制，基於 STEP 可以包含草圖卻無法開啟，因為系統認為 STEP 是空的。

這時就是輸入選項的設定，不能☑實體曲面圖元，要☑任意點/曲線圖元。

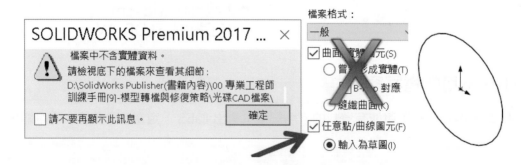

29-1-7 開了會當

圖元類型不支援，SolidWorks 無法完成輸入，系統會跳開。

也可能是存檔過程，寫入不正確，說白話點，將模型資料存到隨身碟過程拔掉隨身碟，就會這樣。

29-1-8 參數錯誤

由記事本看出 IGES 編碼亂了，SolidWorks 無法解讀。

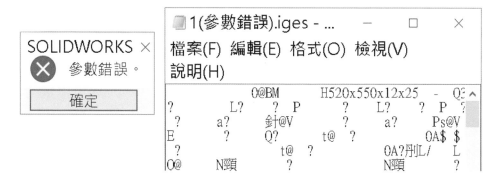

29-1-9 範本已有實體存在

開啟轉檔模型會套用範本，不允許範本包含模型，例如：範本包含圓柱，這時 STEP 檔案會撞件，更何況範本通常不包含模型資料，這是 SolidWorks 保護措施。

另外有可能是範本損毀，有幾種方式解決範本問題：1.自行建立新範本、2.指定另一個範本路徑、3.另台電腦 copy SolidWorks 預設範本。

29-1-10 不支援中文

有些格式不支援中文，這部分先前說過，這時將 1(軸心)→1(SHAFT)就可以開啟。

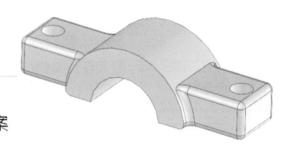

29-1-11 改副檔名

應用程式會判別副檔名，如同人名，名字改過後就不認得，這時將副檔名改為正確即可，例如：SLD→SLDPRT。實務上有些檔案故意將副檔名改為 IGES 或更改其他，死馬當活馬醫，亂試結果有時還真的可以開啟。

更改前.SLD

類型: SLD 檔案

更改後.SLDprt

類型: SLDPRT 檔案

29-2 打開有問題

模型開起來卻有問題，有很多很好解決，比較難解決的是破面，本節僅說明破面原因。

29-2-1 體積

模型轉檔確實會有誤差，這部分要和對方提醒並協議誤差範圍。對於有極度要求，這就是先前說過的，要用相同的軟體，甚至要同一版次。

由下表發現誤差最大的是 STEP，依常用順序將誤差降低：1.轉換成其他格式、2.設定輸入/輸出選項、3.降低誤差變數，例如：R 角去除。

	原稿 2017	1.不同版本	2.X_T	3.STEP	4.IGES
體積（mm）	8190.34	8190.34	8190.34	8198.77	8192.72
誤差（8190.34-X＝）		0	0	-8.73	-2.38

A 提高運算精度

依上面所有的檔案格式，於物質特性提高運算精度，發現會降低誤差。

	原稿 2017	1.不同版本	2.X_T	3.STEP	4.IGES
體積（mm）	8211.32	8211.32	8211.32	8214.61	8213.06
誤差（8211.32-X＝）		0	0	-3.29	-1.74

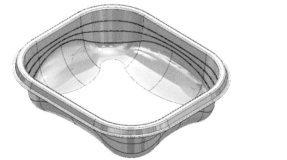

準確程度

較低 (較快)　　較高 (較慢)

29-2-2 模型不在原點上

不同繪圖軟體空間不盡相同，💿看出位置偏差無法設計。原則上：模型原點在中間、工程圖在左下角、加工軟體 Z 軸朝上…等都是環境變數。於零件利用移動/複製特徵🦋，於組合件利用結合🥄將模型定位。

A 零件：移動/複製特徵🦋

🦋用來模擬 5 軸機台，模型翻面轉複合角度，量測模型與基準位置。本節利用🦋的結合設定，進行類似組合件結合定位，實務上以軸心基準設計，所以將引擎圓孔與原點對正，並扶正引擎，千萬不能在歪斜的模型進行設計。

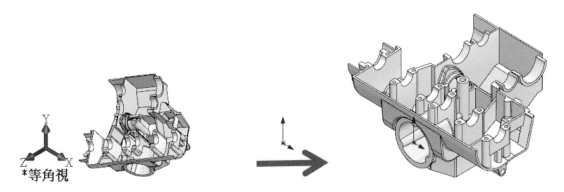

＊等角視

步驟 1 插入→特徵→移動/複製特徵

切換指令下方**平移/旋轉**或**約束**按鈕，所以不用背。本節透過**約束**（結合條件）完成引擎定位，結合過程若條件衝突，不會出現錯誤，這部分與組合件不同。

步驟 2 點選本體

於移動的本體欄位，將要移動的本體加入，否則無法點選下方的結合選擇。

步驟 3 同軸心

引擎圓孔與原點對正。1.點選零件原點→2.模型中心孔→3.同軸心→4.新增。記得要按下新增，每新增一個條件可立即看出結果。新增在組合件就不需要，希望 SolidWorks 未來改進本指令和組合件的結合操作相同。

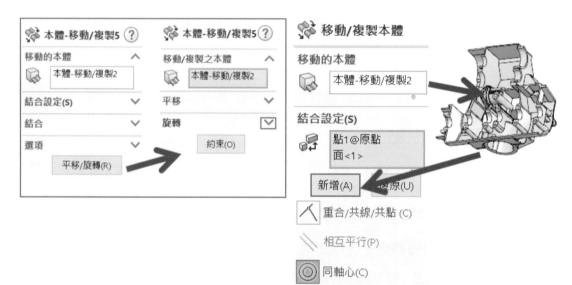

步驟 4 引擎上面與上基準面-平行

步驟 5 引擎前面與前基準面-重合

步驟 6 查看樹狀結構

於特徵管理員展開，可見結合條件被記錄，可以事後編輯，修改引擎位置。

B 組合件：結合

承上節，將零件移到組合件組裝→另存為零件。很多人沒想到可以這樣做，認為模型組裝才會到組合件，一個零件到組合件中只是為了定位？

至於組合件轉檔是因為組合件不好管理，以及組合件只是定位過程，組合件可以轉成零件或轉為其他格式，只是沒想到。

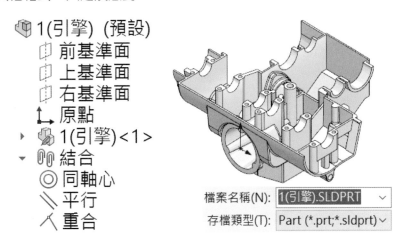

29-2-3 嚴重破面

破面可以利用以下方式查看，有些是運算的結果，造成拓樸假性現象。由特徵管理員有曲面邊界就好解決，只是比較麻煩。硬要修復也是可以，除非這模型有利用價值。

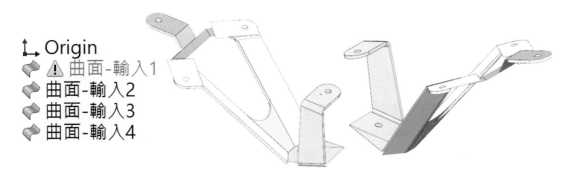

29-2-4 拓樸錯誤

零碎面＋圓角半徑與薄殼距離有關，修改薄殼距離由 3.3➜2，就不會有破面。

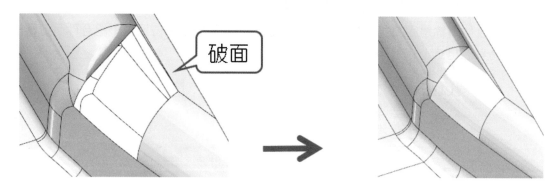

29-2-5 假 3D

該模型為 IGES 輸入曲線，應該是輸出沒注意到選項設定，無論 IGES 輸入選項怎麼調整，都無法讓它為 3D 模型呈現，換句話說沒救了。

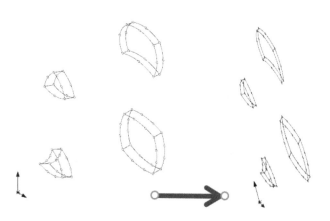

29-2-6 重新計算

沒想到吧！重新計算⊗可以完成模型修復，將原本有誤的模型，變成沒有錯誤。

其實秘訣在選項→效能→☑□模型重算確認（啟用進階本體檢查）。

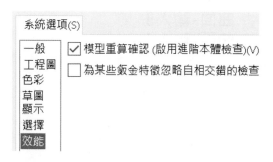

A 清除曲面

掛勾有 3 個多餘曲面（箭頭所示），經⊗後，這些曲面沒了。

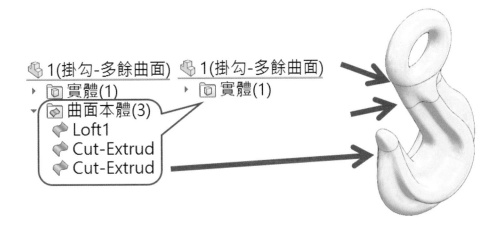

B 曲面錯誤

原本錯誤的曲面，經 🔘，這些曲面正確了。

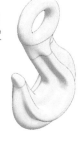

C 重新計算次數

　　由於特徵為早期版本建構，對新版本來說以相容讀取，計算上就顯得無效率，這時可以嘗試多按幾下 🔘，由次數來解決特徵運算，計算系統面。

　　本節不是轉檔模型，利用它來驗證計算一次，特徵會有 1 次變化，計算第 2 次有另一次變化，🔘2 次後，鈑金模型沒出現錯誤了。

D 假性破面

　　螺紋破面是假性的，🔘 就好。

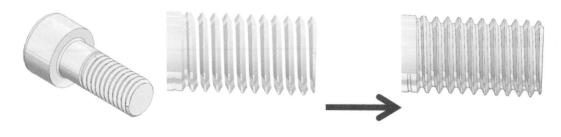

E 拓樸錯誤

原本好的模型❸會破，該區域圓角發生矛盾現象，修改破面附近圓角大小或模型厚度。更快的作法，將該模型轉檔 X_T→開啟後就沒有❸破面問題。

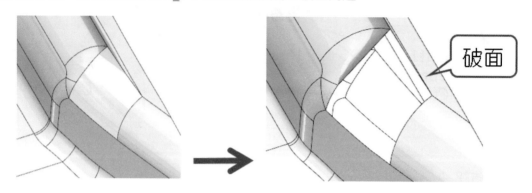

破面

F 程式錯誤

按下❸後，SolidWorks 當機，該模型為 SolidWorks 2013，這就是先前說的相容性問題。有 2 種解決方式：1.找出相容性不良的特徵→刪除、2.用 SolidWorks 2013 開啟。

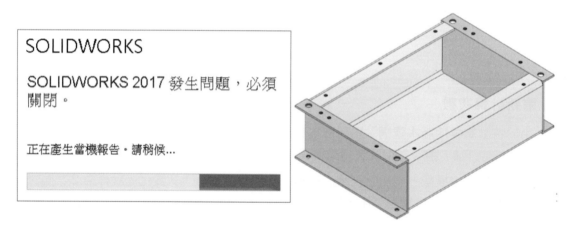

29-2-7 影像品質

如果模型看起來破破的，卻看不出問題，因為特徵管理員為實體，可以在文件屬性調整影響品質。

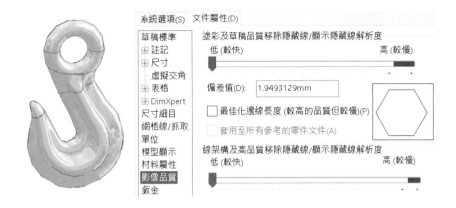

29-2-8 解除凍結

由於凍結後模型沒計算，解除凍結後系統會重新計算，模型就正確了，實務上不能在有錯誤的模型下設計。

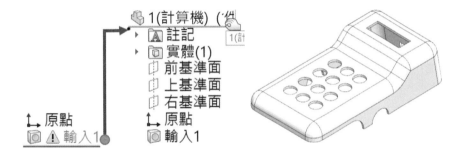

29-2-9 模型唯讀

早期 SolidWorks 輸入檔案後，會將模型儲存到開啟的目錄。若無法儲存該目錄，例如：沒有寫入權限，會出現訊息。常發生在 Outlook 開啟附件模型，該檔案路徑就是 Windows 系統資料夾 C:\Users\123\AppData\Local\Microsoft\Windows\Temporary Internet Files\Content.Outlook。

另外模型屬於唯讀，也會出現該視窗，點選以唯讀方式開啟。

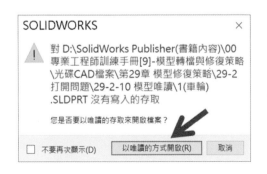

29-2-10 教育版模型

SolidWorks 有分教育版模型，若以商用版開啟會出現警告視窗，且無法被轉換。使用商業版開啟教育版模型＞存檔，還是教育版模型。

教育版模型在特徵管理員上方模型圖示旁會有博士帽。教育版工程圖下方會有教育版教學提示浮水印。

SOLIDWORKS 教育版產品。僅供教學使用。

29-2-11 組合件空的

模型轉檔也是要給組合件中的零件，否則開啟組合件沒有零件。

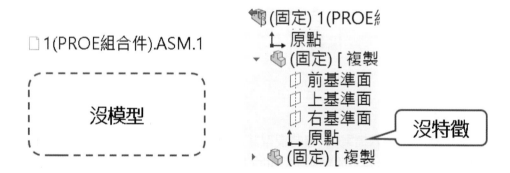

29-2-12 模型結構

圓柱和平板面之間相切，基於零厚度原理和矛盾現象（系統不知道圓柱和平面的差異），轉檔後面會遺失。在邊線加導圓角，可以消弭這矛盾現象。輸入條件為☑曲面實體圖元、☑嘗試形成實體。

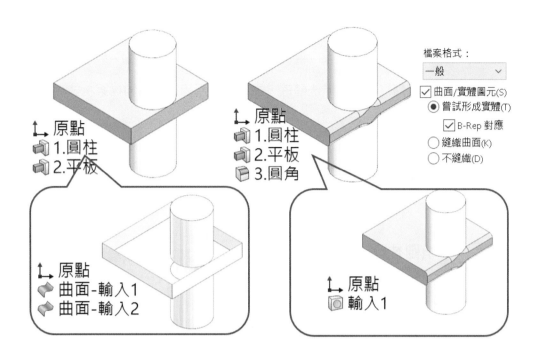

29-2-13 關閉 SolidWorks 程式

轉檔過程 SolidWorks 沒反應也無法進行任何動作,強制關閉是最有效方法。1.Ctrl+Shift+Esc→2.Windows 工作管理員→3.處理程序→4.點選 SolidWorks→5.DEL。

29-3 無法儲存

將畫好的模型進行轉檔會發現無法儲存，最常見的原因是檔名和檔案格式。

29-3-1 檔名字型

早期簡體中文無法儲存 STEP 和 X_T，有 2 種解決方法：1.檔名改為數字（例如：123）、2.儲存別的格式，例如：IGES。

 1(圓柱圓锥弯管)

SOLIDWORKS

! 無法開啟錯誤的登入檔案進行寫入
請確定磁碟沒有防寫保護。

29-3-2 轉其他格式可以，就是不能轉 STEP

有可能是 BUG，無法轉 STEP 就轉 IGES 或 X_T。

29-4 刪除面

是否拿到圖檔，讀出來有破面，耗費時間修補？開啟過程很順利，不過是空的、更慘的是打不開，甚至模型要重新畫過？解決方式通常留一手，或沒記錄下來，造成每個人重新學習，由於很難解決，讓公司誤以為這是專業。

破面修復議題相當廣且深入，絕大部份為曲面指令並認識該指令特性。本節舉簡單且最有效率的指令：刪除面。直接刪除所選面並協助修復，這是該指令特性。

破面流程有 2 種：1.直接修復：問題比較小好解決，直接將破的地方進行修補、2.先清創再修復：很嚴重的破面區域，就如同外科醫生進行清創作業，把壞面清除後再修補。

加工和模具業者補破面最厲害，得到來自四面八方圖面，模型有問題幾乎自己處理。本節把業界常見的修面技術傳授給各位，各位也可以成為修面高手。

29-4-1 零碎面刪除並修補

系統自動把所選零碎面刪除並填補起來。1.選不要的零碎面,共 5 個面➔2.點選刪除及修補➔3.↵。

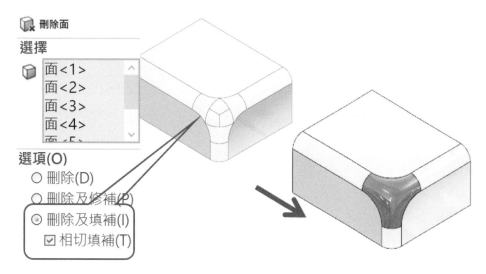

29-4-2 刪除面並填補連接

看到連接面第一想法使用建模特徵完成,例如:疊層拉伸或填補曲面,其實不必這麼麻煩,只要即可搞定,有 3 處要連接起來:2 個圓弧和 1 個方型缺口,共 6 個面。

1.進入刪除面➔2.點選 6 個面➔3.刪除及修補。

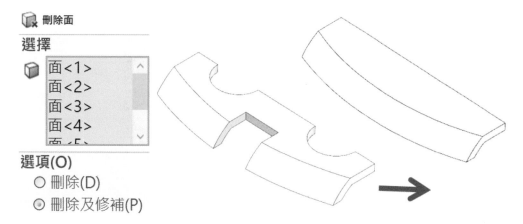

29-4-3 修改 R 角大小

在加工廠商修改圓角以利刀具路徑，例如：將先前的 R10 改為 R20。這時將圓角面刪除，使用 重新改變圓角大小。

1.點選圓角面→2.☑刪除及修補→↵。該圓角面已經消失，使用 重新導 R20 即可。

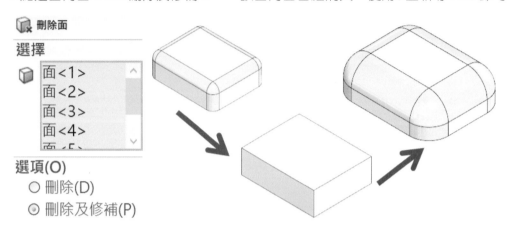

29-4-4 圓角優化

先前說過 3 角面有集中問題，利用 重新加上圓角特徵。先前為 R5 圓角，只要圓角比 R5 大，會發現尖點位置不再收斂集中。1.點選模型上的 4 個圓角面→3.☑刪除及修補→↵。該圓角面已經消失，重新導圓角 R8 即可。

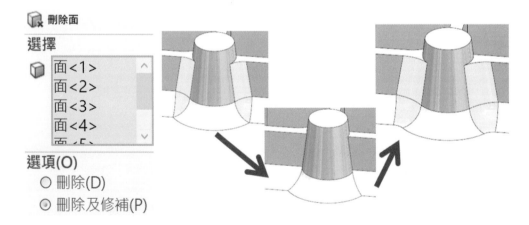

29-4-5 刪除零碎特徵

　　把曲面上與曲面下的零碎特徵面刪除（共 8 個面），系統自動將被刪除的周圍面填補起來，這部分很難用除料完成，沒想到用🔲，☑刪除及修補，即可完成。

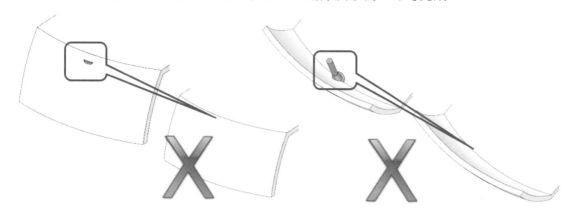

29-4-6 刪除實體孔

　　承上節，在實體模型中，很多人用伸長特徵將不要的面補起來，其實不用這麼麻煩，利用刪除面可以。換句話說伸長特徵用在平面孔還容易解，用在曲面模型就無法這麼做，無論如何都用🔲完成即可。

A 平面孔

　　將上方錐形孔和長孔移除。

B 曲面孔

　　將上方 2 孔移除。

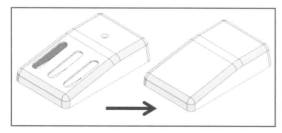 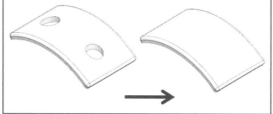

29-4-7 修補模型面

看起來外觀被影響的模型（紅色斜面），刪除該面即可成為平面。

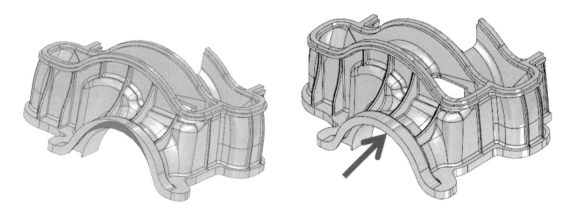

29-4-8 刪除後鏡射

孔太多先除料一半，刪除孔後再鏡射回來。很多人沒想到可以這樣，就認命的把安全帽上 12 個孔都刪除。

步驟 1 曲面除料 ⬛，將安全帽利用右基準面切除一半→點選要切除的本體。

步驟 2 刪除面，將安全帽上方 7 個孔刪除與填補。

步驟 3 鏡射本體，將一半的本體鏡射回來。

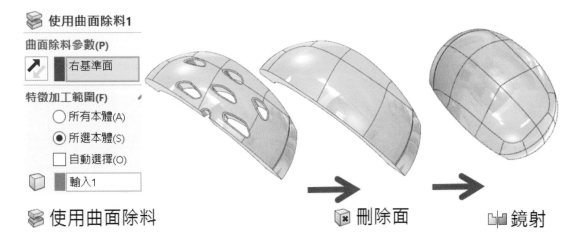

29-4-9 刪除收斂面

安全帽內有微小收斂面（箭頭所示），該面容易面集中形成破面。1.利用⬚→2.點選將該面與周圍另外 2 面→3.☑刪除及填補。

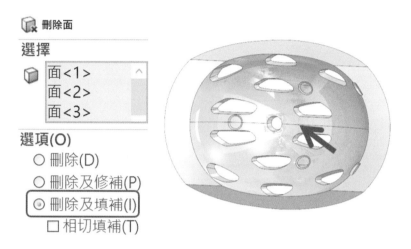

29-5 刪除孔

點選不要的孔→刪除，是隱藏版指令，應該算是刪除面功能。無指令處理法，少人知道可以這麼好用，都用補面方式完成，僅適用曲面模型。

1.點選面具的眼睛→2.DEL，出現選擇選項→3.☑刪除破孔→↵，於特徵管理員會出現刪除鑽孔特徵◌。

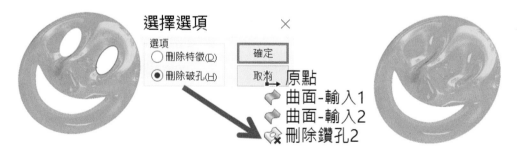

29-6 填補曲面

由封閉曲面◈將現有模型邊線來定義補面的範圍，以填補模型破面。例如：牙套模型有破面，直覺把它補起來是常見做法。

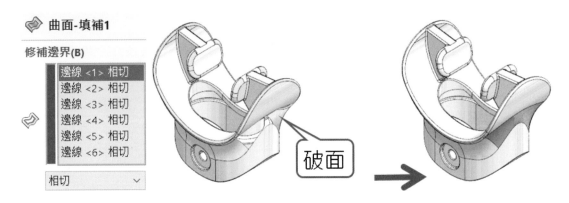

29-6-1 先刪後補

將要修補的面刪除並重新鋪過，就像馬路重新刨除並鋪過，得到一片完整 R 角面。

1.📦將上方圓角面全部移除→2.◈，點選所有邊線共 15 條線→↵。

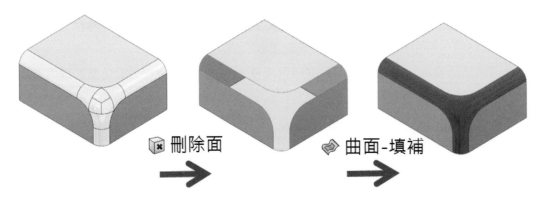

29-7 恢復修剪曲面

顧名思義復原未修剪狀態,也可填補開放破面。分別點選開放與封閉邊線,系統自動填補。

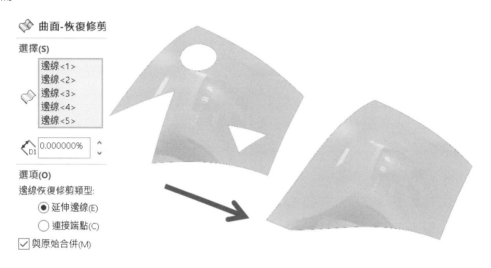

29-8 移動面

在實體或曲面上直接偏移、平移和旋轉面,它可以快速進行面的移動。

29-8-1 移動面指令位置

插入→面→移動面。

29-8-2 移動孔距離

我們常遇到要將現有的孔移動某個距離,不要將洞補起來後再挖洞,用會比較快。

1.選擇模型 2 個孔→2.△X 軸移動-15mm。

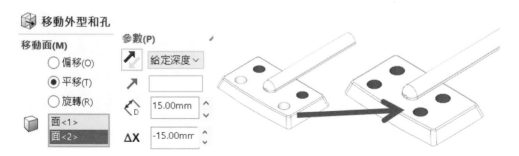

29-8-3 加工預留量

模型轉檔所得到的模型為成品，對加工者而言需要增加加工預留量，例如：2MM，也可以用🔲，本節末了呈現效果，故意移動 30mm。

1.點選模型下面➔2.△Y 軸移動-30mm。

29-8-4 把手改短

自行將把手改短，尺寸不拘。

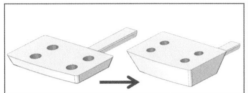 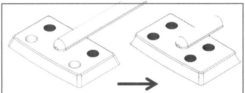

29-9 修復邊線

合併指定面上多個邊線為單邊線，減少縫隙和指令執行過程的點選時間，並提升曲面品質。在掛鉤脖子處見到有縫隙（紅色邊線），點選邊線可以感受短邊線。

29-9-1 指令位置

插入➔面➔修復邊線♫

29-9-2 修復短邊線

1.點選脖子 2 面

2.點選修復邊線按鈕

由下方邊線資訊得知之前 110，之後 38 邊線。

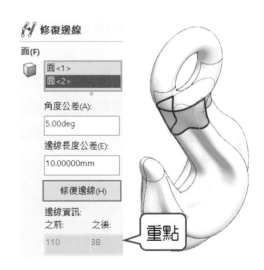

29-10 厚面-形成實體

利用厚面🔧點選模型面（曲面），將它形成實體模型。先前說過實體模型最好，利用它來驗證模型可製造性。

29-10-1 產生封閉實體

將封閉的曲面模型產生有內部實心的實體。利用厚面指令的☑由封閉的體積產生實體。

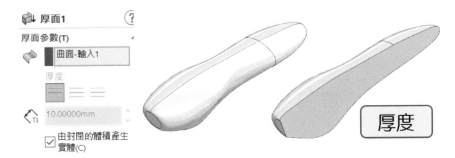

29-10-2 產生厚度

將開放的曲面模型產生有厚度的實體。

29-11 轉檔時間

一樣的模型轉不同的格式所花費的時間會不同，本節將小狗零件轉以下格式，下表得知轉 ParaSolid 核心格式時間最短，轉檔時間和 CPU 有關。

	1.X_T	2.SAT	3.IGES	4.STEP	5.STL	6.3D PDF	7.Pro/E
時間（秒）	1	13	3	3	2	7	20

模型檔案縮小策略

　　本章列舉檔案縮小策略，透過表格說明該策略效益。你會驚訝發現，可以將 SolidWorks 檔案壓縮至原來一半以上，這樣不僅方便檔案傳輸，減小儲存空間，更可以提升作業效率。這些策略幾乎是 SolidWorks 指令，很好上手看過就會。

　　模型檔案太大要如何變小，簡單的說將細節移除，留下必要資訊，是很多人都會的技術，這些方法多半利用壓縮軟體，例如：Winzip、WinRar 等程式進行壓縮。

　　本章所述的策略並非每個都很好用，只是討論出常見手法，讓讀者舉一反三，甚至避開蠢方法，以輕鬆心情閱讀本章。有些策略不見得可以縮小，反而會讓模型容量變大，不要花時間試。

　　本章不只是教導檔案縮小策略，還可以認識模型大小與效能差異，不見得檔案容量小，工作效率就高。由於零件、組合件和工程圖的檔案縮小策略相同，避免冗長篇幅，以下說明以零件為主。

30-0 測試條件與注意事項

本節列出測試平台得知測試基準，若你的基準和下列不同，所得數據會有差異。本章只要知道觀念就好，數據方向不會錯，不必花時間驗證筆者數據細節差異，除非你和筆者測試環境相同。

SolidWorks 2010 是筆者早期測試環境，本章保留 2010 資訊，讓你用比 2010 更高版次進行縮小策略，就會發現進一步效益。這部分等這本書未來改版，再以最新版次進行測試數據更新。

自 2012 以 64 位元基礎開發→2014 不再 Windows 32 位元→2015 將特徵運作程序與檔案紀錄優化→2016 Parasolid 核心升級，特徵運作程序再優化，這些流程顯示 SolidWorks 文件容量會比 2010 以前來得更小。

30-0-1 不討論時間

模型檔案縮小不討論時間，時間包含：1.檔案縮小製作過程、2.檔案開啟過程、3.檔案傳輸過程...等，時間環境因素和 PC 設備有極大關係。

電腦硬體＋軟體 SolidWorks 模型檔案，模型檔案縮小方案除了檔案容量外，還要考慮速度，不過模型轉檔或開啟速度的外在環境太複雜，暫不考慮速度問題。

30-0-2 沒教導指令使用

本章只教導檔案縮小策略，沒要教導怎麼完成該指令與告知指令位置。

30-0-3 測試環境

要有良好模型檔案縮小作業效率，好電腦是必須的。

A 壓縮軟體 WinRar

以上除了縮小策略外，再將模型透過壓縮軟體壓縮，並且評估這之間的壓縮比例。

B **SolidWorks 2010**

這是筆者先前版本測試環境。

C **零件為主，組合件和工程圖測試為輔**

如果要完整測試，本章篇幅會很大，以零件為主要說明。

D **模型顯示樣式皆為帶邊線塗彩**

⬜是最常見的環境，會比較能貼近實務，不是實驗與實務不符。

E **背景**

承上節，模型顯示會嚴重影響檔案大小，為了避免過度討論，將測試環境單純化，例如：背景純白、無任何陰影、環境和外觀。

F **檔案總管**

由檔案總管查詢檔案大小。

30-0-4 對照表製作方式

本節說明對照表製作方式，將測得數據輸入至表格內，A 模型檔案大小➔B 檔案縮小方案➔C 換算 A/B 比例。將測得數據輸入表格，檔案單位 KB，分別紀錄 2 項處理：1.策略、2.檔案壓縮。

由比例可看出，模型不經過縮小策略和再壓縮，真的差很大。表格原則上適用於零件、組合件與工程圖，縮小比例越高，縮小效率越差。

A **原始大小**

模型未經處理的檔案大小，6,388KB/1024KB＝6.23MB。

          SW 縮小視角.SLDPRT   6,388 KB

B **處理方式**

列舉模型處理作業，並記錄處理後的模型大小，例如：抑制特徵後，模型大小為 4194。

C **處理前後比率計算方式％**

模型處理後/處理前的容量縮小率％，取樣值會在數值前＊。計算結果取小數點第 2 位，四捨五入。例如：(6405/2544)＝2.517＝2.52X100＝252％。倍數越大效率越高，也就是模型經處理減少 2.5 倍檔案容量。

30-1 選項－影像品質

調整模型顯示，較高解析度會使模型計算速度降低，但是會得到精確曲線，反之亦然。

品質越高檔案越大，設定它會影響檔案容量，較精緻模型顯示檔案會加大。

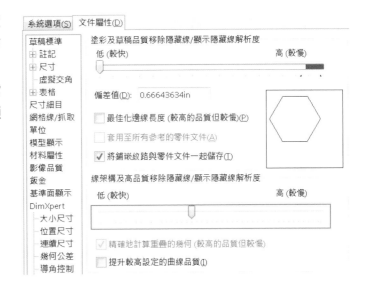

30-1-1 修改影像品質與檔案大小對照表

最佳處理方案：修改影像品質到低，達到縮小比例 2.5 倍。實務上為了檢視效能和清楚的模型辨識，還是會使用：1.較高、和 2.最佳化邊線長度（箭頭所示）。

容量單位 (KB)	A 原始大小	B 處理方式	C 縮小率%
	標準模型	影像品質(低)	A/B 比例
檔案大小	*6,405	4,194	152（約 1.5 倍）
壓縮後大小	4,690	*2,544	184（約 1.5 倍）
處理前後比	(2544/6405)=2.53*100		253（約 2.5 倍）

30-2 顯示樣式

改變模型顯示來改變檔案大小。顯示樣式包含：**帶邊線塗彩**▣、**塗彩**▣、**顯示隱藏線**▣、**移除隱藏線**▣和**線架構**▣…等。

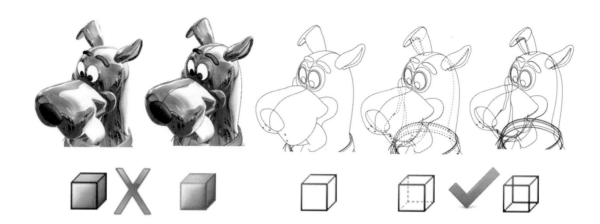

30-2-1 對照表

最佳處理方案：顯示隱藏線下進行檔案壓縮，可以達到縮小比例 2.5 倍。🔲與🔲差了 244%。實務上，為了檢視效能和清楚的模型辨識，使用🔲是最好的。

容量單位(KB)	處理方式				
	帶邊線塗彩	塗彩	移除隱藏線	顯示隱藏線	線架構
檔案大小	*6,368	6,367	4,284	4,326	4,332
壓縮後大小	4,665	4,674	2,611	*2,608	2,609
處理前後比	（6,368/2,608）*100＝244%（約 2.5 倍）				

30-3 草稿品質

草稿品質🗒（檢視→顯示→草稿品質移除隱藏線/顯示隱藏線。）很少人注意對效能有很大幫助，本節除了說明草稿品質對檔案大小的影響外，再加上檢視效能上的考量進行研究。

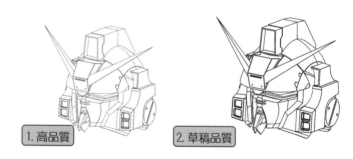

1. 高品質　2. 草稿品質

30-3-1 ☑草稿品質

外觀線條比較粗，旋轉模型或停止時，線條會完整顯示態。在顯示速度上，草稿品質可以增加顯示效率。

30-3-2 □草稿品質（預設關閉）

外觀線條比較細緻（高品質），旋轉模型時會有線條殘缺型態，系統會計算圖形，於狀態列出現產生圖表中，停止旋轉模型後，會有等待運算時間。

30-3-3 草稿品質對照表

最佳處理方案：不要顯示草稿品質。實務上，為了檢視效能還是會使用草稿品質作業。

容量單位(KB)	A 原始大小	B 處理方式	C 縮小率%
	標準模型	草稿品質	A/B 比例
檔案大小	4,310	*6,634	154%
壓縮後大小	*2,632	4,914	186%
處理前後比	2,632/6,634＝2.52		252%（約 2.5 倍）

30-4 縮小視角

利用視角指令將模型縮小，小到幾乎看不見，用騙的方式達到縮小模型檔案目的。

30-4-1 縮小視角對照表

視角大小對檔案大小沒有明顯變化。

容量單位(KB)	A 原始大小	B 處理方式	C 縮小率％
	標準模型	縮小視角	A/B 比例
檔案大小	*6,430	6,388	99%
壓縮後大小	4,729	*4,712	99%
處理前後比	（6388/4712）＝1.36		136％（約 1.4 倍）

30-5 模型比例

讓體積真的縮小，達到縮小模型檔案目的。實務上，會透過模型組態製作比例大小的切換，例如：1.原始大小、2.縮小比例，卻造成切換模型組態系統會計算很久。

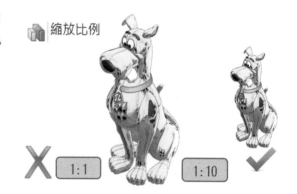

30-5-1 模型比例對照表

最佳處理方案：比例放大。模型比例放大和縮小對檔案容量沒明顯變化，奇怪的是，比例放大壓縮量，反而比縮小來得高。

容量單位(KB)	A 原始大小	B 處理方式	
	標準模型	比例 X 0.1 倍	比例 X 10 倍
檔案大小	7,513	8,363	*8,396
壓縮後大小	*4,574	6,643	5,214
處理前後比	8396/4574＝184%		

30-6 檢視設定

原則上避免增加顯示效果和檔案容量，將背景、陰影、RealView 或貼照片…等關閉。SolidWorks 早針對這部份進行改善，不會增加檔案大小，貼照片就另當別論。

最後儲存結果為模型顯示效果，雖然不會影響檔案大小，卻會在開啟模型的過程計算影像，計算時間就取決於顯示卡效能。實務上，存檔前把模型切換成標準顯示（沒有外在顯示效果），不過也有人希望讓對方看到模型就是**美美的**，這拿捏由自己判斷。

我們常說設計過程不要把陰影打開，你要知道陰影是來作甚麼的，它是用來呈現，設計過程把陰影打開是非常不專業的作為，就像穿西裝、皮鞋在現場進行組裝作業，這場景相當礙眼。

 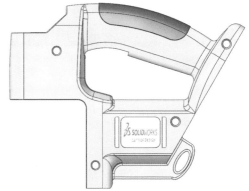

30-6-1 對照表

最佳處理方案：不增加模型顯示。增加顯示效果對檔案大小沒有明顯變化，甚至加入背景、陰影、RealView 都不會加大檔案容量。實務上，為了檢視效能和清楚的模型辨識，還是會顯示 RealView。

容量單位(KB)	A 原始大小	B 處理方式	C 縮小率%
	標準模型	陰影＋RealView＋廚房背景	A/B 比例
檔案大小	*6,425	6,427	99%
壓縮後大小	4,478	*4,733	105%
處理前後比	6425/4733＝1.36		136％（約 1.4 倍）

30-7 背景圖片和草圖圖片

背景和草圖圖片都隨檔案一併儲存，會嚴重增加檔案大小，特別是背景圖片，它占據所有的繪圖區域。

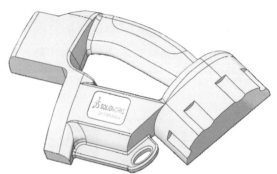

30-7-1 對照表

最佳處理方案：不要加入圖片。實務上，為了檢視方便會用圖片，真有需要壓縮檔案會用模型組態進行抑制，檔案儲存完成後，再恢復抑制，避免重新製作圖片。

容量單位(KB)	A 原始大小	B 處理方式		C 縮小率%
	標準模型	背景圖片	草圖圖片	A/B 比例
檔案大小	*7,513	8,276	7,617	
壓縮後大小	5,789	6,553	5,806	
處理前後比	（7513/5806）*100＝129%（約 1.3 倍）			

30-8 外觀紋路

紋路對檔案大小影響不大，所以可放心使用。

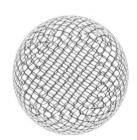

容量單位(KB)	A 原始大小	B 處理方式	C 縮小率%
	標準模型	紋路	A/B 比例
檔案大小	*7,513	7,562	99%
壓縮後大小	5,789	*5,845	99%
處理前後比	7513/5845		129%（約 1.3 倍）

30-9 隱藏

　　將組合件中的零件隱藏，藉由看不見模型，達到減少檔案大小目的。隱藏只是把圖形看不見，系統在運算時還會運算出，對於開啟模型的速度來說，有隱藏和沒隱藏速度都差不多。

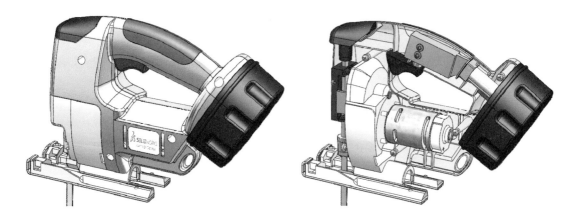

30-9-1 隱藏對照表

　　最佳處理方案：隱藏。

容量單位(KB)	A 原始大小	B 處理方式	C 縮小率%
	標準模型	隱藏	A/B 比例
檔案大小	*6,433	4,044	62%
壓縮後大小	4,711	*2,339	50%
處理前後比	6433/2339＝2.75		275%（約 2.8 倍）

30-10 透明

將組合件進行透明作業，藉由穿透特性，達到減少檔案大小目的。透明不能提高模型顯示速度，反而降低。

透明適合查看封閉式機構，並查看內部情形，最大的缺點檢視速度會延遲，這可以透過選項設定改善。

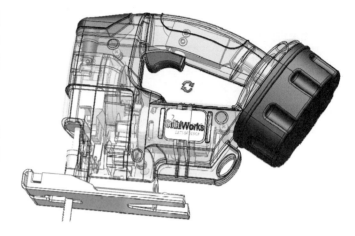

30-10-1 透明對照表

最佳處理方案：不要顯示草稿品質，與原始大小差了 2.5 倍。實務上，為了檢視效能還是會使用草稿品質作業。

容量單位(KB)	A 原始大小	B 處理方式	C 縮小率%
	標準模型	透明	A/B 比例
檔案大小	*	4	62%
壓縮後大小		*9	50%
處理前後比	6433/2339＝2.75		275%（約 2.8 倍）

30-11 刪除幾何

在零件、特徵或草圖，把不必要存在的幾何刪除以簡化模型，達到檔案縮小和檢視效率。

30-11-1 刪除實體

在零件刪除多本體和隱藏實體做法差不多，直接在實體資料夾中刪除實體即可完成。這種做法不必擔心事後無法回復，因為刪除實體後可以在樹狀結構看到本體-刪除特徵，到時再刪除該特徵即可回復到原來的狀態。

刪除**實體**和**隱藏**都是把圖形看不見，不過刪除實體系統不會運算出，對於開啟的速度已經到了開新零件的地步。

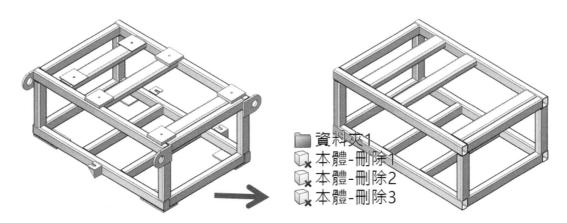

📁 資料夾1
📦✕ 本體-刪除1
📦 本體-刪除2
📦✕ 本體-刪除3

🅐 刪除實體對照表

下表可知刪除實體很明顯將檔案容量變小。

容量單位(KB)	A 原始大小	B 處理方式	C 縮小率％
	標準模型	刪除實體	A/B 比例
檔案大小	*7,513	5,541	74%
壓縮後大小	5,793	*3,752	65%
處理前後比	7513/3752＝2		200%（約 2 倍）

30-11-2 刪除面

透過**刪除面**📦，將不明顯和不重要的面刪除，破壞實體結構讓它成為曲面架構，藉以縮小檔案大小。

這種做法不必擔心事後無法回復，因為📦在樹狀結構看得到，到時再刪除該特徵即可回復到原來的狀態。

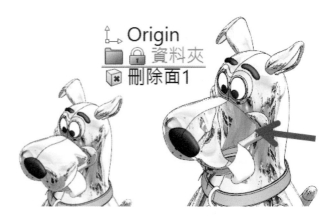

⌐↳ Origin
📁🔒 資料夾
📦✕ 刪除面1

🅐 刪除面對照表

刪除面對檔案大小沒有明顯變化。不過經壓縮後得知，破壞實體結構讓它成為曲面架構，是有幫助的。

容量單位(KB)	A 原始大小	B 處理方式	C 縮小率%
	標準模型	刪除面	A/B 比例
檔案大小	*7,513	7,344	98%
壓縮後大小	5,793	*5,602	97%
處理前後比	7513/5602＝1.34		134%（約 1.3 倍）

30-12 抑制

抑制特徵讓系統運算時忽略，增加運算速度。抑制結果和刪除很像，不過有可逆功能。抑制有幾個延伸做法：抑制特徵、抑制模型、輕量抑制…等，由於篇幅，以抑制特徵進行檔案大小分析，其餘僅為討論。

將特徵或草圖刪除，確實可以讓模型檔案變小，因為模型沒有這些資料。

30-12-1 抑制零件特徵

將模型內部細節抑制，減少模型資料，類似刪除特徵。被抑制的特徵，於樹狀結構灰色顯示。將零件所有特徵都抑制，這是最簡單的作法，效率很高。

抑制特徵開啟模型的速度之快，接近開新零件的程度。抑制特徵配合模型組態切換，靈活你的設計。在檔案傳輸議題中，對方接收到模型後，再自行恢復特徵，有點像是真空包裝，也是常見手段。

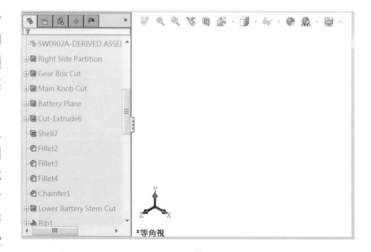

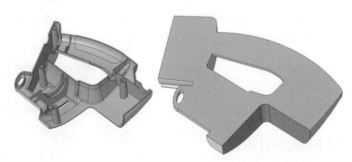

A 抑制特徵對照表

光是抑制就得到接近 70%縮小量，再壓縮更不得了，與標準模型之間相差 90%以上容量。

容量單位(KB)	A 原始大小	B 處理方式	C 縮小率%
	標準模型	抑制特徵	A/B 比例
檔案大小	*7,513	2,415	33%
壓縮後大小	5,310	*605	12%
處理前後比	7513/605＝12.42		1242%（約 12.5 倍）

30-12-2 組合件抑制模型

在組合件將所有模型抑制，類似刪除模型，將檔案急速縮小。當對方開啟組合件時，對方自行再將模型恢復抑制，這手法相當常見。

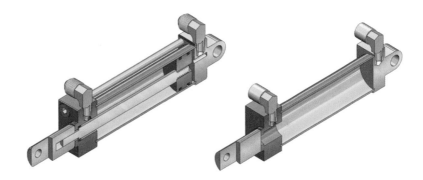

A 組合件抑制模型對照表

光是抑制就得到接近 70%縮小量，再壓縮更不得了，與標準模型之間相差 90%以上容量。

容量單位(KB)	A 原始大小	B 處理方式	C 縮小率%
	標準模型	抑制組合件	A/B 比例
檔案大小	*532	238	33%
壓縮後大小	296	*33	12%
處理前後比	532/33＝16.12		1612%（約 16 倍）

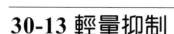

30-13 輕量抑制

輕量抑制對系統來說僅載入部分模型資料，換句話說只有模型表面資料，增加運算速度。抑制後的物件看不見，不過輕量抑制還看得到模型。輕量抑制常用在組合件和工程圖，被輕量抑制的模型圖示，於樹狀結構顯示🝛。

輕量抑制可以保留結合條件的關聯性，於執行速度來說，除非組合件數量很大，否則輕量抑制與抑制效果不明顯。當然，組合件可以將模型進行抑制🝛。

30-13-1 輕量抑制組合件

組合件對模型使用輕量抑制，這種方式對模型檔案縮小幫助有限，因為並沒有真正把模型內部資訊簡化，只是隱藏不見，甚至還會造成檔案微小增加，不過輕量抑制組合件是可以增加開啟速度。

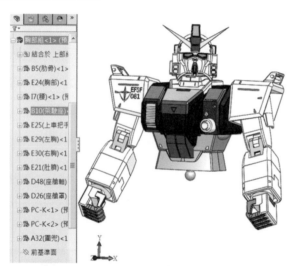

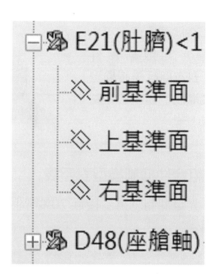

A 輕量抑制組合件對照表

壓縮量來自於壓縮軟體，而非輕量抑制的貢獻。

容量單位(KB)	A 原始大小	B 處理方式	C 縮小率％
	標準模型	輕量抑制	A/B 比例
檔案大小	*528	530	100%
壓縮後大小	295	*296	100%
處理前後比	528/296＝1.783		178％（約 1.7 倍）

30-13-2 輕量抑制工程圖

　　工程圖也可以對視圖進行輕量抑制作業，這方式對模型檔案縮小幫助有限，甚至到了沒意義。輕量抑制可以增加工程圖開啟速度，和工程圖作業效率，很少人知道這一點。

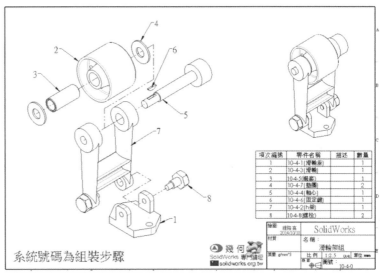

系統號碼為組裝步驟

A 輕量抑制工程圖對照表

　　壓縮量來自於壓縮軟體，而非輕量抑制的貢獻。

容量單位(KB)	A 原始大小	B 處理方式	C 縮小率%
	標準模型	輕量抑制	A/B 比例
檔案大小	*553	552	100%
壓縮後大小	109	*109	100%
處理前後比	553/109＝5.07		507（約 5 倍）

30-14 除料

　　將模型用除料特徵減少模型資料，這是簡易的做法。

30-14-1 零件除料

在零件直接產生除料特徵，通常會剩下一小段，以減少模型資訊。

為何要留下一小段，因為全部移除。由於零件除料不能完全除去模型，必須留一些材料，否則系統會出現模型是空的。

利用除料特徵內的**反轉除料邊**來完成，這樣製作速度比較快。

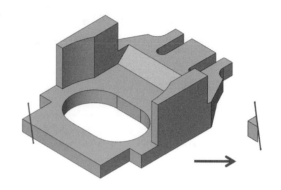

A 零件除料對照表

容量單位(KB)	A 原始大小	B 處理方式	C 縮小率%
	標準模型	零件除料	A/B 比例
檔案大小	*7,513	5,667	76%
壓縮後大小	5,793	*3,974	69%
處理前後比	7513/3974＝1.89		180%（約 2 倍）

30-14-2 組合件除料

在組合件直接產生除料特徵，可發現檔案縮小效果出奇的好，比抑制方法還好用，且組合件除料可以完全除去模型。

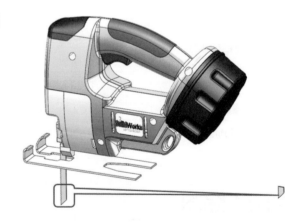

A 組合件除料對照表

容量單位(KB)	A 原始大小	B 處理方式	C 縮小率%
	標準模型	組合件除料	A/B 比例
檔案大小	*532	240	46%
壓縮後大小	296	*35	12%
處理前後比	532/35＝15.2		1520%（約 15 倍）

30-15 填料

填料（又稱封包）與除料類似，利用填料特徵將整個模型包起來，用騙的方式讓系統處理外部幾何資料。

30-15-1 零件填料

在零件產生方形填料特徵，把模型包起，開啟速度加快。

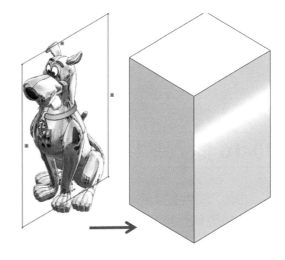

A 零件填料對照表

容量單位(KB)	A 原始大小	B 處理方式	C 縮小率％
	標準模型	零件封包	A/B 比例
檔案大小	*7,513	5,578	75%
壓縮後大小	5,793	*3,859	67%
處理前後比	7513/3859＝1.95		195%（約 2 倍）

30-15-2 組合件填料

在組合件插入零件，做出方形填料特徵，把模型包起，這種作法並不能把檔案縮小，反而會比較大一點，不過開啟速度會比較快。

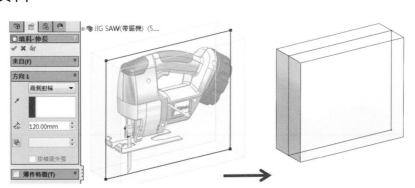

A 組合件填料對照表

在壓縮的部份可以看出經壓縮會比標準模型還來得好。

容量單位(KB)	A 原始大小	B 處理方式	C 縮小率%
	標準模型	組合件封包	A/B 比例
檔案大小	*532	551	100%
壓縮後大小	296	*280	95%
處理前後比	532/280＝1.9		190%（約 2 倍）

30-16 插入零件

由插入零件指令將零件插入，讓它成為多本體型態，達到分享模型和減少檔案大小效果。

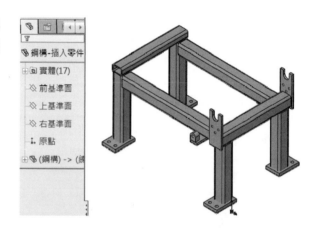

A 插入零件對照表

檔案縮小將近一半。不過插入零件的模型經壓縮後並沒有顯著壓縮量。

容量單位(KB)	A 原始大小	B 處理方式	C 縮小率%
	標準模型	插入零件	A/B 比例
檔案大小	*7,513	3,840	52%
壓縮後大小	5,793	*3,704	64%
處理前後比	7513/3704＝2.03		203%（約 2 倍）

30-17 製作組合件

將零件加入組合件中，讓它成為組合件型態。

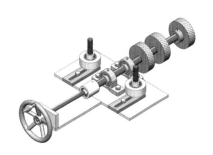

30-17-1 插入組合件對照表

由下表得知零件加入組合件後縮小將近 70%，不過組合件再壓縮後並沒有顯著壓縮量。

容量單位(KB)	A 原始大小	B 處理方式	C 縮小率%
	標準模型	插入組合件	A/B 比例
檔案大小	*7,513	2,137	29%
壓縮後大小	5,793	*2,013	35%
處理前後比	7513/2013＝3.73		373%（約 3.7 倍）

30-18 模型組態

　　增加設計與顯示靈活度，也可減少模型數量和檔案大小。將 3 種不同大小的電池，利用組態來控制尺寸，而非 3 個零件。模型組態對作業效率是最常見的手法，衍伸技術相當多，要善加利用。

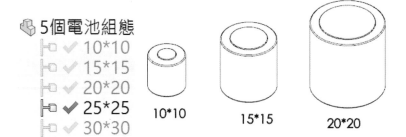

30-18-1 零件組態對照表

加入組態後檔案增加 325%，不過壓縮量卻是蠻高的，有點是虛胖的感覺。

容量單位(KB)	A 原始大小	B 處理方式	C 縮小率％
	標準模型	零件組態	A/B 比例
檔案大小	*166	539	325%
壓縮後大小	73	*151	207%
處理前後比	166/151＝110		110%（約 1.1 倍）

30-19 多工程圖頁

　　將很多張工程圖集合在一個檔案中，方便檢視與管理。對於檔案大小來說是否也如同組合件手法一樣，達到檔案縮小的效果。合併工程圖頁雖然與這一節模型組態不太相稱，不過也算沾得上邊。

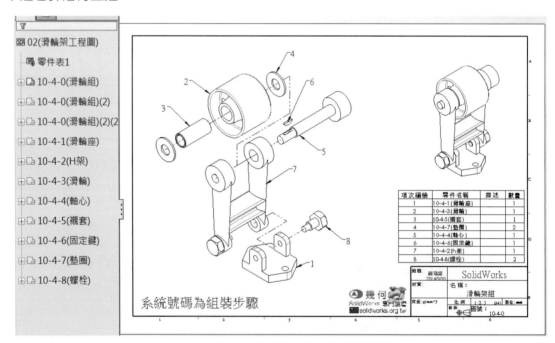

30-19-1 對照表

把多張工程圖集合在一個檔案中，比單一檔案工程圖相加，檔案容量會比較小。

容量單位(KB)	A 原始大小	B 處理方式	C 縮小率%
	2+3+4+5	1.工程圖組	A/B 比例
檔案大小	2,677	1,638	134%
壓縮後大小			113%（約 2.5 倍）

30-20 轉檔

模型轉檔特徵被格式化，透過轉檔可讓模型檔案變小。將模型轉成其他格式讓對方讀取，特別是對方僅是看看，不必要看出特徵架構，這種方法特別好用。

SolidWorks 2007 以前模型經過存檔後，會發現檔案居然變小，不過再另存一次，檔案又變大回來，這來自 Windows XP 系統問題，微軟系統特性就是如此，在另存新檔時會將一些文件冗長資料忽略後進行儲存，讓下一次開啟時速度可以快些。

自 SolidWorks 2008 以後，另存新檔對檔案大小影響不大，主要原因作業系統的關係，早期 WIN-XP 有記憶體管理的缺陷，Windows 7 針對這部分做改善。

30-20-1 另存新檔對照表

2007 年以前，我們會將檔案儲存一次，讓檔案變小後再壓縮。由下標可知目前存檔的手法已成為過去式。

容量單位(KB)	A 原始大小	B 處理方式	C 縮小率%
	標準模型	插入組合件	A/B 比例
檔案大小	*7,539	7,416	99%
壓縮後大小			1%

30-21 零件轉檔

零件轉檔將模型資料重紀錄，不保留特徵資訊，轉成 SolidWorks 核心 *.X_T 是最好不過的了。

30-21-1 零件轉檔對照表

檔案處理前後真的小很多。

容量單位(KB)	A 原始大小	B 處理方式	C 縮小率%
	標準模型	零件轉檔	A/B 比例
檔案大小	*7,513	1,012	14%
壓縮後大小	5,793	*497	9%
處理前後比	7513/497＝15.12		1512%（約 15 倍）

30-22 組合件轉檔

將組合件轉成 X_T 成為單一檔案，再讓對方開啟（類似解壓縮），看檔案容量經轉檔後的差異。同學可以試著將零件放置組合件中，再轉成 X_B，檔案是否會小很多，事實上不會。

30-22-1 組合件轉檔對照表

標準模型是指所有的零組件，由下表得知組合件轉檔前後真的小很多。

容量單位(KB)	A 原始大小	B 處理方式	C 縮小率%
	標準模型	組合件轉檔	A/B 比例
檔案大小	*3,368	177	6%
壓縮後大小	1,550	*66	5%
處理前後比	3368/66＝51.03		5103%（約 51 倍）

30-23 壓縮程式

最快和最好用方法，不用模型處理立即有檔案容量壓縮結果，通常可減少一半以上檔案大小，由於簡易操作人人都會。寄 RAR 檔案，對方就知道這是什麼再解開，以下舉兩種程式討論。

使用壓縮軟體是最常用方法，若你覺得不滿意要再縮小更多容量，那就要進行壓縮之前先學會 SolidWorks 處理策略，將模型資訊簡化後再讓壓縮軟體壓縮。

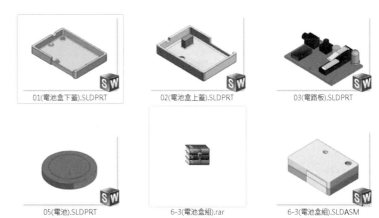

01(電池盒下蓋).SLDPRT　　02(電池盒上蓋).SLDPRT　　03(電路板).SLDPRT

05(電池).SLDPRT　　6-3(電池盒組).rar　　6-3(電池盒組).SLDASM

30-23-1 壓縮對照表

容量單位(KB)	A 原始大小	B 處理方式	C 縮小率%
	標準模型	RAR 壓縮	A/B 比例
檔案大小	7,513	3,840	52%（約 2.5 倍）

30-24 重組檔案資料

Unfrag.exe 是軟體，非常精巧僅 200K 左右，可以消除並重組儲存時所留下的零碎資料，進而達到減小檔案大小目的。

經處理的 SolidWorks 檔案其容量明顯減小許多，開啟速度明顯加快。如果有大量檔案需要備份，建議先使用 Unfrag 進行整理，這項功能和 Windows 磁碟重組原理相同，以下簡單說明這軟體用法。

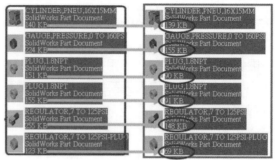

30-24-1 Name（檔名）

輸入需要壓縮的檔案名稱，這個功能很少用，因為很麻煩不如用以下方法。

30-24-2 Folder（資料夾）

指需要壓縮的檔案目錄，若勾選 Include Subflods（包含子資料夾），系統將連同子目錄下的 SolidWorks 檔案一同處理。檔案目錄指定出來後→Unfrag，會出現重組視窗，方便又快速。

30-24-3 使用技巧

將檔案或資料夾直接拖曳置放到 Unfrag 圖示上，就可開始進行重組作業。其實這是 Windows 使用技巧，和 Unfrag 程式無關。

30-24-4 對照表

容量單位(KB)	A 原始大小	B 處理方式	C 縮小率%
	標準模型	刪除面	A/B 比例
檔案大小	*6,405	4,194	34.5％
壓縮後大小	4,690	*2544	45.8％％
處理前後比	6405/2544＝2.52		252％（約 2.5 倍）

30-25 巨集

這是最後絕技，製作SolidWorks巨集檔案（*.SWB），巨集內容只是指令文字，檔案非常小。我們只要在 SolidWorks 工具→巨集→執行，系統會自動將模型產生。

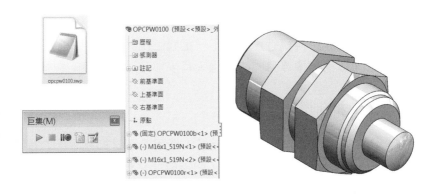

巨集必須透過錄製完成，不過巨集製作有很大的難度，還有將巨集傳送給對方，對方還不見得會用。抑制和巨集是最好的手段在自己絕對沒問題，不過當抑制和巨集加工後的檔案寄給對方，很多人收到不會用，都會說看不到模型，除非您要有細心教導的心理準備，不然很容易又回歸到只要壓縮就好了。

巨集檔應用通常是系統供應商，例如：3D ContentCentral、MISUMI…等，設計過程不需自行繪製市購件，只要下載巨集檔，經讀取可以得到有特徵的模型。

30-25-1 巨集對照表

由下表可知標準模型和巨集檔案相差非常大，至少 85%以上，檔案經壓縮後甚至到了95%。

容量單位(KB)	A 原始大小	B 處理方式	C 縮小率%
	標準模型	巨集	A/B 比例
檔案大小	*651	80	13%
壓縮後大小	360	*21	6%
處理前後比	651/21＝31		310%（約 31 倍）

30-26 檔案縮小觀念

閱讀本章你會發現共通性，檔案縮小重點在於減少模型資料，模型資料紀錄在樹狀結構，模型檔案縮小與執行速度並不一定成正比關係（絕大部分是），本章所說明的檔案縮小策略和可以節省運算時間的聯想，有少部分沒有直接的關聯，這一點讀者能夠認清。

30-26-1 抑制最好

以上所提策略中，最好用和最多人使用的還是**抑制**，因為操作簡單雙方都會解，抑制後再壓縮，可減少檔案接近 90%，可謂簡單又有效。

30-26-2 文件基本大小

前面章節一再強調，模型由數據所構成，進行策略前可以大概猜出檔案會不會變大，因為數據不變的情況下是不會有很大的影響。文件再怎麼縮小都不可能縮到 0K，SolidWorks 文件都有基本容量，好比說零件 74K、組合件 67K、工程圖 149K。

30-26-3 檔案傳輸

檔案在 10MB 以下會直接傳送。遇到 10MB 以上，會習慣性將模型壓縮，是最簡單和最佳的作法。以檔案傳輸來說，最先想到媒介是網路，我們常為了模型檔案太大，造成傳送困擾。檔案縮小可以減少系統運算並增加傳送效率，所以檔案縮小已成為人人都要會的電腦技能。

30-26-4 模型組態

複雜的模型打開都要等好久，將模型檔案縮小，工作效率會提高。如果說嚴格一點，既不能犧牲模型細節又要執行效率，唯一的方法就靠模型組態記憶並切換。例如：分別製作 2 個組態：1.抑制和恢復抑制。當對方收到模型，只要切換到恢復抑制組態，就可以看到特徵全部。

30-26-5 不同版本檔案大小誤差

同樣的模型在 SolidWorks 2010 和 SolidWorks 2016 儲存後檔案大小會有差異。因為 SolidWorks 2015 以後檔案已經不再記錄操作流程，這使得模型容量大大減少外，更讓執行效率提高，這一切都拜繪圖核心升級所賜。

例如：疊層拉伸以往要 10 行公式完成，新版 SolidWorks 疊層拉伸只要 5 行公式完成，無論運算和資料量一定大大減少。

30-26-6 必須存檔才看得出效果

檔案縮小方案必需存檔後才看得出效果，未存檔狀態下這些改變將沒有效果。開啟的文件皆在記憶體中，所有的改變不會對檔案大小造成影響，僅影響運算速度。

30-26-7 關聯性錯誤

有幾種策略在開啟 SolidWorks 檔案時，有一些工作需要進行，好比說抑制零件特徵，可能影響組合件、工程圖或參考這些特徵所產生的關聯性設計，因此必須將被抑制過的特徵恢復抑制，否則會有一堆錯誤產生。

30-26-8 特徵型態

一樣是掃出可以用旋轉、也可以用輪廓＋路徑，如此就會影響檔案大小。

30-26-9 繪圖區域內容越單純越好

看完模型檔案縮小方案後，有沒有發現它們之間有共通性，就是讓 SolidWorks 繪圖區域內容越單純越好，甚至沒有任何東西都是最棒的。

30-26-10 提升電腦配備

對於複雜模型，檔案容量都很大，打開會比較久，最簡單就是提升硬體設備。

當對方開啟檔案很慢的時候，或是操作系統讀取時間，會形成停滯（讀取漏斗）。提升電腦配備只能說標不治本，縮小檔案大小的學習是必要的。

在軟體面下手，可立即解決檔案過大讀取問題，不過傳輸就沒辦法單方面解決，最好的方式就是設備提升以及軟體設定，這就是所謂治本方法。

30-26-11 儲存空間

硬碟容量 4T 平價化不是新聞，64G 以上隨身碟也到處可見，不要太介意檔案大小，該介意 1.工作效率、和 2.模型傳輸，這 2 者共同要面對的是縮小模型檔案增加檢視速度、工作效率以及檔案傳輸。

檔案雲端儲存與傳輸是很成熟應用，對於懂電腦的你會覺得還好，不懂電腦的人來說卻是噩夢，你就要學習用簡單的方式，讓對方能連接你的檔案雲端路徑。

30-26-12 檔案版本

新版本對模型處理一定會有提升，這是每套軟體每年上演的戲碼，特別在 SolidWorks 2016 特徵記錄上做了改變，所以相同模型在 2016 檔案容量比較小。

30-26-13 刪除特徵重做，檔案變小

基於特徵隨著版本不同，特別是繪圖核心升級，對於指令運算一定會更有效率，所以刪除舊有特徵並重新製作，會發現效率提升外，檔案容量也會相對減少。

筆記頁

31

SolidWorks 輸入輸出附錄

　　本章透過線上說明看出 SolidWorks 輸入與輸出支援能力，以及新版本增加的轉檔功能有哪些。SolidWorks 輸入與輸出種類相當多，每種文件支援格式也不相同，不需要背誦 SolidWorks 每種文件所支援格式，只要知道如何找到答案即可。

　　筆者也沒在記這些，因為每一版支援格式、版次會有差異。只要透過輸入輸出矩陣表，就可以看出所支援內容，還可以看出檔案格式說明以及使用方式，這些都是相當珍貴資料，甚至還有一些和輸入輸出有關議題，增加讀者延伸性學習目標。

　　如果教導 SolidWorks 每種文件支援格式是**給魚吃**，那如何看出 SolidWorks 輸入與輸出支援能力就是**教釣魚**了。

31-1 進入 SolidWorks 說明

　　開啟 SolidWorks 說明視窗，預設系統自動以 Web 形式顯示。於 SolidWorks 2010 把說明檔放入在網路上存取，這就是目前最夯的雲端技術。

　　由樹狀結構中央的**輸入**和**輸出**主題中，可以看到詳盡的檔案格式，還介紹了輸入輸出相關專業知識，可作為專業參考文件，都是市面上少有內容。

　　你可以隨時將說明於雲端開啟，現今大型軟體讓你不必安裝軟體，都有雲端線上說明服務。對進階同學，會要你到雲端查看說明文件，因為雲端說明比較齊全。

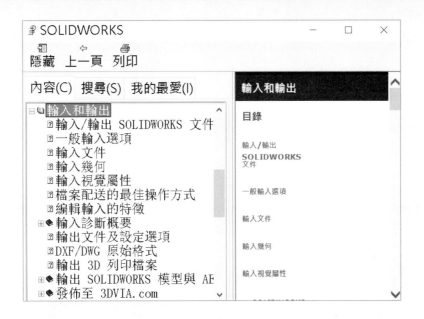

31-2 輸入/輸出 SolidWorks 文件

可以看到 SolidWorks 零件、組合件以及工程圖的輸入與輸出支援度。

檔案格式	零件		組合件		工程圖	
	輸入	輸出	輸入	輸出	輸入	輸出
3DXML		X		X		
ACIS	X	X	X	X		
Adobe Illustrator	X	X		X	X	X
Adobe Photoshop	X	X	X	X	X	X
Adobe PDF		X		X		X
Autodesk Inventor	X		X			
CADKEY	X		X			
CATIA 圖形	X	X	X	X		

檔案格式	零件		組合件		工程圖	
	輸入	輸出	輸入	輸出	輸入	輸出
DXF/DWG	X				X	X
DXF 3D	X		X			
eDrawings		X		X		X
高度壓縮的圖形		X		X		
HOOPS		X		X		
IDF 2.0 , 3.0	X					
IDF 2.0 , 3.0 , 4.0		X	X	X		
IGES	X	X	X	X		
JPEG		X		X		X
Mechanical Desktop	X		X			
PADS(*.asc)			X			
Parasolid	X	X	X	X		
PDF		X		X		X
Pro/ENGINEER	X	X	X	X		
ProStep EDMD		X	X	X		
Rhino	X					
ScanTo3D	X	X				
SolidEdge	X		X			
SLDXML	X	X	X	X		
STEP	X	X	X	X		
STL	X	X	X	X		
TIFF	X	X	X	X		X
Unigraphics	X		X			
VDAFS	X	X				
ViewPoint		X		X		
VRML	X	X	X	X		
XPS		X		X		X

31-3 檔案類型

針對每個格式進行說明，內容相當詳盡。例如：DXF/DWG 檔案，說明該檔案如何操作、支援的輸入和輸出項目...等。

內容(C)　搜尋(S)　我的最愛(I)	3D XML 檔案
□⊶檔案類型　　　　　　　　∧ 　⊡3D XML 檔案 　⊡3DPDF 輸出選項 　⊡ACIS 檔案 (*.sat) 　⊡Adobe Illustrator 檔案	您可以用 3D XML 的格式輸出 SOLIDWORKS 模型格式是 3D 的通用輕量格式。 以 **3D XML 輸出文件**： 1. 按一下 **檔案** > **另存新檔**。 2. 在存檔類型中選擇 **3D XML (*.3dxml)**。 3. 按一下 **儲存**。

31-4 輸入/輸出檔案版本資訊

在檔案類型最下方提供輸入輸出版本資訊，說明了 SolidWorks 目前支援的檔案版本，好比說 SolidWorks 2017 支援 Pro/E（Creo）2.0 輸入，Pro/E 20 版的輸出。

檔案類型	支援的版本
ACIS	輸入/輸出 R22 版本的 ACIS 零件或組合件檔案
Autodesk Inventor	輸入 11 版本以上零件或組合件檔案
CADKEY	輸入版本 19 零件或組合件檔案 (*.prt) 曲面或實體圖元的 輸出版本 21 之後多本體零件檔案 (*.ckd)
CATIA Graphics (.cgr)	輸入或輸出，最高到 V5R24 的版本
CATIA V5	輸入 CATIA V5 零件及組合件 輸出 V5R24 零件及組合件
DXF 3D (.dxf)	輸入 AutoCAD 版本 R14 及更高的版本
DXF 或 DWG	輸入 AutoCAD2013 到 2015 .dxf 或 .dwg 檔案 輸出 .dxf 或 .dwg 檔案，與 AutoCAD 2013 搭配使用
高壓縮圖形 (.hcg)	輸出 CATIA V5R9
HOOPS (.hsf)	輸出至 HOOPS 版本 18.16
IFC	輸入或輸出 IFC2X3 .ifc 零件或組合件
IGES	輸入或輸出 IGES5.3 零件或組合件
Illustrator	輸入 Illustrator8、9、10 與 C1-CS6 系列
Mechanical Desktop(mdt)	透過 MDT 2008.1 輸入 4.0 的 MDT 零件或組合件

檔案類型	支援的版本
Parasolid (.x_t, .x_b)	輸入輸出 Parasolid 零件或組合件，最多支援到第 28 版
Pro/Engineer	輸入 Pro/E 零件、組合件，最高支援至 Creo 3.0
	輸出零件或組合件檔案至 Pro/ENGINEER，支援 20 版
PSD	輸入和輸出 Photoshop
Rhino	輸入 Rhino 5 檔案
Solid Edge	輸入 Solid Edge ST6
STEP	輸入 AP203 一致性等級 1、2（僅有曲面資料）4、5、6
	輸出 AP203 一致性等級 1、4 和 6
	AP203/214 零件或組合件檔案輸入或輸出至這些檔案
STL	輸入或輸出 STL 1.0 零件或組合件
Unigraphics NX	輸入 UG NX 9 檔案的。
	輸出 UGNX 10 的零件和組合件
VDAFS	輸入或輸出零件 VDAFS 版本 2
VRML (.wrl)	輸入或輸出零件或組合件 VRML 版本 2 或 VRML 97

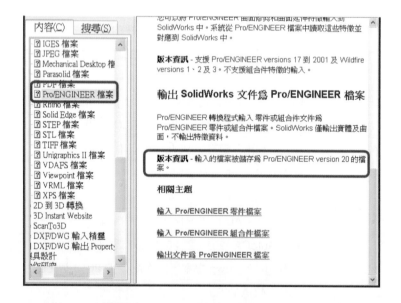

31-5 SolidWorks 輸入/輸出新增功能

在新增功能主題中，找出輸入/輸出項目，可以看到這一版所增加輸入和輸出項目有哪些。

SolidWork 每年強調輸入/輸出功能，由新增功能得知又增加哪些功能。已經學習 SolidWorks 2016，於 SolidWorks 2017 推出時，查看輸入/輸出新增功能，增加學習靈敏度，更可加深對 SolidWorks 信賴。

31-6 32 位元與 64 位元的支援性

SolidWorks 2010 以前，輸入與輸出都以 32 位元為支援對象，如果您是 SolidWorks 64 位元，有些格式會不支援。例如：SolidWorks 2010 新增功能中，有一段敘述在 64 位元電腦上輸入 Rhino 檔案（以.3DM 格式）。在早期版本中，您只能在 32 位元電腦上輸入 Rhino 檔案。

電腦硬體與軟體力拱 64 位元的趨勢下，不難看出 64 位元開發和支援對象。演變成有些格式不再支援，僅支援到 32 位元。例如：Viewpoint（*.MTX），由於該軟體沒有 64 位元的檢視器，所以 SolidWorks 取消該格式支援。

31-7 SolidWorks IGES 支援列表

下表查閱 IGES 圖元類型支援列表。

IGE 圖元類型	圖元名稱	IGES 圖元類型	圖元名稱
514	薄殼圖元	140 僅於輸入	偏移曲面
510	面圖元	128	Rational B-spline 曲面變換矩陣圖元
508	迴圈圖元	126	Rational B-spline 曲線方向圖元
504	邊線圖元	124	列表柱面
502	頂點圖元	123	旋轉曲面
416	外部參考圖元	124	變換矩陣母型圖元
408	單個子圖例圖元	123	方向圖元
406 Form 12	外部參考檔案	122	列表柱面
402 Form 7	群組圖元	120	旋轉曲面
314	色彩定義圖元	118 僅於輸入	Ruled surface
308	子圖定義圖元	116	點
198	環面曲面	114 僅於輸入	
196	球形曲面	112	Parametric spline 曲線
194	正圓錐體曲面	110	直線
192	正圓柱體曲面	108	平面
190	平坦曲面	106 form 12 僅於輸入	3D Piecewise linear 曲線
186	Manifold Solid B-Rep Object Entity	106 form 11 僅於輸入	2D Piecewise linear 曲線
144	修剪	104 僅於輸入	圓錐弧
143 僅於輸入	邊界曲面	102	合成曲線
142	曲面上的曲線	100	圓弧

31-8 SolidWorks 對應檔案中的字型

下列清單顯示 AutoCAD SHX 對應 SolidWorks 或 Windows True Type 包含在預設對應檔案中的字型。這部分於 Windows 10 會有更深入的說明，因為 Windows 10 對部分字型不支援，本書說明以 Windows 7 為主。

AutoCAD SHX 或 True Type 字型	SolidWorks 或 Windows True Type 字型
complex	SWComp
gdt	SWGDT
gothice	SWGothe
gothicg	SWGothg
gothici	SWGothi
greekc	SWGrekc
greeks	SWGreks
isocp	SWIsop1
isocp2	SWIsop2
isocp3	SWIsop3
isoct	SWIsot1
isoct2	SWIsot2
isoct3	SWIsot3
Italic	SWItal
italicc	SWItalc
italict	SWItalt
monotxt	SWMono
romanc	SWRomnc
romand	SWRomnd
romans	SWRomns
romant	SWRomnt
scriptc	SWScrpc
scripts	SWScrps
simplex	SWSimp
syastro	SWAstro
symap	SWMap
symath	SWMath
symeteo	SWMeteo
symusic	SWMusic
txt	SWTxt

筆記頁